U0289509

国家重点基础研究发展计划（973计划）2010CB428400项目

气候变化对我国东部季风区陆地水循环与水资源安全的影响及适应对策

"十三五"国家重点图书出版规划项目

气候变化对中国东部季风区陆地水循环与
水资源安全的影响及适应对策

气候变化影响下
中国水资源的脆弱性与适应对策

夏　军　李原园　等　著

科学出版社

北　京

内 容 简 介

本书系 973 计划项目课题 6 "气候变化影响下中国水资源脆弱性与适应对策"（2010CB28406）的科研成果。本书系统地介绍了气候变化背景下中国东部季风区水资源管理面临的问题，提出变化环境下水资源脆弱性多元函数新的理论与方法、应对气候变化水资源适应性管理的新途径及其在东部季风区八大流域应用的具体实例。针对国家水资源重大战略需求、流域水资源规划和重大调水工程管理以及全球变化国际学科前沿，提出了面向 21 世纪未来 30 ~ 50 年，如何应对气候变化、保障水资源安全的若干适应性管理对策与建议。

本书可供研究和关心气候变化与水资源安全适应性管理的各专业人士和管理者参考，也可供水利、水电、环境、气候、气象、地理等相关专业的科技工作者和管理人员参考。

图书在版编目（CIP）数据

气候变化影响下中国水资源的脆弱性与适应对策 / 夏军等著 . —北京：科学出版社，2016.7

（气候变化对中国东部季风区陆地水循环与水资源安全的影响及适应对策）
"十三五"国家重点图书出版规划项目
ISBN 978-7-03-047525-1

Ⅰ. ①气…　Ⅱ. ①夏…　Ⅲ. ①水资源管理–研究–中国　Ⅳ. ①TV213.4

中国版本图书馆 CIP 数据核字（2016）第 044324 号

责任编辑：李　敏　周　杰 / 责任校对：钟　洋
责任印制：肖　兴 / 封面设计：黄华斌

科 学 出 版 社　出版
北京东黄城根北街 16 号
邮政编码：100717
http://www.sciencep.com

中国科学院印刷厂 印刷
科学出版社发行　各地新华书店经销
*

2016 年 7 月第 一 版　开本：787×1092　1/16
2016 年 7 月第一次印刷　印张：19　插页：2
字数：460 000

定价：158.00 元
（如有印装质量问题，我社负责调换）

《气候变化对中国东部季风区陆地水循环与水资源安全的影响及适应对策》丛书编委会

项目咨询专家组

孙鸿烈　徐冠华　秦大河　刘昌明

丁一汇　王　浩　李小文　郑　度

陆大道　傅伯杰　周成虎　崔　鹏

项目工作专家组

崔　鹏　王明星　沈　冰　蔡运龙

刘春蓁　夏　军　葛全胜　任国玉

李原园　戴永久　林朝晖　姜文来

项目首席

夏　军

课题组长

夏　军　罗　勇　段青云　谢正辉

莫兴国　刘志雨

《气候变化影响下中国水资源的脆弱性与适应对策》撰写委员会

课题负责人	夏　军　李原园
承担单位	中国科学院地理科学与资源研究所
参加单位	水利部水利水电规划设计总院
	武汉大学

参加人员　夏　军　李原园　　傅国斌　王金霞
　　　　　沈福新　柳文华　　曹建廷　刘小莽
　　　　　占车生　潘兴瑶　　邱　冰　雒新萍
　　　　　翁建武　陈俊旭　　洪　思　宁理科
　　　　　张利平　欧阳如琳　万　龙　石　卫
　　　　　杨　鹏

序

    水是生命之源，生产之要，生态之基，是国家基础性的自然资源，也是战略性的经济资源，它维系生态环境的良性循环，是国家综合国力的有机组成部分。水资源安全直接影响经济社会的可持续发展，成为全球水资源安全面临的重大挑战性问题。

    中国是水资源短缺最为严重的国家之一，人均水资源量只有世界人均水平的 1/4 且时空分布极不均匀。随着经济社会的快速发展和水环境问题的日益加重，中国水资源短缺和供需矛盾越来越突出。气候变化对水循环和水资源的影响不仅改变了水资源的时空分布，而且可能进一步加剧水资源的供需矛盾和水资源的安全危机。因此，气候变化对水资源的影响及其联系的水资源脆弱性和适应性研究，已经成为国际全球变化重大科学前沿问题之一和国家水资源安全保障的重大需求问题。

    自 2010 年以来，由中国科学院地理科学与资源研究所、水利部水利水电规划设计总院、武汉大学等单位组成的研究团队，通过承担国家 973 计划项目"气候变化对中国东部季风区陆地水循环与水资源安全的影响及适应对策"课题 6，深入地开展了中国东部季风区水资源脆弱性与适应性研究，发展了气候变化背景下水资源脆弱性评估与适应性管理的理论方法与评估–决策模型；产出了与生产实际应用结合的研究成果与系列产品，其中包括《气候变化影响下中国东部季风区水资源脆弱性与适应性图集》《流域水资源规划与工程设计的适应性水资源管理导则》等成果；提出了中国东部季风区从区域到流域和农户多层次有实用价值和科学意义的对策与建议，其中基于提出的《改进流域水资源规划和重大工程规划管理应对气候变化影响的建议》、《关于南水北调中线工程面临新问题的分析与对策建议》等咨询报告，得到国家领导人的批示和采纳。以上成果为应对气候变化影响，保障中国水安全的重大工程布局，变化环境下流域水资源规划与配置，适应性水资源管理与对策作出了重要的贡献。该书是在气候变化与水资源适应性管理研究领域最新的优秀成果。

    特此为序。

中国科学院院士

2015 年 8 月 8 日

前　言

　　气候变化对水资源安全的影响是国际上普遍关心的问题，也是中国可持续发展面临的重大战略问题。中国是世界 13 个贫水国家之一，尤其在人口稠密的东部季风区，水资源供需矛盾突出，旱涝灾害频繁。在气候变暖的背景下，过去 30 多年中国北方地区旱情加重，水生态环境恶化，南方地区极端洪涝灾害增多，严重制约了经济社会的可持续发展。未来气候变化将极有可能对中国"南涝北旱"的格局和未来水资源分布产生更为显著的影响，对中国华北和东北粮食增产工程、南水北调工程、南方江河防洪体系规划等国家重大工程的预期效果产生不利的影响。以中国东部季风区的江河流域为重点，开展气候变化对水资源影响及适应对策的研究，是保障中国水资源安全的重大战略需求。

　　本书是在国家重点基础研究发展计划（973 计划）项目"气候变化对中国东部季风区陆地水循环与水资源安全的影响及适应对策"（2010CB428400）中的第 6 课题"气候变化影响下中国水资源的脆弱性与适应对策"的研究成果基础上总结完成的。主要科学研究问题包括变化环境下水资源脆弱性评估理论与适应性管理方法。结合中国东部季风区经济社会发展对水资源需求进行分析，探讨了气候变化背景下水资源与水资源供需系统的变化关系，分区评价了水资源的脆弱性，提出了气候变化对中国东部季风区重点流域水资源供需态势影响及脆弱性的系列成果图；分析了气候变化对南水北调中线重大调水工程的影响和对区域水资源安全的影响，提出了应对气候变化影响的适应性对策。

　　本书重点介绍了中国东部季风区气候变化下水资源脆弱性和适应性的对策研究成果，内容包括：①水资源脆弱性的理论与方法。界定了水资源脆弱性的基本概念，探讨了气候变化背景下水资源脆弱性的理论与方法。在分析中国东部季风区流域水资源变化的基础上，构建了水资源脆弱性评价指标体系及对其阈值进行分析，研究了气候变化背景下水资源脆弱性的评估模型与途径。②气候变化对水资源供需态势的影响及脆弱性评价。分析了中国东部季风区经济社会发展对水资源需求变化的事实，研究了气候变化对水资源供给和需求的影响机理，探讨了气候变化对水资源供需态势的影响。依据水资源脆弱性评价指标体系，结合气候变化对水资源影响的检测与成因等研究成果和需水预测研究，以全国水资源综合规划中确定的水资源三级区为单元，科学评价了中国东部季风区重点流域水资源的脆弱性；研究未来社会经济发展对区域水资源安全保障需求，分区确定气候变化背景下水资源安全阈值。③气候变化对南水北调重大调水工程的影响研究。在南水北调中线水源区和受水区陆地水循环要素变化和预估的基础上，结合南水北调工程总体规划，研究了气候变化背景下调水区和受水区的水文丰枯遭遇及其水资源情势，研究气候变化对南水北调中线工程水资源保障的风险，提出了不同气候变化情景下水资源配置方法和方案，研究了实现南水北调工程效益优化的适应性对策。④气候变化对中国水资源安全影响的适应性对策研究。在中国东部季风区水循环要素演变历史和未来变化预估的基础上，结合流域水资源综合规划，研究气候变化下干旱对供水安全、水生态安全，以及极端气候事件对防洪安全的影响；研究气候变化下水资源影响适应性管理对策；评估中国目前应对气候变化适应性措施的适应效能；分析实施适应性措施的成本收益与制约因素；探讨气候变化下水资源适应性管理的制度、模式及保障途径。

全书共分 7 章。第 1 章绪论，重点论述了中国的水资源问题、气候变化的影响、水资源脆弱性与适应性重点关注的科学问题以及本书科学研究与创新点，提出了本书的总体构架，由夏军撰写。第 2 章变化环境下水资源脆弱性的理论与方法，包括基本概念、指标体系、函数分析方法脆弱性与适应性的区别及联系等系统分析内容，分析对象包括南水北调中线工程概况和气候变化对南水北调中线工程调水及受水区水循环变化的影响，重点分析了径流变化丰枯遭遇和汉江中下游脆弱性，并提出适应对策与建议，由夏军、邱冰、陈俊旭、雒新萍、宁理科撰写；第 3 章变化环境下水资源适应性的理论与方法，内容包括变化环境下水资源管理的变革与新思路的水资源适应性管理的理论与方法，以及变化环境下中国东部季风区水资源适应性多目标管理的模型，由夏军、洪思、宁理科、石卫撰写；第 4 章气候变化背景下中国东部季风区水资源的脆弱性评价及未来情势预估，内容包括中国东部季风区八大流域概况，气候变化背景下水资源供需分析及脆弱性的现状评价和未来变化环境下的脆弱性评估，由李原园、沈福新、曹建廷、邱冰、陈俊旭、雒新萍、宁理科撰写；第 5 章气候变化对南水北调重大调水工程的影响研究，由柳文华、刘小莽、夏军撰写；第 6 章应对气候变化影响的水资源适应性管理与对策，由夏军、李原园、王金霞、洪思、宁理科、石卫撰写；第 7 章结论与建议，由夏军、雒新萍撰写。全书由夏军统稿。

在课题研究和本书撰写的过程中，得到了 973 计划项目咨询专家组孙鸿烈院士、秦大河院士、徐冠华院士、刘昌明院士、郑度院士、丁一汇院士、陆大道院士、李小文院士、傅伯杰院士、王浩院士、周成虎院士、崔鹏院士的悉心指导，得到了 973 计划项目专家组王明星研究员、沈冰教授、蔡运龙教授、刘春蓁教授级高工、任国玉研究员、姜文来研究员的悉心帮助，特别感谢刘春蓁教授级高工对本书的修改与完善提出了重要的修改建议。参与本书编辑与绘图等工作的人员还有杨鹏、史超等。在此一并对他们表示衷心的感谢！

本书研究成果得到国家 973 计划项目（2010CB428406）课题资助，本书部分研究还得到国家自然科学基金面上项目"气候变化背景下海河流域水资源脆弱性与适应性管理的理论方法与应用研究"（51279140）的资助，在此深表感谢！

由于气候变化对水资源影响及适应对策面临问题的复杂性，特别是气候变化下水资源脆弱性与适应性研究理论还处于发展阶段，虽几易其稿，但书中难免存在认识不足的地方，欢迎广大读者不吝赐教。

作　者

2015 年 8 月

目　　录

第1章 绪 论

1.1 中国东部季风区水资源与气候变化影响问题

中国是一个水旱灾害频发、水资源短缺日趋严峻、社会经济发展面临供需矛盾越来越突出、生态环境问题压力越来越大的发展中国家。变化环境下中国水资源安全问题和水危机十分紧迫，这是影响中国可持续发展和人类未来的一个关键性瓶颈问题。水循环是联系地球系统"地圈-生物圈-大气圈"的纽带，是全球变化的核心问题之一，它受自然变化和人类活动的双重影响，决定着水资源形成及与水土相关的环境演变。中国降水时空分布极为不均，尤其在人口分布最为密集、经济社会发展最快的东部季风区，水资源短缺、旱涝灾害以及与水相关的生态-环境问题非常突出。

从自然地理区划来讲，东部季风区指大兴安岭以东、内蒙古高原以南、青藏高原以东的地区，土地面积占全国土地总面积的46%，而人口占全国总人口的95%，是国家最主要的经济社会发展区域，也是受气候变化影响最为敏感、水资源问题最为突出的地区。东部季风区直接联系着中国最为重要的大江大河，其中包括长江、黄河、淮河、海河、松花江、辽河、东南诸河、珠江八大流域系统（图1-1）。它们也是全国水资源评价和规划中十大流域片最核心的区域。在全球变暖的背景下，与中国东部季风区联系的流域水循环及其组成的陆地水循环与水资源安全，已经成为国家水安全问题研究最为关注的重大课题，也是地球系统水科学的前沿和重要应用基础问题。

联合国政府间气候变化专门委员会（IPCC）第五次评估报告认为，全球气候变化已是不争的事实，将对全球和区域水资源安全构成严重威胁。IPCC主席帕乔里（Pacioli）在IPCC技术报告之六《气候变化与水》的序言中指出，"气候、淡水和各社会经济系统以错综复杂的方式相互影响。因而，其中某个系统的变化可引发另一个系统的变化。在判定关键的区域和行业脆弱性的过程中，与水资源有关的问题是至关重要的。因此，气候变化与水资源的关系是人类社会关切的首要问题。"（IPCC，2007；Bates et al.，2008）

由于中国气候和自然地理的区域分异性，导致水资源时空分布很不均匀，降水年际变化大，且多集中在6~9月，径流年际变化显著。总体来看，中国水资源的空间分布总体上呈"南多北少"的态势，其中全国水资源可利用量的2/3分布在长江、珠江、东南和西南诸河流域，黄河、淮河、海河等北方地区可利用水资源量仅占全国可利用水资源总量的1/3。由于中国水资源与土地等资源的分布不匹配，经济社会发展布局与水资源分布不相适应，例如黄河、淮河和海河3个流域的国土面积占全国的15%，耕地、人口和GDP分别占全国的1/3，水资源总量仅占全国的7%，水资源供需矛盾十分突出，水资源配置难度大。

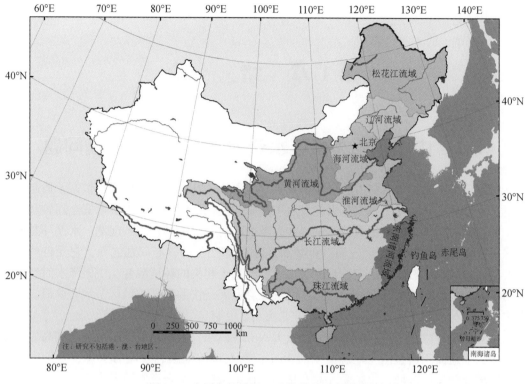

图 1-1　中国东部季风区及其联系的流域系统

1980～2000 年，中国水资源的区域分布正在发生显著变化。2000 年全国水资源评价最新成果显示（水利部水利水电规划设计总院，2004）：1980～2000 年水文系列与 1956～1979 年水文系列相比，分布于北方黄河、淮河、海河和辽河 4 个流域的降水量平均减少了 6%，水资源总量减少了 25%，其中地表水资源量减少了 17%，尤其是海河流域地表水资源量减少了 41%。中国北少南多的水资源格局进一步加重。

中国地理环境分异性大，水资源对气候变化十分敏感。开展水资源系统脆弱性和可持续利用的研究，综合评估未来气候变化对水资源系统的影响，是水资源风险管理和制订应对气候变化措施的战略需求。中国地理环境的区域分异性，使得河川径流对气候变化影响也非常敏感，水资源系统对气候变化影响加剧的承受能力变得更加脆弱。中国人口众多，经济发展迅速，耗水量不断增加，许多地区面临着更为严峻的水资源短缺问题；城市化建设和社会经济的快速发展也使遭遇洪水、干旱后造成了更大经济损失。中国水资源系统面临着来自气候变化与经济社会发展的双重压力。未来全球气候变化究竟在多大范围和程度上可能改变水资源空间配置状态，进一步加剧水资源供给压力和脆弱性？这将直接影响水资源稀缺地区的可持续发展。

为了应对气候变化的影响，近些年水利部和规划部门多次强调"以重大课题研究和技术研发为重点，夯实水资源管理科技支撑。要围绕全球气候变化、经济社会发展、水资源可持续利用和生态系统保护，开展水资源重大专题研究"（陈雷，2009），并且提出将气候变化影响问题作为全国流域综合规划修编工作重点突出的第一要点，要求"系统分析全球气候变暖和经济社会快速发展导致流域下垫面改变，对流域洪水、干旱、水资源、生态与环境的影响，研究流域面临的重大水问题"。面对气候变化的影响，加强水资源适应性管理以达成趋利避害的目标，是国家应对气候变化适应性对策与管理的重大战略需求。

1.2　气候变化背景下中国水资源面临的挑战

中国水资源人均占有量低，时空分布不均匀。长江以北水系流域面积占全国国土面积的 64%，水资源量却只占全国的 19%。目前干旱缺水成为了北方地区主要的自然灾害。中国大部分地区每年汛期连续 4 个月的降水量占全国的 60%~80%，不但容易形成春旱夏涝，而且水资源中大约有 2/3 是洪水径流量，形成江河的汛期洪水和非汛期的枯水。伴随着社会经济的快速发展和全球气候变化的影响，中国面临着越来越紧迫的水资源问题和挑战。主要表现在以下几个方面。

1.2.1　气候变化下水资源时空分布不均匀加剧，水资源配置难度大

中国多年平均水资源总量约为 2.8 万亿 m^3，人均水资源量为 2173 m^3，仅为世界人均水平的 1/4。水资源可利用量为 8140 亿 m^3，占全国水资源总量的 29%，其中南方为 5600 亿 m^3，北方 2540 亿 m^3。2010 年，南方人均可利用水资源量约为 1100m^3，北方人均可利用水资源量只有 359m^3。2010 年，全国实际用水量已达 6022 亿 m^3，达到了可利用水资源总量的 73.9%。

中国的降水年际变化大，且多集中在 6~9 月，占全国降水量的 60%~80%。空间分布总体上呈"南多北少"，长江以北水系流域面积占全国国土面积的 64%，而水资源量仅占19%，水资源空间分布不平衡。中国水资源分布不均的特点决定了在经济社会发展中保障供水安全始终是一项重大任务。据 2010 年水利部有关统计，新中国成立以来，全国已累计解决农村 2.82 亿人口的饮水困难，4 亿多农村人口喝上自来水，城市自来水普及率已经达到了95% 以上；农业有效灌溉面积达到 5600 万 hm^2；形成了比较完整的供水体系，基本保障了工业和城市的用水需求。但是中国水资源短缺的状况仍然相当严重，北方地区尤甚，截至 2010年，全国农村仍有 2 亿人口饮水安全没有保障，1/3 的乡镇缺乏符合标准的供水设施。一般年份，农田受旱面积为 667 万~2000 万 hm^2，粮食平均减产 200 多亿公斤。工业和城市用水紧张状况日益严重，已经成为一些城市发展主要的制约因素之一。由于多种因素的影响，导致中国年缺水量达 536 亿 m^3，其中河道外缺水，即国民经济缺水达 404 亿 m^3，挤占了河道内的生态用水 132 亿 m^3，总的生态缺水量达 347 亿 m^3。2030 年，中国人口将接近 16 亿人，中国的用水总量预计将从 2010 年的 6022 亿 m^3 增加到 7101 亿 m^3，全国人均可利用水资源量将从 2000 年的 628 m^3 减少到 508 m^3，仅占全球人均水资源量 2000 m^3 的 1/4，已达到全球水危机的红线。由于水资源与土地等资源的分布不匹配，经济社会发展布局与水资源分布不相适应，导致水资源供需矛盾十分突出，水资源配置难度更为艰巨。

1.2.2 气候变化下提高水资源利用效率的节水战略需求愈来愈迫切

与发达国家比较，中国农业和工业的水资源利用效率还比较低，其中农业灌溉水利用率只有 40%~50%，发达国家可达 70%~80%，全国平均单方水 GDP 仅为世界平均水平的 1/5，单方水粮食增产量为世界平均水平的 1/3。一些地区农业生产仍然采取传统的大水漫灌方式，全国灌溉水有效利用系数仅为 0.45 左右。由于中国现行的水价偏低，生活用水、农业用水、工业用水浪费严重。水价偏低导致用户对价格不敏感，节水观念淡薄，从而造成一方面缺水，另一方面又浪费水的现象。同时，中国东部季风区尤其北方流域面临着开发利用率高的问题。在水资源一级区中，水资源开发利用率最高的是海河区，为 101%，其中海河南系高达 123%；黄河区也较高，为 76%；淮河、西北诸河和辽河水资源开发利用率为 40%~50%，其中海河南系、海河北系、辽河流域、沂沭泗河和山东半岛水资源开发利用率分别达到了 123%、98%、66%、60% 和 63%。

中国工业万元产值的用水量是发达国家的 5~10 倍，城市供水管网漏损严重，全国城市供水管网平均漏损率达 20%，东北部分城市超过了 30%，工业用水效率偏低，2005 年全国万元工业增加值用水量为 169m³，约相当于美国的 11 倍、日本的 9 倍。污水再生利用进展也比较缓慢，2014 年全国设市城市污水再生利用率只有 10%。城市雨水利用意识还不强，尽管按年降水量 600mm 估算，全国城市绿地系统的雨水利用量可达 20 亿 m³，但由于节水意识淡薄，绿地建设中缺乏雨水利用观念，前期雨水含有的污染程度通常超过城市污水，前期雨水处理技术的落后也在一定程度上制约了雨水利用的发展，尤其是大规模的集雨工程。另外，中国生活用水的浪费现象依然严重，节水器具推广缓慢，节水型器具普及率低。非常规水资源开发利用潜力远未挖掘。以海水淡化为例，海水淡化产业化规模不够、价格因素导致的海水淡化成本相对较高和市场需求量不大形成的恶性循环，是长期制约中国海水淡化产业化发展最主要的因素。

在中国，用水结构的不合理和浪费严重，以及水管理体制不顺、多龙治水、多条分割、利益冲突、管理落后等原因导致主要流域的水资源供需关系矛盾日益突出。在气候变化背景下，可能进一步加剧水资源供需矛盾，全社会节水战略应对气候变化也迫在眉睫。

1.2.3 变化环境下中国的水灾害、水环境、水生态问题更加严峻

中国洪涝灾害十分严峻。随着气候变暖、海平面上升和高强度的人类活动，极端气候事件越来越频发，中国沿海地区的洪涝、海水入侵灾害日趋严重，干旱缺水地区和强度有增加态势。此外，随着城镇化的快速推进，城市内涝问题也日益突出。2010 年中华人民共和国住房和城乡建设部（住建部）对全国 351 个城市的调研发现，2008~2010 年全国有 62% 的城市都曾发生过内涝事件，内涝发生 3 次以上的城市达到 39%。小河流的山洪灾害损失严重。一般年份中小河流的洪水灾害损失占全国水灾害总损失的 70%~80%，2000~2010 年水灾造成的人员伤亡有 2/3 以上发生在中小河流。气候变化背景下，极端水旱灾害

发生的频率与强度将有增加的态势。北方缺水地区水资源供需矛盾依然十分突出，地下水过度开采趋势短期内难以改变，50%以上的城市面临缺水危机。

河道断流、湖泊干涸、湿地退化等问题严重。2000～2010年全国湿地面积减少了3.4万km²，减少率达8.82%，湿地成为中国短时间尺度内面积丧失速度最快的自然生态系统。湖泊与湿地生物资源退化，生物多样性下降，生态灾害频发，湖泊水环境恶化、水体富营养化现象普遍，湖泊与湿地不合理利用问题突出。

2000～2010年，中国2/3的地表水已明显被污染，50%以上的地下水水质较差甚至极差，城市饮用水二次污染风险高，末梢水的水质合格率较低，从河流与湖泊的水质来看，59.2%的河长达不到Ⅱ类水质的标准，超过65.8%的湖泊面积达不到Ⅱ类水质的标准。全国地下水水质状况也不容乐观，总体呈现逐渐恶化的趋势，属于较差与极差监测点的数量占全部监测点总数的一半以上。

未来气候变化将导致的水安全问题及其联系的水环境、水生态问题已经成为国际研究的重大热点问题之一。

1.2.4　全球变暖和人类活动加剧了中国水资源的脆弱性

气候变化对水资源影响的脆弱性（vulnerability）是指气候变化对水资源系统造成不利影响的程度。它是研究气候变化对水资源安全影响及评价的重要科学问题，也是应对气候变化水资源管理重要的应用基础。中国水资源系统应对气候变化的适应能力仍然比较脆弱（秦大河，2005；刘春蓁，2004）。有证据表明，1960～2010年中国的气候发生了显著的变化，平均温度升高，年降水量在东北和华北呈减少趋势，而在华南和西北则显著增加（翟建青等，2011；Doerfliger et al.，1999；Brouwer and Falkenmark，1989）。全球变暖可能加剧中国年降水量及年径流量"南增北减"的不利趋势，在气候变暖的背景下，南涝北旱的格局会进一步加重，区域水循环时空变异问题突出，导致北方地区水资源可利用量减少、耗用水增加和极端水文事件，而水资源短缺也将在全国范围内持续，从而加剧水资源的脆弱性，影响中国水资源配置及重大调水工程与防洪工程的效益，危及水资源安全保障（任国玉等，2008）。另外，经济和人口增长、河流开发等人类活动进一步加剧，不仅增加了需水量，也加剧了水污染，显著改变了流域下垫面条件，对水资源的形成和水循环多有不利影响。未来中国水资源发展态势不容乐观，水资源脆弱性将进一步加大（夏军等，2012）。

1.3　变化环境下水资源脆弱性与适应性的关系

气候变化和高强度人类活动的影响及其相关下垫面变化打破了传统水资源规划与管理基础的水文序列平稳性的基本假定，即不能由过去具有平稳性假定的样本推断未来。实际工作中也经常面临"水资源规划赶不上实际的变化"、水资源配置和工程设计与实际应用和工程运行现实差距大等实际问题。气候变化影响和人类活动导致了水资源规划与管理的挑战与变革，即由于气候变化影响的非稳态（non-stationary）特性和影响的不确定性风险，迫切需要采取一种适应性水资源管理的方式和对策。因此，气候变化影响下中国水资源的脆弱性与适应性管理及对策是两个非常重要并相互联系的科学问题。

1.3.1 适应性管理研究进展

（1）适应性管理的来源

适应性管理最初的名称是"适应性环境评估与管理"，首次出现并应用于生态系统理论和实践（Holling，1978），旨在克服静态评价和环境管理的局限问题，可理解为处理可再生资源管理中不确定性问题的学习与决策过程。Holling 认为，适应性管理是通过对管理全体的管理，促进学习和自身提高而增强对不确定性的有效适应的方式。在此基础之上，Gene（1998）认为，适应性管理是一个连续的过程，包括基础规划、监测、研究和调控等，以此获得较理想的目标和成果。随后适应性管理在资源管理领域（Lee，1993；Walters，1986）、社会–生态系统研究（Berks and Folke，1998），以及人–自然适应研究中得到广泛应用和发展（Nelson and Neil，2007）。

适应性管理是在学习中管理、管理中学习的一个系统的、连续的过程（Bormann et al.，1999），也是人类–环境系统对已经发生的和未来的变化气候的自我调整或调节过程（Wheeler et al.，2013）。适应性管理也被理解为实现资源的可持续利用的管理，围绕系统管理不确定性展开的一系列设计、规划、监测、管理资源等行动，确保系统整体性和协调性的动态调整过程（佟金萍和王慧敏，2006）。总体来说，适应性管理是一个面对不确定性因素的、结构性的、重复性的优化决策制定过程，通过科学识别管理降低不确定性，并对战略目标及相应方案进行调整，以适应社会经济状况与环境的快速变化，最终实现经济–社会–生态复合系统的可持续发展。

因此，适应性管理是一科需要不断改进的监测评估与决策管理系统行动，主要过程包括管理目标设定、管理政策制定、政策实施、状况监测和效果评估、政策评估，而政策评估后又对原始目标和政策进行反馈，再次进行前期循环迭代的过程（图1-2）。

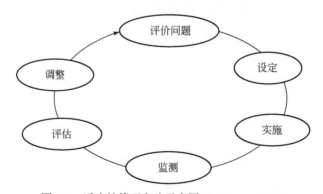

图 1-2　适应性管理方法示意图（Nyberg，1998）

（2）适应性管理的内涵

自从适应性管理概念提出以来，国际相关组织及科学家对其开展了相关的研究。全球变化背景下的适应性是指人类社会与自然生态系统针对全球变化导致的或预期的影响在不同尺度（个体、地区、国家、区域）上的调整。这种调整既可以针对自然生态系统，也可以针对人类社会，同时这种调整既包含自然生态系统的自发反应，也包含人类的主动行为。

IPCC 在 2001 年定义适应性为"为了应对实际发生的或预计到的气候变化及其各种影响（不利或者有利的），而在自然和人类系统内进行的调整"。依据 IPCC 在 2007 年的评估报告，应对全球气候变化的适应性是通过调整系统进而降低脆弱性或增强弹性的过程来体现的。IPCC 报告于 2012 年定义适应性为"针对现实发生或预计到的气候变化及其影响，人类系统为减少损失或趋利选择而进行的调整"。以上定义均包含两点内涵：①调整系统以削减其脆弱性并改善应对环境变化的适应能力；②视全球变化为机遇，将其纳入人与未来的调整、管理人类系统的科学决策系统中。

英国气候影响项目（WRDMAP）将适应性定义为对建立适应能力和制定适应性行动起作用的一切措施和对策。建立适应能力是制定适应性行动所需的基础，包括：①创建信息（研究、数据搜集及监测，认识提升）；②有支持力的社会结构（组织发展、工作中开展合作与制度）；③有支持力的管理（监督、立法及督导）。适应性行动是有助于减小对气候风险的脆弱性或创造发展机会的行动。

Lee（1993）认为适应性管理是将有利的自然用途看作一项不断学习和转变的试验，以便从中有效地吸取经验。定义隐含着新的信息不断被验证、评估时，必须相应地调整战略决策和战略目标。Stakhiv（1996）认为，适应意味着调整措施，无论是被动的还是主动的，其目的都是为了减少气候变化潜在的不利影响。Vogt（1997）认为，适应性管理是在生态系统功能和社会需要两方面建立可测定的目标，通过控制性的科学管理、监测和调控管理活动来提高当前数据收集水平，以满足生态系统容量和社会需求方面的变化。加拿大环境经济学家 Mohammed（2000）提出，适应性一方面是采取行动以尽量减少气候变化的不利影响，另一方面也可以是利用可能出现的新的机会和优势。郑景明等（2002）提出，所谓适应性管理是将决策原则、科学分析、教育、法规学习结合起来，在不确定性的环境中可持续地管理资源的过程，包括连续的调查、规划、实施、评估、调控等一系列行动。Daniel 和 Gladwel（2003）认为，它是一个不断调整行动和方向的过程，根据整体环境的现状、未来可能出现的状况及满足发展目标等方面的新信息来进行调整。杨荣金等（2004）在探讨生态系统管理的适应性指出，适应性管理是基于两个前提：一是人类对于生态系统的理解是不完全的；二是管理行为的生物物理响应具有很高的不确定性。适应性管理政策需要不断改进，一般迭代过程包括管理目标设定、管理政策制定、政策实施、状况监测和效果评估、国家政策评估，而国家政策评估后又对原始目标和政策进行反馈，再次进行前期循环迭代（Pahl，2008）。Bisaro 等（2010）将适应性管理应用于莱索托的多级政府的水资源、生物多样性管理中，旨在减少管理中的不确定性与复杂性，还证实了适应性管理是适应气候变化的有效的政府管理方法。

（3）水资源适应性管理的研究进展

世界银行（World Bank）、国际水资源管理研究所（IWMI），以及联合国粮食及农业组织（FAO）的研究报告指出，导致水资源短缺的重要原因是水资源管理不善。如果继续采用目前的水资源管理方法，将会加剧全球水危机（Cosgrove and Rijsberman，2002）。

例如，在美国，流域水管理政策专家建议加利福尼亚能源委员会（California Energy Commission）和加利福尼亚水资源部（California Department of Water Resources）对加利福尼亚水资源管理采用"无遗憾"（"no-regrets"）政策（Michael and Gleick，2003）。适应性策略包括重新评估有关水资源管理的法律、技术和经济程序；建立水市场，鼓励灵活配置水资源的机制；增加跨学科研究经费，广泛研究气候变化的影响；设立专项资金用于长期、定期的水库调度和抗旱应急预案的信息更新；鼓励灵活决策，特别是对于新建项目；探索和鼓励水资源保护，加强用水管理，提高用水效率；定期与学者沟通，获得管理者需要的科学进展信息和开展有效管理所必需的科学知识等。例如，为缓解气候变化影响下的电力供需矛盾，加利福尼亚监管机构提出"需求管理策略及供应多样化战略"，地方政府通过调整价格和市场以平衡供应和需求，推行节能建筑法规，鼓励使用新能源（如太阳能）等（Vine，2008）。为应对干旱等问题，美国在科罗拉多河下游流域的鲍威尔湖和米德湖实施了协调行动临时准则（Cooley，2007）。对于跨界河流，如科罗拉多河，美国尝试和墨西哥签订跨界协议，制订跨界河流上水库调度协调准则，处理随着气候变化，干旱、洪水等极端气候出现时的两国水资源利用问题（Cooley et al.，2009）。

世界资源研究所（World Resources Institute，WRI）提出应对脆弱性及气候变化影响的适应性措施包括推进政策改革，改变自然资源的管理策略；成立如气候变化工作小组的机构开展管理和协调工作；在规划中加入气候变化因素；提升对气候变化影响广度和深度的认识；推进技术革新，建立气候变化监测及早期预警系统，通过改变农耕方式、推广节约用水、提高水的复用率等途径缓解用水需求；通过有针对性地宣传教育、技术推广等，赋予民众知情决策权利；改善基础设施，提供保险机制等。

针对水资源的适应性研究开始于20世纪90年代，Aronson（1992）等通过研究发现，面临缺水时作物延迟物候期以期获得更多的水量，这种适应性的改变在干旱沙漠区比地中海区域更为明显。Geldof（1995）将水资源一体化管理的整体过程看成是一个复杂适应系统，从而找到一种适应不断变化的平衡策略，进行早期的水资源适应性管理。针对非洲对气候变化的敏感性，Smith（1997）提出，适应性管理应涵盖水资源、沿海资源、森林、生态、农业等多方面。对于气候变化的潜在影响和其他不确定变化，有必要采取以下措施减少加拿大大草原未来的干旱造成的脆弱性：持续执行小尺度水资源工程和通过雨雪管理增加水存储；整合现有水资源系统；推进农业用水实践、水价和水计量措施（Gan，2000）。加拿大Mohammed（2000）提出的适应性体系包括独立个体的适应和由政府承担的适应战略，强调市场和市场力量的作用。与之相应的适应措施包括建立与改建海堤和水库、放弃沿海物业、调整农业种植和收获期、改变投入使用、修改水库运行规则、构建气候灾害早期预警系统和调整保险费等。另外，Sophocleous（2000）指出，由于流域系统的复杂性及不确定现象，流域水资源可持续管理必须建立在适应性管理基础之上。气候变化给加拿大水部门带来巨大的挑战，近期将设定的管理选择和规划适应措施考虑加拿大安大略湖格兰德河流域的城市水供给、南亚伯达省灌溉水和五大湖的商业航行，这是应该优先考虑的且与气候变化适应性不矛盾（Oki and Kanae，2006）。运用一个简单的输入输出模型对自来水供给进行离散时间的适应性控制能够更好地满足用水需求（Elbelkacemi et al.，2001）。廖文根等（2004）明确指出，适应性管理作为流域可持续管理模式具有良好的应用前景，其重要特色在于能不断利用信息的更新和科学技术的进步，动态调整决策，跟踪可持续发展的脉搏。Pahl 等（2005）认为，水资源管理面临着气候变化、全球变化及社会经济变化带来的巨大不确定性。水资源适应性管理在深刻理解影响水资源脆弱性的基础上，基于综合考量生态环境、科学技术、经济发展以及制度和文化特征，着力于增加水资源系统的适应能力。她们还认为，水资源适应性管理的主要目的是为了增加水资源系统的适应能力。在提高水资源管理效果方面，Gregory 等（2006）构建了基于决策分析的框架，将适应性管理应用于不列颠哥伦比亚地区水资源利用规划的环境管理决策中。IPCC 指出，现有水管理行为可能不足以应对气候变化的影响（Bates et al.，2008）。Frederick（1997）指出，水资源越来越短缺并更易受到气候波动及改变的影响，对于平衡供需关系，进行需水管理是至关重要的。

实用的适应性措施倾向于关注已存在的风险问题，气候被认为与其他的环境和社会压力密切相关，适应性管理成为资源管理、灾害防御和可持续管理项目的主流意识（Smit and Wandel，2006）。气候系统决定了可用淡水循环率的上限，虽然整体上水资源的使用仍然小于上限，但因时空分布不均，全球有 20 亿人生活在高水资源压力区域，气候变化加速水循环也可能减少用水压力，但季节差异和极端事件发生将削弱这一作用，减少系统脆弱性是应对这一可预见改变的积极准备的第一步（Oki and Kanae，2006）。

Dessai 和 Hulme（2007）提出了能够辨识有效应对气候变化不确定性适应性的措施与评价框架，将其应用在英国东部，特别应用于盎格鲁族人的 25 年水资源服务规划中。在研究中，决策对气候因子的敏感性分析结果显示，水资源、气溶胶及温室气体等因子受到气候变化的影响较强，但是研究未能针对多因子协同作用进行分析，且这种分析因未能明确确定性而不能对投资准确需求给出答案。

Harrison（2007）试图利用 BP 方法优化两阶段的适应性管理过程，效果较为明显，对未来适应性管理优化和管理成效具有作用。

Cohen 和 Roger（2008）基于气候变化将导致世界许多地区更严重缺水的分析，提出水资源管理适应性应包括技术的变化和制度的变化，其中技术用以提高水资源利用效率、改善需求管理（如通过计量和定价），制度用以推进水权交易。

Ineke 等运用适应性和非适应性混合策略优化法则评估地下水管理的成本效益，研究表明混合策略优于单一非适应性策略（Kalwij and Peralta，2008）。在适应性管理应用方法上，Lempert 和 Groves（2010）使用 Robust Decision Making 方法（Lempert and Groves，2010），用数值模型模拟未来变化环境下不同情景水资源规划的脆弱性，并针对这些脆弱性提出应对策略，以期减少水资源管理中的不确定性，并将适应性管理的思想融进决策部门的长期规划过程中，将气候变化、定量化脆弱性评价和水资源管理有机结合，提出的适应性对策具有较强的可操作性。

跨界水管理面临复杂性和争议性的挑战，而适应性管理模式和方法为跨界水管理提供了积极的、直观的管理理念（Akamaniand and Wilson，2011）。Moglia 等（2011）指出，要通过对过去措施失误和风险评估的学习来推进适应性管理发展，并为未来决策、政策和准则制定提供支撑。

已有研究表明，如果在全球范围内实行水资源适应性管理，全球水压力将减少 7%～17%（Hayashi et al.，2013）。因此，在气候变化和人类活动影响的大环境下，采取水资源的适应性管理是很有必要的。Scott 等（2013）认为，进行水资源适应性管理应将水安全作为目标，认为水资源适应性管理是考虑社会、生态系统，以及水文气候不确定性的一个科学-政策过程。

Pahl（2005）还认为，水资源适应性管理的主要目的在于了解社会生态系统的管理中适应性管理的韧性和脆弱性因素，而脆弱性主要指暴露的不利影响。Govertd（1995）指出，适应性的水资源管理是水资源一体化管理的整体过程，是一个通过不断地适应变化来调整平衡策略的复杂适应系统。Daniel 指出，人类应该从工程技术、改变个人习惯、加强交流和沟通、进行全球合作的角度实现水资源系统的可持续标准，且可持续水资源系统设计和操作的必要条件是自适应管理。

Allan 等（1998）就最新提出的气候变化下适应性管理的论述，结合水安全和中国、欧洲和澳大利亚的实际情况进行描述，认为适应性管理是水资源综合管理和社会学习的一部分，从传统的管理模式转向适应性管理的模式存在许多挑战。

（4）应对气候变化水资源适应性管理的基本思路与框架

适应性管理手段不完善的主要原因是缺少合理的评估框架。鉴于此，Gregory 等指出，适应性管理战略制定要统筹考虑社会、环境和经济因素（Gregory et al.，2006）。

面对气候变化的潜在影响，加强适应性管理，趋利避害可能是应对气候变化影响唯一的选择（夏军等，2008）。因此，我们提出了气候变化对水资源影响的适应性管理评估工具，即发展一套系统性评估方法，确定未来气候变化对水资源规划、水工程项目的影响，同时确定适应性措施，以减少气候变化导致的不利影响并抓住发展机遇的对策与措施。本书开发了水资源适应性管理综合评估工具，帮助评估气候变化对水资源的影响并综合研究项目的适应性管理问题。为了使其能够在更多项目和部门中广泛应用，该评估工具不仅仅局限于提供单一的模型、方法和工具，而且采取逐步评估气候变化的影响及适应性管理的策略，基本思路可分为3个阶段（图1-3）：①定性描述分析；②半定量与定量分析；③适应性对策评估。在内容上包括确立框架、分析和决策，即对整个发展投资进行快速定性分析，确定由气候和（或）社会经济变化对发展规划所造成的潜在影响；对气候变化可能给投资发展带来的影响进行半定量或定量分析，提出可能需要采取的适应性对策以确保投资达到预期效果，包括对适应性对策进行经济成本效益分析；根据一系列适当的决策标准对不同适应性对策进行分析评估，以确定优先对策，其中包括经过气候变化影响评估后认为没有影响的情况（即"无变动"方案）。在这种对策下，需要对气候的影响进行持续监测，同时要维持水资源部门内部的灵活性以便应对潜在的变化。

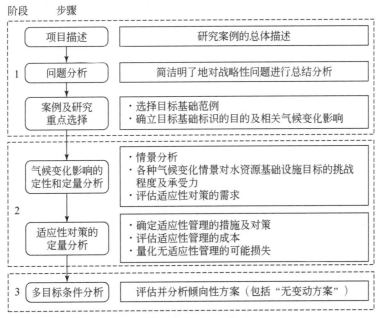

图1-3　水资源适应性评价基本思路与框架

两个关键的阶段与步骤概述如下。

第1阶段简要描述和分析正在考虑的开发项目可能面临的主要气候影响，以及这些项目对气候变化响应的敏感程度，主要包括3点：①项目描述。对各项目的地理区位、目标、目的及相关活动进行简要描述。②问题分析。简要描述案例研究区的开发项目，主要包括目前影响开发项目的气候相关灾害及其潜在影响，如干旱、洪水、水质变差、流量下降等对作物、人民生命财产等所造成的损失；开发项目现有的和计划的基础设施、管理系统及支撑体系；生态系统脆弱性；气候变化趋势及气候变化对开发项目的可能影响；社会经济变化等。③案例及研究重点选择。主要包括气候变化对水资源规划和工程影响比较敏感的问题，以及有关部分的分析，如水库污水处理工作、防洪工作、灌溉计划、水资源管理实践等；关键要素的量化目标，如防洪标准、污水处理的水质标准等；相关的气候变化次生影响指标，如地表水供灌溉的满足程度、污水处理后的流量等；人类活动及相关指标，如污水处理工作所惠及的人口数、水资源竞争加剧等；对开发项目适宜的分析，或开发项目及有关修复计划的寿命等。

第2阶段主要评估在一定条件下气候变化对发展项目的影响，探讨发展项目适应性管理的必要性及适应性管理战略选择。借助相关研究成果，运用现有的模型对气候变化及影响进行情景分析。这一阶段的工作包括两个方面的内容：①气候变化影响的定性和定量分析。这项工作旨在探讨未来气候变化的程度及其对项目目标实现的影响程度，以便评估适应性管理的必要性。主要包括根据气候变化确立其次生影响指标（如用来灌溉的地表水可利用量变幅为-20%~10%），以便根据气候变化的幅度选择研究的时间跨度；探讨人类活动的影响程度（如在人口数量变幅为-5%~20%时，污染物处理工作的工程规模）；评估分析现有的和新提出的基础设施与管理系统对达到项目预期目标的贡献；比较气候变化对基础设施目标的胁迫程度，以便根据不同情景变化提出适应性管理对策。②适应性管理对策的定量分析。定量分析的目的在于评估适应性管理对策的经济效益。该分析将为第 3 阶段的工作奠定基础，为决策过程提供充足的信息。主要包括针对项目中可能达不到预期目标的情景，判别适应性管理对策可以减少或避免不必要的影响和损失；根据现价估算适应性管理对策的成本；估算适应性管理措施实施情况下可能产生的经济效益及可能避免的损失（如作物损失、发电损失等），均以现价表示；计算适应性管理措施的收益-成本比（B/C），确定提出的适应性管理项目是否在经济上有效益，以便有关部门进行决策，若各项措施的收益-成本比具有可比性时，要适当考虑收益量；对于那些现在缺少的成本数据，可根据现有的知识进行估算。

1.3.2　水资源适应性管理存在的问题与挑战

水资源适应性管理是应对气候变化和人类活动影响下的水资源管理的有效途径。由于目前国内外研究较为分散，水资源适应性管理尚存在以下问题和挑战：①水资源适应性管理与传统水资源管理混淆；②水资源适应性管理与水资源脆弱性评价脱节；③水资源适应性管理缺乏适应性机理、理论、模型与方法研究。

（1）水资源适应性管理与传统水资源管理混淆问题

气候变化和人类活动加剧了全球水问题，其中一些重要原因并非没有足够的水满足人类的需求，而是由不完善的水资源管理引起的。适应性管理相对于传统的管理具有明显的优越性。适应性管理是从试错角度出发，管理者随环境变化特别是不确定的影响，不断调整战略来适应管理需要。而传统管理模式一般采用行政指令，对不确定问题的考虑甚少，管理滞后现象突出。

（2）水资源适应性管理与水资源脆弱性评价脱节的问题

气候变化下的水资源适应性管理是指对目前和未来气候变化所作出的趋利避害的调整反应，也是指在气候变化条件下的调整和适应能力，其管理目的是缓解区域水资源的脆弱性（Smit and Wandel，2006）。因此，水资源脆弱性评价作为水资源适应性管理的基础，是开展水资源适应性管理的必要条件。但目前已开展的水资源适应性管理研究中，很少涉及水资源脆弱性评价，致使水资源脆弱性和适应性研究各行其路、相互脱节，为水资源适应性管理带来较大的困难。

（3）水资源适应性管理缺乏机理、理论、模型与方法研究的问题

现有的适应性管理措施大都显得宽泛，水资源适应性管理缺乏将水资源管理与气候变化、定量化脆弱性评价、社会经济可持续发展和成本效益有机结合的研究，无法依据定性及定量分析的结果提出具有针对性、便于操作、易于普及的水资源适应性管理对策。而更深入的水资源适应性与社会经济系统之间的耦合关系、水资源适应性管理的经济成本、水资源适应性与水资源脆弱性的互联互动关系等的研究也少有涉及。因此，水资源适应性的机理研究亟待加强。

通过气候变化下水资源脆弱性和适应性系统研究，可以揭示变化环境下水资源脆弱性，以及气候变化影响与社会经济相互耦合关系，建立气候变化下水资源影响适应性管理对策体系，提高应对气候变化下水资源安全保障适应能力。

1.4 本书的主要内容和科研成果创新点

1.4.1 研究内容

1）界定水资源脆弱性的基本概念，探讨气候变化背景下水资源脆弱性的理论与方法。

2）利用弹性指数，研究中国东部季风区（以水资源三级区为单元）水文情势对气候变化的敏感性。

3）在分析中国东部季风区流域水资源变化的基础上，构建水资源脆弱性评价指标体系及对其阈值进行分析，研究气候变化背景下水资源脆弱性的评估模型与适应性管理新的途径。

1.4.2 重点解决的科学问题

气候变化既是环境问题，也是发展问题，但归根到底是发展问题（国家发展和改革委员会，2007）。未来气候变化极有可能对中国水资源宏观配置的体系，包括对南水北调重大调水工程产生显著的影响，增加中国水旱灾害发生的频率与强度，降低现有的防洪安全标准和水安全体系的风险，进而加大水资源脆弱性，影响中国农业、经济社会发展和水生态安全。由于未来气候变化存在不确定性的风险问题，那么如何在气候变化不确定性的条件下分析和评估气候变化对水资源供需关系产生的不利影响和水文极端事件风险的程度？如何趋利避害、加强适应性管理和风险对策？因此通过适应方式和适应能力的分析研究，以尽可能地降低气候变化带来的不利影响，最大化地利用气候变化所带来的机遇，促进变化环境下区域可持续发展，便成为气候变化对水资源安全影响研究关键的科学问题。

本书在分析中国水资源脆弱性事实的基础上，探讨气候变化对水资源脆弱性影响机理，分析气候变化对中国水资源脆弱性的影响因素及其量级，构建气候变化下水资源脆弱性评价指标体系，提出气候变化下对中国水资源安全影响的阈值。在该体系的基础上，评估气候变化对中国水资源供需态势的影响研究，提出应对气候变化影响、保障中国水资源安全及区域可持续发展的水资源管理适应性对策。

1.4.3 科研成果主要创新点

气候变化下水资源脆弱性的函数分析方法及其与适应性对策和管理联系的系统方法研究目前尚为空白，国内外无同类研究先例。本书总结了历时五年在气候变化影响与水资源脆弱性以及适应性最新科研成果。将脆弱性与气候变化对水资源影响的敏感性和由于水利工程供水等联系的抗压性建立了联系，区分和连接由于地理气候等自然的脆弱性和水利工程供水等联系的适应性之间的相互作用关系，提出并发展了应对气候变化的水资源脆弱性与适应性两个互联互动的理论，产生了生产应用与实际的科研成果，包括脆弱性与适应性管理的图集应用成果。

本书总结的国家 973 计划项目研究，该领域主要创新点如下：

1）提出了变化环境下水资源脆弱性多元函数分析新的理论与方法。它不仅涵盖了气候变化对水资源影响的敏感性和抗压性，而且较好地描述了人口、社会经济联系的暴露度和水旱灾害风险，提高了水资源脆弱性评估的科学性和实用性。

2）基于"水资源开发利用率""水的承载力""人均可利用水资源量""水功能区达标"等关键指标，通过水资源脆弱性的抗压性函数，构建了水资源脆弱性与适应性系统内在的关系和联系，发展了适应性水资源管理的理论与决策管理方法，为水资源规划与管理的脆弱性动态评价与适应性管理提供了新的途径。

3）从区域–流域–农村相互联系和多层次系统，发展了应对气候变化对水资源、水灾害管理的适应性管理的理论与方法，提出了应对措施与对策，完成了系列咨询报告与导则，促进了气候变化背景下流域水资源规划修编和应对气候变化战略规划与决策的支撑能力，成果在国际上产生了重要的影响。

第2章 变化环境下水资源脆弱性的理论与方法

2.1 基本概念

2.1.1 脆弱性概念的提出

"脆弱性"在《辞海》中的定义为脆弱；脆性是材料受力破坏时，无显著的变形而突然断裂的性质。英文脆弱性"vulnerability"一词来自拉丁文 vulnerare，意思是"可能受伤"。脆弱性问题最初来源于流行病学领域，描述的是哪些地区更容易发生流行病或易被流行病所感染。20世纪70年代开始，专家逐渐将脆弱性一词引入生态学领域。20世纪80年代，脆弱性一词已经在全球环境变化和可持续发展研究中频繁出现，并逐渐延伸到灾害学及社会经济系统领域。脆弱性分析与评价已是目前环境学、灾害学和社会经济发展研究的一个热点和难点。

由于不同研究领域的背景不同，研究的视角相异，各领域对脆弱性的理解也不同，导致脆弱性的概念千差万别。从《辞海》的解释可以看出，单纯以物理学的角度来理解，"脆弱性"包含3个方面的含义：①它是物质自身的一种客观属性；②它通过外力作用而表现出来；③外力消失后难以恢复原状的性质（王小丹和钟祥浩，2003）。

从其构成和表现上来看，对脆弱性的理解大致可以分为两大类：一是从对象的受损程度上寻找指标来定义和度量脆弱性。例如，早期地学界对自然灾害脆弱性和生态环境脆弱性的理解和评价就比较注重自然灾害所引发的人员伤亡和经济损失，以及生态环境退化等"结果"。二是从系统的结构和内外环境影响的角度去理解脆弱性。近年来，这种理解得到了越来越广泛的认同。例如，在自然灾害脆弱性研究中，目前普遍认为灾害的脆弱性与致灾因子的强度有关，同时更与承灾体抵御自然灾害的能力，以及灾后的恢复能力有着紧密的关系。脆弱性的概念内涵逐渐演变成一个包含"敏感性""适应性""风险""恢复力"等多重含义的、庞大的、独立的概念体系（李鹤和刘永功，2007）。

另外，从研究对象上来看，脆弱性研究又可以划分为针对社会系统，自然、生态或者生物物理系统以及社会-生态耦合系统三大类（方修琦和殷培红，2007）。早期的脆弱性研究主要集中在饥饿与食物安全的脆弱性、自然灾害的脆弱性、人类生态学中的脆弱性以及压力和释放模型中的脆弱性上。近年来，脆弱性研究又扩大到气候变化中的脆弱性、贫困和可持续生计中的脆弱性以及社会-生态系统中的脆弱性上。脆弱性的概念、内涵也随之不断变化。总体上，研究对象从单一的自然系统向自然-人类社会耦合系统发展。

联合国大学环境与人类安全研究所（UNU EHS）在 2006 年推出了由 Birkmannn 主编的 *Measuring Vulnerability to Natural Hazards* 一书，书中将目前世界上具有代表性的脆弱性定义进行了系统的分类，其分类显示了脆弱性概念、内涵扩展的变化趋势，即由单纯针对自然系统的固有脆弱性逐渐转变为针对自然和社会系统的内涵更为广泛的综合概念。脆弱性的度量和评价的关注目标，也从以环境为中心的自然环境导致的脆弱性转变到以人为中心的脆弱性，注重人在脆弱性形成及降低脆弱性中的作用，这也是脆弱性发展的一个重要趋势（图 2-1）。

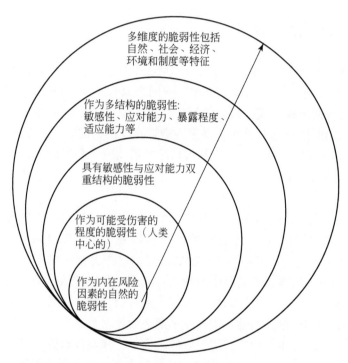

图 2-1　脆弱性内涵发展趋势（Birkmannn，2006）

随着脆弱性概念由关注自然系统到自然–社会耦合系统，其包含的要素也越来越多。这些趋于综合的定义从多维角度、更加全面地反映了脆弱性的内涵。从总体上看，不同研究领域关于"脆弱性"这一概念已经初步达成了一些共识。

（1）脆弱性首先是系统内部的固有属性

脆弱性首先源自于系统自身的结构、功能特性所产生的一种非稳定性。这种非稳定性是内部客观存在的，不受外部干扰的影响。系统的这种非稳定性导致其对外界的干扰力表现出天生的敏感性，从而使系统的结构和功能在干扰的作用下倾向于受到某种程度的损害，并且难以复原。这部分脆弱性常被称为固有脆弱性或物理脆弱性。

（2）扰动是系统脆弱性产生的必要条件

任何一个系统脆弱性的产生都与一定的内外扰动有关。只有当扰动作用于系统，对系统的结构、功能产生一定作用力的情况下，系统的脆弱性才会表现出来。而这种扰动可能来自于系统的内部结构，也可能来自于系统的外部环境。任何一个系统在应对一定限度扰动力的时候都可能呈现出一定的脆弱性。脆弱性亦指系统应对各种压力和扰动而易于受损的程度，以及应付和适应这些扰动和压力的能力，这部分脆弱性常被称为特殊脆弱性，它包含了系统的适应能力。

（3）脆弱性客体具有多层次性

目前，脆弱性的概念已经被应用到家庭、社区、地区、国家等不同尺度，研究对象涉及人群、动植物群落、特定区域（岛国、城市）、市场、产业等多种有形或无形的客体。有些扰动力对于某一个客体而言可能是外部作用力，但从更大的尺度来看则可能变为系统内部扰动；有些扰动力对一个系统而言可能是一种压力，而从耦合系统的角度来看则可能是耦合系统内的自适应能力，也就是抗压力。所以，对于不同尺度的研究对象，同一扰动所带来的系统结构与功能的影响会不同，从而导致所产生的脆弱性不同。在脆弱性研究中，对于客体的界定是至关重要的。

2.1.2 水资源脆弱性的定义及内涵

通过对脆弱性概念与内涵的研究可以发现，脆弱性的定义首先要确定脆弱性的客体、客体的尺度及内在属性，其次要从内部和外部两个方面分析、识别客体所受到的扰动，还要进一步从作用机制的角度探明客体属性与扰动之间的相互作用。

水资源包括地表水资源和地下水资源，它是通过自然界水文循环的产流、汇流过程形成的，包括水量和水质两大重要属性。外部气候条件的改变，如气温、降水的异常变化，极端干旱、洪涝事件的发生等，都会引发水资源量的改变。水资源同时还是人类经济社会赖以生存与发展的重要的自然资源，渗透在人类社会生产、生活的各个环节中，通过发挥其重要的资源功能而与人类社会紧密相连。经济社会发展过程中的耗水用水、污染物排放等过程，给水资源带来水量与水质的压力，从而进一步影响水资源的资源功能。此外，水资源还支撑着地球上生态系统的健康发展，为动植物的生存、生态环境的维持提供水源，生态系统也通过水体净化等生态功能作用于水资源，并服务于人类社会。而经济社会发展对水资源的利用会在一定程度上挤占生态环境用水，其产生的废弃物、污染物也会影响生态环境的健康。人类通过采取积极措施保护水资源、节约用水、保护生态环境，促进水资源的可持续性，从而使水资源在经济社会、生态环境中有效发挥作用。因此，水资源通过其资源功能、环境功能、生态功能贯穿于经济社会、生态环境的各个环节，使水资源、经济社会和生态系统三者相互联系，成为不可分割的整体。气候变化与人类活动的压力是作用于组合系统的压力，会使得水资源功能受到影响，而人类保护水资源、节约用水、保护生态环境等行为又会提高水资源的抗压能力（图2-2）。

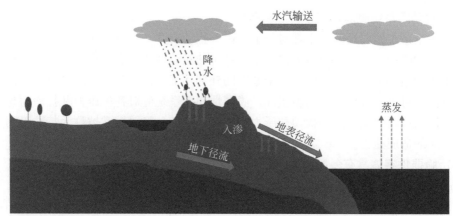

图 2-2 水循环联系的水资源形成过程示意图

基于此，本书在总结灾害领域、生态领域、气候变化领域、地下水领域对脆弱性的定义的基础上，特别是借鉴近年来普遍得到认同的 IPCC 对气候变化联系的脆弱性的含义，将水资源的脆弱性界定为区域水资源系统受到气候变化（包括变异和极端事件）和人类活动等扰动（包括供需矛盾、人口压力等）的胁迫而易于受损的一种性质，它是水资源系统对扰动的敏感性，以及应对扰动的抗压性能力的函数。

对上述概念的内涵进行如下阐述。

（1）研究对象界定为水资源系统

系统论的创始人美籍奥地利人贝塔朗菲（Bertalanffy）认为，"系统"是相互联系、相互作用着的诸元素的集合或统一体；现代意义的"系统"是指由若干要素以一定结构联结成的具有某种功能的有机整体（肖华茂，2007）。系统包括组分、结构、功能和环境四大要素。系统是由各组成部分紧密联系在一起而形成的具有一定结构、特定功能和运动规律的整体，系统的各组分之间相互影响、相互作用和相互制约，系统本身与外部环境可以通过物质、能量和信息等媒介而产生联系。系统的最大本质就是由部分构成整体，但是作为整体的系统又具有单独要素所不具备的新功能和特性（图 2-3）。

水资源系统是从系统论的角度探究水资源的组成、结构、功能等问题。姜文来（2010）综合国内外众多水资源概念，将水资源表述为包含水量与水质两个方面，是人类生产生活及生命生存不可替代的自然资源和环境资源，是在一定的经济技术条件下能够为社会直接利用或待利用，参与自然界水分循环，以及影响国民经济的淡水。随着人类对自然认识的加深，人们对水资源系统的理解也发生了变化，水资源系统、生态系统、经济社会系统耦合形成的复合水资源系统已经成为水资源领域研究的热点问题。在本书中对水资源系统的界定采取水资源–经济社会–生态环境耦合系统（图 2-3），其中水资源模块是传统水资源部分，包括水文循环的产流、汇流过程所形成的地表径流和地下径流；经济社会模块则是与水资源相关的经济社会组成要素及其经济社会活动，包括生活、农业、工业、服务业用水，城镇化建设，水利工程建设，以及由于生产生活对水体产生的污染等；生态环境模块则是与水资源直接联系的生态系统的状态及其活动，包括河道内生态需水和河道外生态需水等。这三大模块通过水资源有机地联系在一起，是水资源发挥其资源功能、环境功能、生态功能的载体。

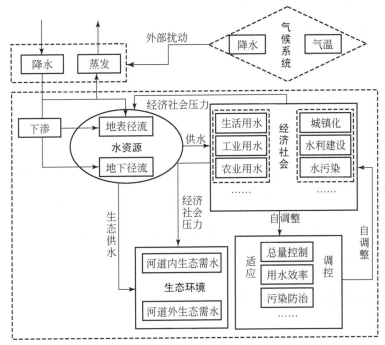

图 2-3　水资源系统概化示意图

（2）将扰动界定为气候变化和人类活动

对于整个水资源系统而言，外部的扰动主要来自于气候系统。气候变化导致水资源系统的输入项元素发生改变，当作用于水资源系统时，会驱动水文循环多个环节发生改变，从而对产流、汇流过程产生影响，引起水资源的变化，进而影响水资源在经济社会和生态系统中各项功能的有效发挥，对整个水资源耦合系统产生压力。其中，气候变化主要表现为气温、降水的异常变化和干旱、洪涝等极端事件。

另外，在水资源系统的内部，经济社会模块中的人类活动也在不断地影响着水资源系统。生产、生活用水对水资源的开发利用（水资源承载人口的压力，人类生产、生活对水体的污染等作用于水资源）使水资源通过量与质的改变和与之相关联的生态系统的退化等不断将人类施予的压力反馈给人类，从而使人类自发地或被动地作出反应，调整自身的行为以适应水资源条件的改变，维持整个水资源大系统结构的相对平衡，并维护水资源的资源功能、环境功能、生态功能的实现。所以，对于水资源系统而言，引发其易损性的扰动包括外部的气候变化和内部的经济社会活动两部分。

（3）将水资源脆弱性界定为系统敏感于气候变化的扰动

在本书中，将水资源脆弱性界定为系统敏感于气候变化的扰动，并试图从气候变化和人类活动的不良影响中实现自我恢复的一种能力。它包含了系统对外部扰动的敏感性，以及自身抵抗内外扰动压力以维持水资源系统平衡的能力。水资源系统的脆弱性将通过水资源对气温、降水变化的敏感性、波动性，以及水资源的供需矛盾，水体污染等标志着水资源的资源功能、环境功能、生态功能受到影响的现象显现出来。

（4）水资源系统抗压性（适应能力）人类行为相关

在本书中水资源系统抗压性亦称为应对气候变化影响或干扰后的弹性或称为可恢复性，它是适应能力的表现。具体说是指人类通过自发地调整自身行为，或被动地采取、制定应对气候变化的政策措施，包括改善基础设施条件、优化产业结构、控制人口规模、节约用水、保护生态环境等工程、非工程措施，提高其应对内外扰动的能力、保持水资源系统结构平衡的能力，以及维护水资源实现完整的资源功能、环境功能与生态功能的能力。

（5）水资源脆弱性具有动态性和区域性

水资源脆弱性具有动态性和区域性的特点，在一定时间段内其脆弱性相对稳定，但可以通过人类活动发生改变，这种改变可以是正向的适应性管理与调控，也可以是负向的加剧对系统的扰动。随着气候变化和人类活动作用于水资源系统，水资源结构将发生一定的变化，并影响水资源对生活、生产、生态系统的支撑。人类社会通过适应性调整，改变对水资源的压力，使其与生产、生活、生态形成新的平衡，从而实现脆弱性由一个相对稳定的状态进入另一个相对稳定的状态。

2.1.3 水资源脆弱性新的认识

2012 年 IPCC 特别报告指出，气候变化事件、脆弱性、风险与暴露存在内在关系，更进一步将灾害风险归结为脆弱性、暴露度和气候事件耦合的结果（IPCC，2012），其关系如图 2-4 所示。从 IPCC 报告来看，灾害风险就是天气及气候事件、系统脆弱性及暴露度的交集，而这一交集是系统脆弱性的一部分。因此，本书把水资源脆弱性扩展到水资源系统对气候变化的响应、承载人口与社会经济规模等暴露与损害压力下的核心脆弱性。明显地，水资源脆弱性既要考虑气候要素的敏感性，又要考虑社会经济系统的抗压性。而抗压性则与社会经济规模、水资源禀赋、暴露度有关。因此，在脆弱性函数评价方法中要对社会经济系统暴露度、危害事件的概率予以考虑，从而进一步开展暴露度和危害事件概率的研究。

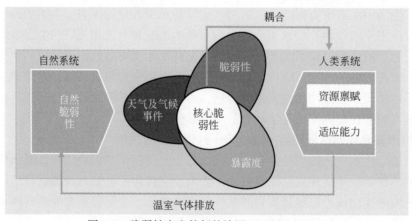

图 2-4 脆弱性产生的新的认识（IPCC，2012）

据国内外水资源脆弱性发展历程，综合水资源脆弱性研究目标及内容，本书中的脆弱性是变化背景下可能的危害事件对水资源系统造成不利影响的程度。它不仅包括与陆地水循环相关的水资源系统在自然变化条件下表现出的敏感性，也包括气候变化导致水资源承载系统的损害的可能性及其程度，是水资源系统对所处的气候变化特征、幅度、速率及其敏感性、适应能力与承载客体暴露程度的函数。气候变化背景下水资源脆弱性具有以下两方面的内涵。

1）脆弱性不仅是水资源系统的内在属性，还包括其承载（服务）对象因服务支撑不足受到的影响程度。前者是指自然水资源系统受气候变化影响而偏离自身稳态导致的脆弱程度，后者是指因水资源系统供需关系、水量水质不能满足需求，致使其承载的生态环境、社会经济体系难以发挥正常功能或发展预期受限的程度和可能性。

2）脆弱性研究水资源承载社会经济系统受影响的程度和可能性，受影响的程度是社会经济系统的暴露度，可能性则是指危害发生的概率。

需要指出，最新的 IPCC 第五次评估报告（AR5）以 IPCC 第二工作组第四次报告框架为核心，定义脆弱性由暴露度、敏感性和适应能力组成（IPCC，2007），并且在 IPCC 第五次工作报告中将该框架延伸到灾害、风险等领域的研究，认为暴露度和脆弱性是灾害风险的重要决定因素。在该框架下，气候变化下水资源风险是指气候变化引起水文循环变化，导致水资源供需关系发生变化的可能性及其带来的后果或损失，水资源脆弱性和暴露度是决定水资源风险的重要因素，可以通过降低水资源风险和暴露度实现减小水资源风险的目的。IPCC AR5 基于脆弱性体系的风险评估框架如图 2-5 所示。

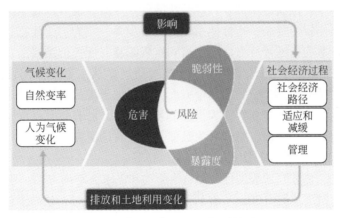

图 2-5　IPCC AR5 基于脆弱性体系的风险评估框架（IPCC，2015）

2.2　水资源脆弱性的指标体系法

水资源脆弱性评价是水资源脆弱性研究的重要内容，而评价方法又是水资源脆弱性评价的核心内容。科学合理的评价方法能揭示水资源脆弱性的本质，其评价结果能为水资源管理、水资源规划提供重要的科学依据。

水资源脆弱性定量评价方法中的指标法具有指标体系清晰、构建灵活、考虑全面、易于操作、评价结果易于解释分析等优点，同时也有指标间作用机制不明、区域性明显、结果难以比较、不易与气候变化联系等缺点。

（1）水资源脆弱性指标体系的发展

水资源脆弱性涉及多个方面，因此需要采用不同指标表达。按使用指标多少，指标法可以分为单一指标法和指标体系法两类。单一指标法是使用单一指标对水资源脆弱性进行评价。指标体系法是使用多个指标，并常常将这些指标构建成指标体系，对水资源脆弱性进行评价。

单一指标法适用范围广，一般可应用于不同尺度，可以达到近似函数法的评价效果，但往往不能全面反映水资源系统的脆弱性。唐国平等（2000）提出了4个水资源脆弱性评价单一指标，分别为 S/Q（水资源储存量/水资源供给量）、D/Q（各社会经济活动对水资源的需求量/水资源供给量）、H/E（水利发电量/评估区域的总发电量）、GO/GW（地下水透支量/地下水补给量）。Perveen 和 James（2011）在探讨多尺度水资源脆弱性评价方法时，使用了法尔肯马可（Falkenmark）指数和水紧缺率这两个单一指标分别进行水资源脆弱性评价。Vorosmarty 等（2000）使用工业、生活、农业用水量之和与水资源量之比（DIA/Q）表征水资源脆弱性指标，并对全球水资源脆弱性进行了评价。邓慧平和赵明华（2001）使用年可供水量与年需水量之比评价了气候变化背景下山东莱州湾地区的水资源脆弱性。郝璐和王静爱（2012）使用水资源需求短缺量评价了气候变化背景下西辽河老哈河流域的水资源脆弱性。

指标体系法可以较全面地考虑水资源系统的各个方面，也可以较全面地反映水资源系统的脆弱性，但操作较为复杂。指标体系法的基本步骤一般为：①建立指标体系；②数据标准化；③使用合适的指标计算方法；④得到水资源脆弱性评价结果。

建立指标体系是指标体系法的第一步。已有研究多从水资源脆弱性的概念或内涵出发，将水资源脆弱性分为几个子类或几个方面，再根据子类或方面的特征、内涵、意义寻找合适的指标。若将水资源脆弱性作为指标体系的顶层，已有研究一般将指标体系分为三层，其中第二层为子类或方面，第三层为具体指标。有的研究则以现有模型为基础建立指标体系，如 DRASTIC 模型、压力–状态–响应模型等。

Sullivan（2010）将水资源脆弱性分为供给驱动和需求驱动两方面，建立了4层共16个指标的指标体系。白庆芹等（2011）在研究城市河流脆弱性时，建立了包括河流脆弱性和城市脆弱性两方面的3层共13个指标的指标体系。陈康宁等（2008）将水资源系统脆弱性分为水资源条件、水资源开发利用效率、生态环境状况、水资源合理配置状况4个方面，建立了3层共14个指标的指标体系。曹永强等（2011）在研究大连农业干旱脆弱性时，把脆弱性分为敏感性和恢复力两方面，建立了3层共10个指标的指标体系。冯少辉等（2010）将水资源脆弱性分为水循环、社会经济、生态环境3个方面，建立了3层共16个指标的指标体系。刘海娇等（2012）把水资源脆弱性分为自然脆弱性和人为脆弱性，建立了3层共15个指标的指标体系。刘硕和冯美丽（2012）把水资源脆弱性分为自然脆弱性和人为脆弱性，建立了3层共27个指标的指标体系。吕彩霞等（2012）把水资源脆弱性分为自然因素、人为因素、综合因素，建立了 3 层共 13 个指标的指标体系。翁建武等（2013）把水资源脆弱性分为自然环境脆弱性和社会经济脆弱性两类，建立了 3 层共 8 个指标的指标体系。张明月等（2012）和张笑天等（2010）把水资源脆弱性分为自然脆弱性、人为脆弱性、承载脆弱性 3 类，建立了 3 层共 14 个指标的指标体系。邹君等在研究湖南地区水资源脆弱性问题时，建立了多个指标体系进行研究，有的研究把脆弱性分为自然、人为、承载 3 个方面，建立了 3 或 4 层，指标数为 11 个、12 个、13 个、19 个的指标体系；有的研究则构建了 2 层或 3 层，指标数为 9 个、10 个的指标体系。

压力–状态–响应（pressures- state- responses，PSR）模型及其发展而来的驱动–压力–状态–影响–响应（driving forces- pressures- state- impacts- responses，DPSIR）模型，也被一些学者用于建立水资源脆弱性评价指标体系。段顺琼等（2011）使用 PSR 模型建立了 4 层6 类共 18 个指标的指标体系。Hamouda 使用 DPSIR 模型建立了 3 层 5 类共 31 个指标的指标体系。董四方等（2010）使用 DPSIR 模型建立了 3 层 5 类共 36 个指标的指标体系。景秀俊和高建菊（2012）使用 DPSIR 模型建立了潜在江水损害（PFDC）、潜在干旱损害（PDDC）、潜在水质恶化（PWQDC）和流域评价指标（WEIC）4 个方面，为 PFDC、PDDC、PWQDC 各建立了 3 层指标体系，指标数分别有 18 个、19 个、16 个。刘绿柳（2002）使用 PSR 模型建立了 4 层 17 个指标的指标体系。

在指标体系法中，引入地理信息系统（GIS）方法而发展来的图层叠置法也是重要方法。以 GIS 为基础的图层叠置法在地下水脆弱性研究中已应用多年。美国国家环境保护局 Aller 等（1987）为地下水脆弱性评价开发了 DRASTIC 模型，将其与基于 GIS 的图层叠置法相结合，为各指标确定权重。Dixon（2005）使用此方法评价了美国阿肯色州密西西比河谷地区 Woodruff 县的地下水脆弱性，Rahman（2008）研究了印度阿里格尔地区浅层地下水脆弱性。在水资源脆弱性研究中，基于 GIS 的图层叠置法也有学者使用，如刘海娇等（2012）、刘硕和冯美丽（2012）的研究。

指标体系中，不同的指标可能有不同的量纲、取值范围。为实现指标值之间的可比性，数据标准化是指标体系法的重要步骤。有的研究使用极值标准化，即标准化的参考值为该指标对应数据中的最大值（正向指标）或最小值（负向指标），如陈康宁等（2008）、刘绿柳（2002）、邹君等（2007）的研究。有的研究使用极差标准化，即标准化参考值为该指标对应数据中的最大值与最小值之差，如白庆芹等（2011）、曹永强等（2011）、董四方等（2010）、刘海娇等（2012）、翁建武等（2013）、邹君等（2007）的研究。有的研究通过调查研究获得指标数据参考值（常常是带分级的参考值体系，可使用定性和定量指标），把实际值与参考值进行比较，从而实现数据标准化，如董四方等（2010）、刘绿柳（2002）、张明月等（2012）、张笑天和陈崇德（2010）、邹君等（2007）的研究。在数据参考值标准化法中，制定分级的数据参考值是重要的工作，有的研究通过参考其他相关研究得到参考值分级，如董四方等（2010）、刘绿柳（2002）的研究；有的研究根据实际数据或查阅资料得到极值，采用等间距分级法得到参考值分级，如张明月等（2012）、张笑天和陈崇德（2010）、邹君等（2007）的研究。

使用合适的指标计算方法是指标体系法的关键。已有研究中，多数研究使用的是指标权重法，即确定每一个指标在指标体系中的权重，指标的加权之和即为评价结果。也有研究使用的不是指标权重法，而是分形理论、模糊数学等方法，还有的研究使用了基于 GIS 的图层叠置法。

在指标权重法中，科学合理的指标权重是合理评价结果的保证。已有研究使用了很多方法用于权重确定。有很多研究都使用层次分析法（AHP 法）确定指标权重，此方法具有操作简便、符合人类对事物认知规律的优点，也有研究使用简便易行的专家打分法（Delphi 法）。考虑到人为因素的影响，较少受到人为影响的客观定权方法也受到重视，这些方法有熵权法、投影寻踪法、变差系数法、DRASTIC 模型等。熵权法的原理是当评价对象在某项指标上的值相关较大时熵值较小，说明该指标提供的有效信息量较大，该指标的权重也应较大，如白庆芹（2011）、刘海娇等（2012）的研究。投影寻踪法是一种处理多因素复杂问题的统计方法，其基本思路是将高维数据投影到低维（一般是一维到三维）空间，通过低维投影数据的散布结构来反映原高维数据特征，以达到研究和分析高维数据的目的，如曹永强等（2011）、董四方等（2010）的研究。变差系数法认为数值变化范围越大的指标越重要，其权重也越大。DRASTIC 模型主要用于地下水脆弱性评价，但也有水资源脆弱性评价用以客观确定权重，如段顺琼等（2011）的研究。有的研究还尝试了等权法，如景秀俊等（2012）的研究。

除以上的评价方法外，有的研究中还引入了其他方法。例如，白庆芹（2011）、Dixon（2005）、刘海娇等（2012）等使用了模糊数学方法，陈康宁等（2008）使用了分形理论，段顺琼等（2011）使用了集对分析法，冯少辉等（2010）使用了模糊数学中的相对偏差距离最小法。郝璐和王静爱（2012）使用了 SWAT（soil and water assessment tool）模型和 WEAP（water evaluation and planning system）模型。景秀俊等（2012）的研究中，使用了多准则决策程序（MCDM）、逼近理想解的排序方法（TOPSIS），还为气候变化方面的研究使用了统计降尺度模型（SDSM）和 HSPF 水文模型。刘硕和冯美丽（2012）使用了成分分析法和分层聚类法。唐国平等建议在评估气候变化对水资源供给影响时使用一维水量平衡模型，如年水量平衡模型、CLIRUNS 概念模型、集水水量平衡模型，或使用贝叶斯方法、降水-径流模型等方法。在供给-需求水量平衡模型方面，Vorosmarty 等（2000）和唐国平等（2000）都建议使用 WBM（water balance model）模型，邹君等（2007）还使用了模糊物元方法和计点系统模型。

指标选取、函数构建是函数法的关键所在。目前使用函数法的研究多从水资源脆弱性的概念出发构建函数，再从函数出发选取指标。本书从 IPCC 的概念出发，将水资源脆弱性构建为气候变化下的暴露度 E、受影响系统的敏感性 S 和受影响系统对气候变化的适应能力 A 的函数，而 E、S、A 各使用 2 个、7 个、8 个指标通过指标权重法得到。王明泉等（2007）从脆弱性的概念出发，认为脆弱性为敏感性和适应性之比，由此构建函数，在现状分析中敏感性由 3 层共 7 个指标、适应性由 3 层共 9 个指标得到，在未来情景分析中敏感性由 4 个指标、适应性由 4 个指标得到。夏军等（2012）从水资源脆弱性概念出发，针对中国东部季风区水资源供需矛盾的水资源脆弱性问题，发展了耦合气候变化对水资源影响的敏感性和抗压性，以及联系适应性对策与调控的水资源脆弱性理论与方法。这种方法认为水资源脆弱性是敏感性与抗压性的函数，其中敏感性由径流对降水、气温的弹性系数得到，抗压性由法尔肯马可指数（FI）、人均水资源量（WU）、水资源开发利用率（r）的函数得到，就此构建完全由函数关系联系各评价指标的评价方法，并取得了一些新进展。

脆弱性分级是得到水资源脆弱性结果的最后步骤，不同的研究使用的分级方法、给出的分级结果各不相同。单一指标法较为简单，一般只需要使用较公认的指标分级方案即可，如 Perveen（2011）的 FI、CR 指标，Vorosmarty 等（2000）的 DIA/Q 指标，郝璐和王静爱（2012）的水资源需求短缺量。指标体系法中，有很多研究使用了等距法分级，如 Sullivan（2010）、刘硕和冯美丽（2012）、吕彩霞等（2012）、邹君等（2007）的研究。也有很多研究根据评价结果进行分级，如白庆芹等（2011）、陈康宁等（2008）、冯少辉等（2010）、刘海娇等（2012）、刘绿柳（2002）、翁建武等（2013）、张明月等（2012）的研究。有的研究通过函数特征值得到，如夏军等（2012）的研究。还有的研究使用其他方法，如邹君等（2007）使用了聚类方法。

已有研究大多针对同一尺度的评价单元，较少考虑评价方法在多个尺度上的适用性。少数研究虽然涉及多个尺度的水资源脆弱性评价，但是在研究中并未说明所用方法是否适用于这些尺度。Perveen 和 James（2011）针对多尺度水资源脆弱性评价，从指标的空间入手探讨了适用于多尺度情况下的水资源脆弱性评价方法。根据空间特性，可以把评价使用的指标分为"可缩放"和"不可缩放"两类。可缩放指标的数值随空间尺度的增加而有减少的趋势，如人均水资源、人口密度；不可缩放指标的数值随空间尺度的增加而有增加的趋势，如水资源量、用水量。当不可缩放指标比上与面积相关的指标，则生成的新指标对尺度的依赖性就此消失，而成为空间上可缩放的指标。这就意味着两个与尺度有关、随尺度变化显著的指标可以生成与空间尺度无关的新指标。例如，水资源量与人口数生成的法尔肯马可指数（Falkenmark index，FI）（具体表示为人均水资源量或其倒数百万方水承载人口数）和用水量与水资源生成的水紧缺率（criticality ratio，CR）（即为水资源开发利用率）。该研究表明，在给定流域内，某一尺度使用人均水资源量、水资源开发利用率这样的新指标所计算的水资源脆弱性可应用于其他尺度。该研究所使用的评价单元是根据经纬度划分的 $0.5°$、$1°$、$5°$的网格，已经失去了物理意义上的流域概念，同时人均水资源量、水资源开发利用率已经广泛用于中国各级水资源分区、行政分区的水资源评价和水资源规划。因此，本书认为这类指标同样适用于各级水资源分区、行政分区的水资源脆弱性评价。夏军等（2012）、翁建武等（2013）使用地表水资源开发利用率、百万方水承载人口数、人均用水量这 3 个可缩放的指标，结合函数法，以陕西省和山西省为研究区，在省级行政区和地级行政区的尺度上评价了水资源脆弱性。

（2）水资源脆弱性评价方法简介

本书使用加权的指标体系方法来评价水资源脆弱性，主要步骤如下。

1）建立指标基本集。查阅相关研究与文献，寻找合适的指标，建立指标基本集，作为指标备选。

2）选取指标。根据一定的指标选取原则从指标基本集里选择指标。

3）构建指标体系。根据一定的思想、原则，将指标构建为指标体系。

4）数据标准化。根据指标所涉及的数据的特征，选取适当的方法对数据进行标准化。

5）确定指标权重。使用适当的方法确定各指标权重。

6）评价水资源脆弱性。使用加权的方法计算水资源脆弱性指数。

2.2.1 建立指标基本集

建立水资源脆弱性评价指标体系，首先要选择指标。在选择指标之前，需要根据水资源脆弱性的内涵建立评价指标的基本集。根据水资源脆弱性的概念和内涵，可以把水资源脆弱性相关指标分为自然环境脆弱性和社会经济脆弱性两方面，并从这两方面寻找评价指标，建立指标基本集。经过专家访问和文献查阅，本书建立的 6 类共 92 个指标的水资源脆弱性评价指标基本集见表 2-1。

表 2-1 水资源脆弱性评价指标基本集

自然环境	水资源利用	用水效率	土地利用	社会经济	水污染
年降水量	水利工程调蓄能力	人均用水量	河岸带植被覆盖率	人口密度	污水排放量
多年平均降水量	水资源开发利用率	居民生活用水定额	森林覆盖率	人口自然增长率	宏观水体化学需氧量
年降水量变差系数	供需比	城镇年节水率	水土流失率	人均 GDP	污水处理率
年降水极值比	浅层地下水开发率	工业用水定额		城市化率	污水回用率
关键时段的降水量占年降水的比率	地表水资源开发利用率	万元工业增加值用水量		洪涝经济损失占当年 GDP 的比例	污水处理回用率
多年平均径流深	地下水开发利用程度	工业用水重复利用率		水环境污染损失占当年 GDP 的比例	水土流失治理率
产水系数	外调水占供水量比例	农田灌溉综合用水定额		饮用水安全人口比例	III 类以下水质标准河段所占比例
产水模数	人均水资源量	灌溉水利用系数		水费支出占家庭可支配收入的比例	III 类以上水质标准河长所占比例
干旱指数	百万方水承载人口数	节水灌溉率		企业水费占生产总值的比例	水功能区 III 类水水质达标率

自然环境	水资源利用	用水效率	土地利用	社会经济	水污染
少雨期干旱指数	单位耕地面积水资源量	单方水粮食产量		环境保护投资占GDP的比例	水功能一级区水质达标率
降水量的变化率	人均天然生产地表水资源量	万元GDP用水量		水工程投资占GDP的比例	地表水污染指数
水旱灾害受灾率	人均水资源可利用量	需水量模数		经济增长速度	万元产值COD排放量
土壤侵蚀模数	缺水率	有效灌溉面积比重			人均生活COD排放量
荒漠化程度	生态用水的比例				人均废污水排放量
输沙模数	工业用水缺水率				
含水层富水性	生活用水缺水率				
含水层补给模数	生态用水缺水率				
地表水过境水量	农业用水缺水率				
地表水空间分布	地下水超采区面积				
地下水年更新能力	地下水开采模数				
地下水包气带厚度	单位面积平均用水量				
土壤蓄水能力	水利发电量/总发电量				
包括过境水量的平均年径流量	地下水超采系数				
年无雨日天数	水资源储量/供给量				
年降水量大于25mm天数	地下水占用水量比例				

2.2.2 选取指标

(1) 指标选取原则

指标集中的指标众多，在指标体系中使用所有的指标将使指标体系非常复杂，也会增加工作的难度，特别是增加数据获取的困难。因此，需要从众多指标中按一定的原则选取合适的具有代表性的指标建立评价指标体系，指标选取的原则如下。

1）科学性：指标体系的构建要在一定统计基础之上。指标的选择要尽可能利用现有的统计和实测资料，数据的收集获取、权重的计算确定都应有科学的依据。指标体系应具有明确的科学含义，能客观、真实、准确地反映水资源系统的特征，能较好地度量水资源脆弱性。

2）可比性：所选取的指标和由此构建的指标体系应有一定的推广应用价值，因此在选择指标时要注意指标在国际、国内、区域间的可比性，在纵向、横向上都应具有可比较、可推广和可应用的性质。

3）可缩放性：本书所选择的研究区涉及省级和地级两个级别的行政区，因此需要考虑指标在不同尺度上具有同样的适用性，即为"可缩放"指标。指标的可缩放性可参见Perveen 和 James（2011）针对多尺度水资源脆弱性评价的讨论。

4）系统性：水资源脆弱性是对水资源系统的整体评价，因此相应的评价指标体系也就是一个复杂系统，由不同层次、不同要素组成。因此，必须应用系统理论，根据各层次、各因素之间的特点和关系，将评价指标体系构建成一个完整的系统，它由几个既相互联系又相互独立的子系统组成。在构建指标体系时，应将评价的总体目标分解细化后再统筹综合，从各个角度全面、完整、系统地反映各子系统、各层次的主要影响因素，充分体现指标体系的系统性和层次性。在选取指标时要从系统的高度考虑，避免重复和繁冗。

5）完整性：水资源脆弱性涉及自然环境、社会经济等多个方面，要求所选指标覆盖面广，能综合反映水资源脆弱性的各个方面。

6）可操作性：指标体系要有较好的可操作性。在选取指标时，应选取较简单、易于定量表达、数据容易获取的指标。同时，还要考虑这些指标能得到学术界多数学者的承认。

7）主导性：在选取指标时，适合研究问题的指标可能很多。为了减少工作量，应尽量选取对水资源脆弱性起主导作用的指标，适当减少指标数量。

8）独立性：不同的指标往往存在信息上的重叠、数学上的相关。需要根据指标特征、数据可靠性、数据之间的相关性进行合理选择，尽量保证指标之间相关性最小，即尽量保证指标之间的独立性。

9）动态性：水资源系统涉及多方面、多层次的因素，这些因素会随时间、空间产生变化，因此相应的评价指标体系也是随时间和空间变化的，具有动态性。在构建指标体系时，应考虑包含动态指标和静态指标。

10）定性与定量结合：在选取的指标中，有的指标可以定量化，有的指标却不便定量化。而一些难以定量描述的指标可能对评价起主导性作用。因此，在构建指标体系时应尽可能选择定量化指标，同时也不能忽略重要的定性指标。

（2）选取的评价指标

本书根据以上的指标选取原则，从评价指标基本集中选取了 8 个指标用于水资源脆弱性评价，分别为年降水量距平百分数（X_1）、产水系数（X_2）、产水模数（X_3）、供需比（X_4）、人口密度（X_5）、万元 GDP 用水量（X_6）、人均 GDP（X_7）和人均废污水排放量（X_8）。这 8 个指标都是由两个或两个以上的基本指标合成的，已经消除了空间尺度的影响。参照 Perveen 和 James 的研究，这 8 个指标都是在空间尺度上"可缩放"的指标，可适用于不同空间尺度的水资源脆弱性评价。

1) 年降水量距平百分数（X_1）：年降水量距平百分数是一个地区的年降水量和多年平均降水量距平值与多年平均降水量的比值。在本书中，该指标是由指标基本集中的当年降水量与多年平均降水量两个指标结合而成的新指标，用于表征当年水资源情况与长期气候之间的关系。其计算公式见式（2-1）：

$$X_1 = \frac{P - \overline{P}}{\overline{P}} \times 100\% \tag{2-1}$$

式中，X_1 为年降水量距平百分数，无量纲；P 为年降水量（mm）；$\overline{P}$ 为多年平均降水量（mm）。

2) 产水系数（X_2）：产水系数是一个地区单位时间内本地自产水资源量与降水量的比值。在本书中，该指标用于表征该地区的干湿情况，选取的单位时间为一年。其计算公式见式（2-2）：

$$X_2 = \frac{W}{P} \tag{2-2}$$

式中，X_2 为产水系数（无量纲）；W 为当年当地自产水资源量（亿 m^3）；P 为当年当地降水量（亿 m^3）。

3) 产水模数（X_3）：产水模数是一个地区单位时间内本地自产水资源与水资源评价面积的比值。在本书中，该指标用于表征该地区的水资源数量，选取的单位时间为一年。计算公式见式（2-3）：

$$X_3 = \frac{W}{A} \tag{2-3}$$

式中，X_3 为产水模数（万 m^3/km^2）；W 为当年当地自产水资源量（亿 m^3）；A 为当地水资源评价面积（万 km^2）。

4) 供需比（X_4）：供需比是一个地区单位时间内社会经济总用水量与本地自产水资源量的比值。在本书中，该指标用于表征社会经济用水对当地水资源系统所产生的压力，选取的单位时间为一年。其计算公式见式（2-4）：

$$X_4 = \frac{U}{W} \tag{2-4}$$

式中，X_4 为供需比，无量纲；U 为当年该地区社会经济总用水量（亿 m^3）；W 为当年当地自产水资源量（亿 m^3）。

5) 人口密度（X_5）：人口密度是一个地区单位时间内人口数与该地区面积的比值。在本书中，该指标用于表征人口对本地水资源系统所产生的压力，选取的单位时间为一年，人口数为常住人口与流动人口之和。为与水资源数据相衔接，选取的地区面积为该地区的水资源评价面积。其计算公式见式（2-5）：

$$X_5 = \frac{N}{A} \tag{2-5}$$

式中，X_5 为人口密度（人/km²）；N 为人口数（万人）；A 为地区面积（万 km²），取值为该地区水资源评价面积。

6）万元 GDP 用水量（X_6）：万元 GDP 用水量是一个地区单位时间内社会经济总用水量与国内生产总值（GDP）的比值。在本书中，该指标用于表征该地区的水资源利用效率，选取的单位时间为一年。其计算公式见式（2-6）：

$$X_6 = \frac{U}{G} \tag{2-6}$$

式中，X_6 为万元 GDP 用水量（m³/万元）；U 为当年该地区社会经济总用水量（亿 m³）；G 为当年该地区国内生产总值（GDP）（亿元）。

7）人均 GDP（X_7）：人均 GDP 是一个地区单位时间内国内生产总值与人口数的比值。在本书中，该指标用于表征该地区的经济发达程度和对水资源压力的适应能力。选取的时间单位为一年。其计算公式见式（2-7）：

$$X_7 = \frac{G}{N} \tag{2-7}$$

式中，X_7 为人均 GDP（元/人）；G 为当年该地区国内生产总值（GDP）（亿元）；N 为人口数（万人）。

8）人均废污水排放量（X_8）：人均废污水排放量是一个地区单位时间内社会经济活动产生的工业废水和生活污水之和与人口数的比值。在本书中，该指标用于表征社会经济发展对水环境产生的压力，选取的单位时间为一年。其计算公式见式（2-8）：

$$X_8 = \frac{D}{N} = \frac{D_i + D_d}{N} \tag{2-8}$$

式中，X_8 为人均废污水排放量（t/人）；D 为当年该地区废污水排放量（万 t）；D_i 为当年该地区工业废水排放量（万 t）；D_d 为当年该地区生活污水排放量（万 t）；N 为人口数（万人）。

2.2.3　构建指标体系

（1）指标体系构建方法

评价指标体系是指为完成评价目的而由若干相互联系的指标组成的集合。建立指标体系不仅要明确指标体系的构成和每个指标的取值范围，还要确定指标之间的相互关系。指标体系通常随着研究者的观点而不同，主要可以分为平行式、垂直式和混合式 3 种类型。

平行式指标体系通常把整个系统分解成几个子系统，再测试每个子系统。指标也依据子系统的分类而选择。这种指标体系具有层次清晰的特点。

垂直式指标体系认为应从纵向的角度分析系统问题，对系统的协调性更加看重。

混合式指标体系介于平行式与垂直式之间。这种指标体系将指标按领域分类，具有平行式的特点；增加了部分专门测试系统协调性的指标，又具有垂直式的特点。混合式指标体系兼具平行式与垂直式的优点，但整体性不强。

（2）水资源脆弱性评价指标体系

本书选取的 8 个指标中，年降水量距平百分数（X_1）、产水系数（X_2）、产水模数（X_3）体现了自然环境对水资源系统的影响，而供需比（X_4）、人口密度（X_5）、万元 GDP 用水量（X_6）、人均 GDP（X_7）和人均废污水排放量（X_8）体现了社会经济对水资源系统的影响。因此，可以把前 3 个指标归入自然环境脆弱性范畴，把后 5 个指标归入社会经济脆弱性范畴。

在此基础上，本书参考已有的水资源脆弱性研究成果，采用平行式指标体系，建立了指标体系框架（图 2-6）。

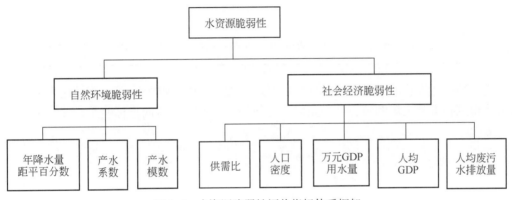

图 2-6　水资源脆弱性评价指标体系框架

2.2.4　数据标准化

本书选择的 8 个指标有的有量纲，有的没有量纲；有的有较明确的取值范围，有的则没有。为了便于指标间的比较和数据计算，需要进行数据标准化。常见的数据标准化方法有极值标准化、极差标准化、参考值标准化等。经过对指标及其数据进行初步分析，本书选择参考值标准化方法，参考值的分级根据同类研究和分析数据的分布规律而制定。

在进行数据标准化前，需要对指标的定义、内涵、数据特征进行分析，判断其为正向指标还是负向指标，由此选取适当的分级方案。正向指标指在其他指标数值不变的情况下，其数值越大则评价结果的数值也越大的指标；负向指标指在其他指标数值不变的情况下，其数值越大则评价结果的数值越小的指标。根据分析，本书选取的 8 个指标中，正向指标有供需比（X_4）、人口密度（X_5）、万元 GDP 用水量（X_6）和人均废污水排放量（X_8），负向指标有年降水量距平百分数（X_1）、产水系数（X_2）、产水模数（X_3）和人均 GDP（X_7）。

本书最终确定的数据标准化参考值分级方案见表 2-2。

表 2-2 水资源脆弱性数据标准化参考值分级

评价指标	1 级	2 级	3 级	4 级	5 级
产水系数(X_2)	$0.06 \leqslant X_2 < 0.18$	$0.18 \leqslant X_2 < 0.30$	$0.30 \leqslant X_2 < 0.43$	$0.43 \leqslant X_2 < 0.55$	$0.55 \leqslant X_2 \leqslant 0.67$
产水模数(X_3)	$1.63 \leqslant X_3 < 29.45$	$29.45 \leqslant X_3 < 57.28$	$57.28 \leqslant X_3 < 85.10$	$85.10 \leqslant X_3 < 112.93$	$112.93 \leqslant X_3 \leqslant 140.75$
供需比(X_4)	$0.01 \leqslant X_4 < 0.20$	$0.20 \leqslant X_4 < 0.50$	$0.50 \leqslant X_4 < 0.60$	$0.60 \leqslant X_4 < 2.00$	$2.00 \leqslant X_4 \leqslant 9.15$
人口密度(X_5)	$0 \leqslant X_5 < 100$	$100 \leqslant X_5 < 200$	$200 \leqslant X_5 < 320$	$320 \leqslant X_5 < 600$	$600 \leqslant X_5 \leqslant 3\,628.37$
万元 GDP 用水量(X_6)	$0 \leqslant X_6 < 75$	$75 \leqslant X_6 < 120$	$120 \leqslant X_6 < 200$	$200 \leqslant X_6 < 250$	$250 \leqslant X_6 \leqslant 5\,643.85$
人均 GDP(X_7)	$2\,895 \leqslant X_7 < 5\,000$	$5\,000 \leqslant X_7 < 10\,000$	$10\,000 \leqslant X_7 < 20\,000$	$20\,000 \leqslant X_7 < 40\,000$	$40\,000 \leqslant X_7 \leqslant 78\,989$
人均废污水排放量(X_8)	$3.99 \leqslant X_8 < 27.85$	$27.85 \leqslant X_8 < 51.71$	$51.71 \leqslant X_8 < 75.57$	$75.57 \leqslant X_8 < 99.42$	$99.42 \leqslant X_8 \leqslant 123.28$
标准化取值范围(R)	$0 \leqslant R < 0.20$	$0.20 \leqslant R < 0.40$	$0.40 \leqslant R < 0.60$	$0.60 \leqslant R < 0.80$	$0.80 \leqslant R \leqslant 1.00$

进行数据标准化时，先判断指标数值对应于表 2-2 中的哪个区间，而后代入标准化计算公式得到标准化之后的值，其中正向指标使用式（2-9），负向指标使用式（2-10）：

$$r_i = \frac{X_i - X_{ij\min}}{X_{ij\max} - X_{ij\min}} \times (R_{j\max} - R_{j\min}) \tag{2-9}$$

$$r_i = R_{j\max} - \frac{X_{ij\max} - X_i}{X_{ij\max} - X_{ij\min}} \times (R_{j\max} - R_{j\min}) \tag{2-10}$$

式中，r_i 为标准化后第 i 个指标的数值；X_i 为标准化前第 i 个指标的数值；$X_{ij\min}$ 为第 i 个指标第 j 个级别对应的区间的最小值；$X_{ij\max}$ 为第 i 个指标第 j 个级别对应的区间的最大值；$R_{j\min}$ 为第 j 个级别的标准化取值范围的区间的最小值；$R_{j\max}$ 为第 j 个级别的标准化取值范围的区间的最大值；以上 $i=1, 2, \cdots, 8$；$j=1, 2, \cdots, 5$。

2.2.5 确定指标权重

经过对多种方法的对比分析和参考专家意见，建议使用熵权法计算水资源脆弱性评价的指标权重。

（1）熵权法

熵权法的原理是评价单元的某项指标的数值相差较大时，则熵值较小，说明该指标提供的有效信息量较大，该指标的权重也应较大；某项指标的数值相差较小时，则熵值较大，说明该指标提供的有效信息量较小，该指标的权重也应较小。

对于 m 个评价指标和 n 个单元来说，其第 j 个指标的熵 H_j 由式（2-11）计算得：

$$\begin{cases} H_= -K \sum_{k=1}^{n} f_{jk} \ln f_{jk} \\ f_{jk} = \dfrac{r_{jk}}{\sum\limits_{k=1}^{n} r_{jk}} \\ K = \dfrac{1}{\ln n} \end{cases} \tag{2-11}$$

式中，$j=1, 2, \cdots, m$；$k=1, 2, \cdots, n$。当 $f_{jk}=0$ 时，令 $f_{jk}\ln f_{jk}=0$，则第 j 个指标的熵权 ω_j 由式（2-12）计算得到。

$$\omega_j = \frac{1 - H_j}{m - \sum\limits_{j=1}^{m} H_j} \tag{2-12}$$

式中，$0 \leqslant H_j \leqslant 1$；$0 \leqslant \omega_j \leqslant 1$。

（2）指标权重

考虑到本书要评价 2001～2010 年的中国省级行政区水资源脆弱性，用于熵权法计算权重的数据能满足多年和省、地两个空间尺度的评价需要，所以使用各个指标省级行政区 2001～2010 年的多年平均数，根据表 2-2、式（2-9）、式（2-10）进行标准化，再代入式（2-11）和式（2-12）计算各指标的熵权，即为各指标的权重，见表 2-3。

表 2-3 水资源脆弱性评价指标权重

评价指标	指标权重（ω）
年降水量距平百分数（X_1）	0.05
产水系数（X_2）	0.15
产水模数（X_3）	0.06
供需比（X_4）	0.31
人口密度（X_5）	0.15
万元 GDP 用水量（X_6）	0.08
人均 GDP（X_7）	0.06
人均废污水排放量（X_8）	0.15

2.2.6 评价水资源脆弱性

根据以上步骤得到各指标标准化后的值 r 和权重 ω，即可用加权求和的方法计算水资源脆弱性指数 WVI，见式（2-13）：

$$\text{WVI}_i = \sum_{i=1}^{n} r_{ij}\omega_j \tag{2-13}$$

式中，WVI_i 为第 i 为个评价单元的水资源脆弱性指数；r_{ij} 为第 i 个评价单元的第 j 个指标的标准化后的数值；ω_j 为第 j 个指标的权重。水资源脆弱性评价的最后步骤是对评价指标值进行分级。

本书需要 2001～2010 年这 10 年在省级行政区尺度上对水资源脆弱性进行空间分布和时间序列分析，需要 2010 年在省级、地级两个空间尺度上进行空间分布和尺度差异分析。为保证评价结果满足时间序列分析的需要，分级方案应根据这 10 年分级情况的平均状况来制定。为保证评价结果满足省级、地级两个尺度上评价结果的统一，特别是保证北京、天津、上海、重庆在两个尺度上分级结果的一致性，需要在两个尺度中选择其中一个来制定分级方案。考虑到本书的水资源脆弱性评价主要在省级尺度上进行，因此分级方案以省级行政区为基础来制定。考虑到时间序列研究的需要，最好以这 10 年的平均值为基础来制定分级方案。

经过综合考虑，利用 ArcGIS 软件中的"自然断点分类法"功能，根据水资源脆弱性评价结果，将所有评价单元按自然断点分为 5 类，即得到断点方案，2001～2010 年逐年的和 10 年平均的评价结果，共得到 11 套自然断点方案，见表 2-4。

表 2-4　断点设置方案

时间序列	断点 1	断点 2	断点 3	断点 4
2001（A_{1j}）	0.35	0.44	0.55	0.63
2002（A_{2j}）	0.33	0.38	0.54	0.66
2003（A_{3j}）	0.33	0.39	0.47	0.50
2004（A_{4j}）	0.31	0.40	0.54	0.68
2005（A_{5j}）	0.34	0.40	0.48	0.50
2006（A_{6j}）	0.34	0.43	0.52	0.68
2007（A_{7j}）	0.35	0.4	0.48	0.51
2008（A_{8j}）	0.35	0.39	0.5	0.64
2009（A_{9j}）	0.32	0.43	0.53	0.6
2010（A_{10j}）	0.26	0.32	0.42	0.47
2001～2010 年多年平均（$-B_j$）	0.36	0.43	0.49	0.62
$-C_j$	0.35	0.42	0.50	0.60

在表 2-4 中，设 2001～2010 年按顺序分别为第 1 年～第 10 年，则表 2-4 中的 2001～2010 年逐年水资源脆弱性评价结果断点可以表示为 A_{ij}，其中 $i=1，2，\cdots，10$；$j=1，2，3，4$。由此可以用式（2-14）计算其逐年平均值 A_j，其中 $n=10$。

$$A_j = \frac{1}{n} \sum_{i=1}^{n} A_{ij} \tag{2-14}$$

同时，可以设 2001～2010 年多年平均水资源脆弱性评价结果断点为 $-B_j$，其中 $j=1，2，3，4$。

为了使分级方案能适合逐年评价和多年评价的要求，需要将二者进行加权求和。考虑到 A 和 B 都是 10 年的平均值，因此设它们的权重都是 0.5，可以用式（2-15）求得最终的断点方案 C_j，其中 $j=1，2，3，4$。

$$C_i = 0.5 \times A_i + 0.5 \times B_i \tag{2-15}$$

根据表 2-4 中的断点方案 C_j，本书提出的水资源脆弱性指标值（WVI）分级方案见表 2-5。

表 2-5　水资源脆弱性指标分级

水资源脆弱性指数区间	级别
0≤WVI<0.35	不脆弱
0.35≤WVI<0.42	弱脆弱
0.42≤WVI<0.50	中脆弱
0.5≤WVI<0.60	强脆弱
0.6≤WVI<1	极脆弱

2.3　水资源脆弱性的函数方法

2.3.1　水资源脆弱性一级函数构建

（1）水资源脆弱性一般函数

根据对水资源脆弱性的定义可知，水资源系统对气候变化的敏感性会增加水资源系统的脆弱性，而系统的适应性调整活动会降低其脆弱性，所以水资源脆弱性与系统的敏感性成正比，而与水资源系统的抗压性成反比，因而可以构建水资源脆弱性的综合公式，表达为

$$V(t) = \frac{S(t)}{C(t)} \tag{2-16}$$

式中，$V(t)$ 为水资源脆弱性；$S(t)$ 为敏感性函数；$C(t)$ 为抗压力性函数或称可恢复性函数。该公式涵盖了水资源系统的自然禀赋、人类活动和气候变化的影响。受到水资源时空分异、洪涝和干旱灾害、水资源供需安全、水资源系统的适应性，以及水环境恶化等多个因素的影响是区域水资源问题的综合表现。为此，依据变化环境背景下水资源脆弱性评估理论框架体系（图 2-7），提出了水资源脆弱性的一般函数公式：

$$V = \alpha \left(\frac{S_1}{C_1}\right)^{\beta_1} \left(\frac{S_2}{C_2}\right)^{\beta_2} \cdots \left(\frac{S_n}{C_n}\right)^{\beta_n} \tag{2-17}$$

式中，S_1，S_2，$\cdots$，S_n 为水资源系统对第 1，第 2，$\cdots$，第 n 个影响因素的敏感性；C_1，C_2，$\cdots$，C_n 为水资源系统对第 1，第 2，$\cdots$，第 n 个影响因素的抗压性；β_1，β_2，$\cdots$，β_n 为第 1，第 2，$\cdots$，第 n 个影响因素对应的尺度因子。

由于人均水资源量匮乏（仅占世界人均的 1/4，被列为世界 13 个贫水国家之一）、水资源年际年内空间分配不均、旱涝灾害频繁、水土资源分布不匹配、人口不断增长、经济社会发展对水资源需求加大等，使得中国水资源供需矛盾突出。水资源短缺是目前中国所面临的最重要的水资源问题，特别是在北方的海河等流域，地下水超采、生产生活用水挤占生态用水的问题极为严重，水资源供需矛盾成为影响区域发展的一大限制性因子。所以，本书着重从水资源供需安全的角度，开展气候变化和人类活动影响下水资源系统脆弱

性评价。

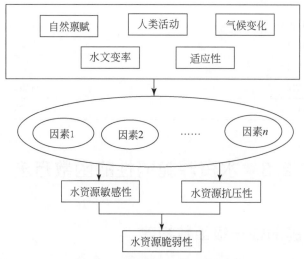

图2-7　水资源脆弱性理论框架

（2）水资源敏感性函数

敏感性的概念最早出现在医学和生物学领域，用在药物敏感性实验研究中。后来敏感性分析成为数学中一种常见的分析方法，以模型中某个属性的变化对模型输出值的影响程度作为这一属性的敏感性系数，并被引入经济学领域，研究如投资项目的敏感因素、预测项目要承担的风险等（崔胜辉等，2009）。Kane 等（1990）将敏感性引入到全球气候变化研究中，分析世界农业系统对气候变化的敏感性。气候变化下的敏感性明确被定义是在 IPCC 1995 年的报告中，该报告指出"敏感性是一个系统对气候条件变化的响应程度（例如，由于一定的温度或降水变化引起的生态系统组成、结构和功能的变化程度），这种响应可能是有害的，也可能是有益的"。Moss 等（2002）也将敏感性定义为"系统输出或系统特性响应输入变化而变化的程度"。此外，还有欧洲陆地生态系统分析和建模高级项目（advanced terrestrial ecosystem analysis and modelling，ATEAM）对敏感性的含义是（人类）环境系统受到环境变化的正面和负面的影响程度。

因此，水资源相对于气候变化的敏感性是指气候变化条件下水资源的变化率，等同于弹性系数的概念。弹性系数最初由美国学者 Schaake（1990）引入气候变化对水文水资源影响的敏感性研究中，认为气候变化主要是通过降水（P）的变化引起水资源（Q）的变化，所以弹性系数可以表示为降水变化引起的水资源的变化率，即

$$S(P, Q) = \frac{dQ/Q}{dP/P} = \frac{dQ}{dP}\frac{P}{Q} \tag{2-18}$$

但由于降水和径流关系不能用显函数的数学公式表达，所以限制了它的进一步应用。美国学者 Sankarasubramanian 和 Richard（2001）推导出上述公式的一个基于流域多年平均状况下的近似解。但该解的最大缺陷是它只是一个降水径流关系，而没有考虑蒸发（温度）对流域水文过程的影响。Yu 等（2010）在考虑温度对水文过程影响的基础上，提出

基于温度和降水的双参数弹性系数：

$$S\ (P,\ \delta T)\ =\ \frac{Q_{P,\delta T}-\overline{QP}}{P_{P,\delta T}-\overline{PQ}} \tag{2-19}$$

式中，$S\ (P,\ \delta T)$ 为弹性系数；P 为降水量；δT 为气温的变化量；$Q_{P,\delta T}$ 为气温变化为 δT、降水量为 P 的情况下的径流量；$\overline{P}$ 为多年平均降水量；$\overline{Q}$ 为多年平均径流量。

与其他的敏感性计算方法相比，该方法全面综合地考虑了径流对气温和降水双项变化的敏感性，且计算过程简单方便，可以通过 ArcGIS 的地统计工具实现应用于中国的黄河流域等，有很好的适用性。所以，本书选用此温度、降水双参数弹性系数进行水资源对气候变化的敏感性研究。

（3）水资源抗压性函数

自 20 世纪 80 ~ 90 年代以来，国内外对水资源供需矛盾问题进行了大量研究，并提出了一系列评价指标，主要包括水资源压力指数、水资源开发利用程度、水资源贫困指数、水资源承载力等，可以从不同角度对水资源紧缺程度进行评价。1992 年 Falkenmark 和 Widstrand 定义人均水资源量为水资源压力指数（water scarcity index，IWS），以度量区域水资源稀缺程度。这一指标简明易用，只要是进行过水资源评价和有人口统计资料的地区都可以获得人均水资源量数据，而且按用水主体人口来平均水资源符合公平合理的原则。IWS 在评价流域或大区域水资源紧缺问题时得到了广泛的应用。世界气象组织、联合国教科文组织等机构认为，对于一个国家或地区可以按照人均年拥有淡水量的多少来衡量其水资源的紧缺情况，并规定年人均水资源量 1700m³ 为富水线，低于 1700m³ 时可更新的水资源量即处于紧张状态；年人均水资源量 1000m³ 为最低需求线或基本需求线，低于 1000m³ 时称为水资源短缺；年人均水资源量 500m³ 为绝对缺水线，低于 500m³ 时水资源严重短缺；年人均水资源量 100m³ 为极端缺水线。联合国粮农组织（FAO，2007）、世界资源研究所（WRI，2000）等国际组织在对世界水资源进行评价时也采用这一指标。中国水利部水资源司根据中国的具体情况，综合联合国组织和国内外专家的意见确定了中国水资源短缺评价的标准《水资源评价导则》（SI/T 238—1999）（表 2-6）。

表 2-6 水资源紧缺指标评价标准及缺水特征

人均水资源量（m³）	缺水程度	缺水表现
>3000	不缺水	
1700 ~ 3000	轻度缺水	局部地区、个别时段出现缺水问题
1000 ~ 1700	中度缺水	周期性与规律性用水紧张
500 ~ 1000	重度缺水	持续性缺水
<500	极度缺水	极其严重的缺水

在此基础上，Falkenmark 提出了与之类似的水文水资源压力指数（hydrological water scarcity index，IHWS）——百万方水承载的人口数，用以表达水资源承载压力状况。Brouwer 和 Falkenmark 在 1989 年的研究中将百万方水承载人口数划分为低于 334 人/100 万 m³ 水为不

缺水；超过 334 人/100 万 m³ 水代表轻度缺水，超过 500 人/100 万 m³ 水代表中度缺水，超过 1000 人/100 万 m³ 水代表严重缺水，超过 2000 人/100 万 m³ 水代表极端缺水。

但这些指标只考虑了水资源的供给，没有考虑水资源的需求。实际上水资源的稀缺程度必须从供给和需求两个方面综合来考虑，具体来说应该考虑产业结构对需水的影响。如果经济结构以灌溉农业为主，则人均所需的水资源量必然较大；如果以耗水少的服务业为主，则人均所需的水资源量就较少。所以，由于产业结构的差异，人均水资源量供给相同的地区，缺水程度可能不相同。

水资源开发利用程度是指可获得的（可更新）淡水资源量占淡水资源总量的百分率。世界粮农组织、联合国教科文组织、联合国可持续发展委员会等很多机构都选用这一指标作为反映水资源短缺的重要水资源压力指标。它同时还可以用来判断生产生活用水是否挤占生态环境用水，从而反映区域水资源的可持续利用情况。该指标的阈值或标准系根据经验确定：当水资源开发利用程度小于 10% 时为低水资源压力（low water stress）；当水资源开发利用程度大于 10%、小于 20% 时为中低水资源压力（moderate water stress）；当水资源开发利用程度大于 20%、小于 40% 时为中高水资源压力（medium-high water stress）；当水资源开发利用程度大于 40% 时为高水资源压力（high water stress）（Falkenmark and Lindh，1976；Molden et al.，2007）（图 2-8）。

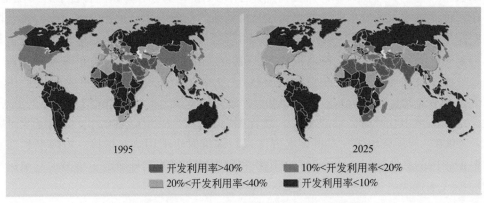

图 2-8　世界水资源开发利用率（GEO，2000）

Shiklomanov 等对各国的年平均水资源可利用量和农业、工业、生活需水量进行了评估，对比分析了水资源供给与需求之间的关系（Shiklomanov，1991，1998；Shiklomanov and Rodda，2003）。Raskin 等（1997）选择了更为客观的取水量，计算取水量占可利用水资源量的比例，并将其定义为水资源脆弱性指数（water resources vulnerability index，IWRV），用来评价国家或地区的水资源短缺程度：如果 IWRV 为 20%～40%，则称为水资源短缺；如果超过 40% 则称为严重短缺。由于可利用水资源量难以评价，Alcamo 等（1997，2000）用年均水资源量代替水资源可利用量，采用水资源开发利用量占年均水资源量的比例，即水资源开发利用率指标，评价全球尺度的水资源短缺问题。Charles 等（2000）选取水资源开发利用率作为评价因子，将全球划分为 0.5°×0.5° 的网格，对水资源脆弱性状况进行了评价，并利用 GCMs 的气候情景与水量平衡模型 WBM 相结合预估了

2025 年全球的水资源脆弱性变化。

水资源开发利用程度作为衡量水资源供需矛盾的指标，优于 IWS、IHWS 的地方在于隐含考虑了生态用水，认为人类对水资源的开发利用程度越高，水系统及相关自然生态受到的压力就越大，且同时考虑了供水和需水两个方面，更加全面地反映区域水资源的供需矛盾。此外，水贫困指数、IWMI 水资源短缺评价模型等也有过一定的应用，但没有 IWS 和水资源开发利用率的普及率高。

Molden（2008）进一步研究并提出，水资源短缺包括水资源需求压力和水资源承载人口压力两个维度，他把人口驱动的水资源短缺、需水驱动的水资源短缺和人均用水量有机地结合起来，形成了一个综合简明描述水资源压力的指标体系。

本书中，水资源抗压性是指水资源系统通过自身调整来应对和减缓内外扰动施予的水资源压力，以维持水资源系统结构平衡，并支撑供水安全、生态安全、经济安全、社会安全的能力。所以水资源抗压性与水资源压力之间是反相关关系，在表述上可以表达为水资源压力的倒数。针对水资源供需安全、水资源时空变异、可利用量变化、用水变化、承载能力问题、开发利用程度与生态需水保障等问题，引用了有水资源基础，直观、简单并且可以进一步扩展的国际水资源协会（International Water Resources Association，IWRA）的指标体系（Falkenmark and Molden，2008），即水资源开发利用率（use-to-availability ratio）、百万方水承载人口数（water crowding）、人均用水量（per capita water use），并构建了水资源抗压性函数：

$$C(t) = C\left(r \cdot \frac{Q}{W_D}\right) = f_1(r) f_2\left(\frac{Q}{W_D}\right) \tag{2-20}$$

式中，$C(t)$ 为水资源系统抗压性；r 为水资源开发利用率；Q 为水资源总量；W_D 为用水总量；f_1 和 f_2 为待定函数。

水资源的供需关系 Q/W_D 可以表达为

$$\frac{W_D}{Q} = \frac{P_{op}}{Q} \cdot \frac{W_D}{P_{op}} \tag{2-21}$$

式中，P_{op} 为人口。

将式（2-21）代入式（2-20）得到：

$$C(t) = f_1(r) \cdot f_2\left[1 \Big/ \left(\frac{P_{op}}{Q} \cdot \frac{W_D}{P_{op}}\right)\right] \tag{2-22}$$

对于新指标，水资源开发利用程度越高，系统抗压性 $C(t)$ 就越低；承载的人口数越多，系统抗压性 $C(t)$ 就越小；人均可利用水资源量越小，系统抗压性 $C(t)$ 就越小；水功能区达标率越大，系统抗压性 $C(t)$ 就越大。根据边界条件确定函数 f_1、f_2：

$$C(t) = C\left(r \cdot \frac{Q}{W_D}\right) = \exp(-r \cdot k) \exp\left(-\frac{P_{op}}{Q} \cdot \frac{W_D}{P_{op}}\right) \tag{2-23}$$

式中，k 为抗压系数随水资源开发利用率变化的尺度因子。$C(t)$ 可用图 2-9 表示。

依据 40% 的水资源开发利用率，0.4 的抗压临界值拟合得到 $k=2.3$，从而得到水资源抗压性函数和水资源脆弱性的一级函数：

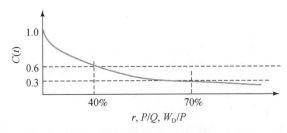

图 2-9　水资源抗压性函数示意图

$$C(t) = \exp_1\left(-r \cdot k\right) \exp\left(-\frac{P_{op}}{Q} \cdot \frac{W_D}{P_{op}}\right) \tag{2-24}$$

$$V(t) = \frac{\varepsilon_{P,\partial T}}{\exp_1\left(-r \cdot k\right) \exp\left(-\dfrac{P_{op}}{Q}\dfrac{W_D}{P_{op}}\right)} \tag{2-25}$$

基于水资源抗压能力的非线性变化关系，当水资源抗压能力越低时抗压能力的敏感性越强，同时参照水资源对气系统候变化的敏感性，将水资源脆弱性划分为 5 个等级，见表 2-7。

表 2-7　水资源脆弱性等级划分

不脆弱	低脆弱	中度脆弱	高度脆弱	严重脆弱
<0.05	0.0 ~ 0.1	0.1 ~ 0.2	0.2 ~ 0.4	>0.4

为了检验基于水资源开发利用率（use-to-availability ratio）、百万方水承载人口数（water crowding）和人均用水量（per capita water use）一级指标体系构建的水资源脆弱性函数的合理性，点绘了全国 5 个主要流域一级区水资源脆弱性的分布图（图 2-10）。

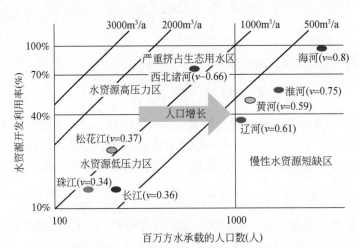

图 2-10　中国主要流域水资源脆弱性合理性分析（Falkenmark and Molden，2008）

结果表明，本书所提出的指标和脆弱性的描述是合理的。其中，海河流域的水资源供需矛盾最为严重、水资源开发利用率最高，其显示的水资源脆弱性分布在高值区。相比之下，长江流域水资源相对丰沛，流域平均水资源开发利用率仅为 25%，水资源脆弱性就处在低值区。

2.3.2　基于总量控制的水资源脆弱性二级函数构建

针对中国人多水少、水资源时空分布不均的基本国情和水情，同时考虑气候变化将给水文循环过程和供水带来不确定性风险增加，以及工业化、城镇化推进引发用水需求的持续增长，从而导致水资源短缺、水污染严重、水生态环境恶化等问题日益突出的严峻水资源形势。为解决水资源制约经济社会可持续发展的问题，国务院于 2012 年发布《关于实行最严格水资源管理制度的意见》，明确提出水资源开发利用控制、用水效率控制和水功能区限制纳污"三条红线"的主要目标，以推动经济社会发展与水资源水环境承载能力相适应。

"三条红线"确立的水资源管理总体目标包括水资源开发利用控制红线——到 2030 年全国用水总量控制在 7000 亿 m^3 以内；用水效率控制红线——到 2030 年用水效率达到或接近世界先进水平，万元工业增加值用水量（以 2000 年不变价计，下同）降低到 $40m^3$ 以下，农田灌溉水有效利用系数提高到 0.6 以上；水功能区限制纳污红线——到 2030 年主要污染物入河湖总量控制在水功能区纳污能力范围之内，水功能区水质达标率提高到 95% 以上。为实现这一总体目标而设定的阶段性目标包括，"到 2015 年，全国用水总量力争控制在 6350 亿 m^3 以内；万元工业增加值用水量比 2010 年下降 30% 以上，农田灌溉水有效利用系数提高到 0.53 以上；重要江河湖泊水功能区水质达标率提高到 60% 以上。到 2020 年，全国用水总量力争控制在 6700 亿 m^3 以内；万元工业增加值用水量降低到 $65m^3$ 以下，农田灌溉水有效利用系数提高到 0.55 以上；重要江河湖泊水功能区水质达标率提高到 80% 以上，城镇供水水源地水质全面达标"。

为推进实行最严格水资源管理制度，确保实现水资源开发利用和节约保护的主要目标，2013 年 1 月，国务院办公厅印发了《实行最严格水资源管理制度考核办法》。《实行最严格水资源管理制度考核办法》对《关于实行最严格水资源管理制度的意见》中提出的全国层面总体目标进行逐级分解并落实责任。经科学论证、广泛征求各省区人民政府及有关方面的意见，明确了各省级行政区水资源管理控制目标。"三条红线"最严格水资源管理制度是新的历史时期下，中国为应对气候变化与人类活动影响下的水资源压力，实现人水和谐和水资源与经济社会的可持续发展，从促进经济发展方式转变、推进水生态文明建设等角度出发，提出的全新的，具有高执行性、目标量化性的水资源管理制度，体现了新时期国家水资源管理的新理念。今后的水资源管理将以此为依据展开。

本书中水资源脆弱性评估二级函数的构建，考虑以最严格水资源管理制度的理念为导向，对水资源脆弱性一级评估方法做进一步的分解细化，主要从总量控制和用水效率控制两个方面考虑，构建与水资源适应性调控方向相结合的评估模型。

水资源开发利用率是反映流域内水资源开发利用水平的特征指标，根据不同的研究目的，它往往被赋予不同的表达方式。根据以往的水资源研究和水资源规划部分成果，本书在这里采用"总用水量占水资源总量的百分比"的定义，即

$$r = \frac{W_D}{Q} \times 100\%$$

$$= \frac{W_D}{Q_A} \times \frac{Q_A}{Q} \times 100\%$$

可利用水资源量由地表可利用水资源量和地下水可开采量两部分组成。地表可利用水资源量指"在可预见的时期内，以流域为单元，在保护生态环境和保障水资源可持续利用的前提下，通过经济合理、技术可行的措施，在当地地表水资源量中可供河道外一次利用的最大水量，是地表水资源量中扣除不应该被利用的水量和难以被控制利用的水量之后的地表水资源量"。其中，"不应该被利用的水量是指为维护生态系统的良性运行而不允许利用的河道内的生态环境用水量，即必须满足的自然生态环境的基本用水量；难以被控制利用的水量指各种自然、社会、经济和技术因素与条件的限制而无法被利用的水量，主要包括超出工程最大调蓄能力和供水能力而无法利用的洪水量等；在可预见时期内受技术经济条件限制难以被利用的水量；在可预见时期内超出最大用水需求的水量"。地下水可开采量是指在可预见的时期内，通过经济合理、技术可行的措施，在基本不引起生态环境恶化的条件下，允许以凿井形式从地下含水层中获取的最大水量。

根据以上对水资源开发利用率的解析可知，多年平均意义下，可利用水资源量（Q_A）是水资源总量（Q）、河道生态需水（W_E）和入海水（Q_c，广义生态水）的函数：

$$Q_A = Q - (W_E - Q_c) \tag{2-26}$$

则水资源开发利用率可以表征为

$r = f\{$用水量，水资源量，生态需水$\} = f\{W_D, Q, W_E\}$，几者的关系由图 2-11 表示。

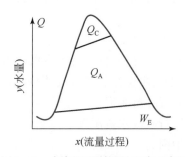

图 2-11 水资源可利用量组成示意图

对于良性水循环的区域而言，水资源的开发利用量不应超过其最大可利用水资源量，而实际生态用水不应低于最小生态需水，即 $W_D < W_{Dmax}$（可利用水资源量为其上限），$W_E > W_{Emin}$（最小生态需水为其下限）。据此，构建水资源开发利用率 r 与水资源调控管理相联系的函数关系：

$$\gamma = \varphi\left(W_{\mathrm{D}}/W_{\mathrm{Dmax}}\right)^{k1} Q^{-k2}\left(W_{\mathrm{Emin}}/W_{\mathrm{E}}\right)^{k3} \tag{2-27}$$

当一个流域总用水量（W_{D}）超过其上限，即最大可利用水资源量，则生产生活用水可能挤占生态用水或超采地下水，导致开发利用率高（如海河流域等），水资源脆弱性强；另外，若河道内的最基本生态用水被经济社会挤占，则其生产生活用水必然超过可最大利用水资源量。其中，W_{D} 的变化由经济社会的发展和用水效率决定，总水资源量 Q 则与降水、气温等自然因素有关，取决于自然水资源分布和气候变化的影响。

对于用水来说，按行业分，总用水量是工业用水量、农业用水量和生活用水量之和，即

$$W_{\mathrm{D}} = W_{\mathrm{I}} + W_{\mathrm{C}} + W_{\mathrm{G}} \tag{2-28}$$

式中，工业用水量 W_{I}＝万元工业增加值用水量（e_{in}）×工业增加值（$\mathrm{GDP_I}$）；农业用水量 W_{C}＝农作物产量（Y）/单位产量用水量（Y/W_{C}）；W_{H} 为生活用水量。

农业是中国的用水大户，在全国用水总量中所占比重超过 50%。目前，国内农业灌溉用水效率普遍偏低，输水管网漏失率高，很多地方灌溉技术落后，用水浪费严重，因此农业节水还有很大的空间。作物与水有极密切的关系，其全部生命活动都需要在一定的水分条件下才能进行。农田中水分消耗的途径主要有植株蒸腾、棵间蒸发和深层渗漏，其中需水量主要包括前两部分。作物产量与需水量之间的关系可以通过作物水分生产函数（也称作作物–水模型）来定量模拟。国外 20 世纪 60 年代开始对作物–水模型进行研究。作物水分生产函数的模式很多，主要有两大类：一是作物产量与全生育期总蒸发蒸腾量的关系；二是作物产量与各生育阶段蒸发蒸腾量的关系。

其中，作物产量与全生育期总蒸发蒸腾量的关系可以表达为

$$1 - \frac{Y}{Y_{\mathrm{p}}} = K_{\mathrm{y}}\left(1 - \frac{\mathrm{ET}}{\mathrm{ET_p}}\right)^{M} \tag{2-29}$$

式中，K_{y} 为减产系数，取值为 0.92～1.30；Y，Y_{p} 为作物产量，潜在作物产量；ET，$\mathrm{ET_p}$ 分别为蒸散发，潜在蒸散发；M 为经验指数。

通过全生育期作物水分生产函数的思路，拟构建作物需水与农业用水效率之间的函数关系，下面就对这一函数关系进行推导。

式（2-29）中，蒸散发 ET 包括降水蒸散发和农田灌溉蒸散发两部分，这两部分是一个互补的关系，所以在这里进行一个概化处理，将降水的蒸散发概化为影响灌溉蒸散发的缩放系数 a，对式（2-29）进行变换后得到：

$$Y = \left[1 - K_{\mathrm{y}}\left(1 - \frac{a \cdot \mathrm{ET_{irrigation}}}{\mathrm{ET_p}}\right)^{M}\right] Y_{\mathrm{P}} \tag{2-30}$$

本书用单位灌溉用水粮食产量作为农业用水效率指标，对式（2-30）作进一步的转化，得到：

$$\frac{Y}{W_{\mathrm{I}}} = \left[1 - K_{\mathrm{y}}\left(1 - \frac{a \cdot \mathrm{ET_{irrigation}}}{\mathrm{ET_p}}\right)^{M}\right]\frac{Y_{\mathrm{P}}}{W_{\mathrm{I}}} = \left[1 - K_{\mathrm{y}}\left(1 - \frac{a \cdot \mathrm{ET_{irrigation}}}{\mathrm{ET_p}}\right)^{M}\right]\frac{Y_{\mathrm{P}}}{\dfrac{\mathrm{ET_{irrigation}}}{r}} \tag{2-31}$$

式中，r 为农业灌溉耗水系数。

从式（2-31）可以看出，农业用水效率指标 Y/W_{I} 跟灌溉用水蒸散发之间存在非线性

函数关系, 其公式可以概化表达为非线性函数的一般性公式:

$$\frac{Y}{W_I} = f\left(\mathrm{ET}_{\mathrm{irrigation}}\right) = \lambda\left(\frac{\mathrm{ET}_{\mathrm{irrigation}}}{\overline{\mathrm{ET}}}\right)^m \tag{2-32}$$

式中, λ 为参数, 包含了降水蒸散发概化的缩放系数、灌溉耗水系数等, 在不同地区 λ 的值不同; m 为参数。所以总用水量可以表示为

$$W_D = Y/a\left(\frac{\mathrm{ET}_{\mathrm{irrigation}}}{\overline{\mathrm{ET}}}\right)^m + \mathrm{GDP} \times e_{\mathrm{in}} + W_D \tag{2-33}$$

水资源开发利用率可以表达为

$$r = \left[Y/a\left(\frac{\mathrm{ET}_{\mathrm{irrigation}}}{\overline{\mathrm{ET}}}\right)^m + \mathrm{GDP} \times e_{\mathrm{in}} + W_H\right]/Q \tag{2-34}$$

式中, Q 为流域水资源总量。

以水总量控制的思路为基础, 将用水效率融合进去, 得到基于用水效率调控的水资源脆弱性表达式:

$$V = \left[\frac{Y/a\left(\frac{\mathrm{ET}_{\mathrm{irrigation}}}{\overline{\mathrm{ET}}}\right)^m + \mathrm{GDP} \times e_{\mathrm{in}} + W_H}{Q_A}\right]\left(\frac{W_{\mathrm{Emin}}}{W_E}\right)\left(\frac{1}{Q}\right) \tag{2-35}$$

式中, Q_A 为可利用水资源量; Q 为水资源总量。

构建的二级水资源脆弱性函数实现了水资源脆弱性评估与水资源管理关键性调控指标的直接联系: 不同的气候变化情景和经济社会发展情景的组合可以通过影响水资源的供需, 正向驱动水资源脆弱性; 而以最严格水资源管理制度提出的用水总量控制、用水效率控制作为调控措施, 根据管理目标进行调控后, 可以直接反向驱动水资源脆弱性。从而实现了现状评估、未来预估、适应性调控反馈有机结合的统一体。

2.3.3 水资源脆弱性模型改进及 RESC 模型

在变化环境下, 核心脆弱性不仅包含与陆地水循环相关的水资源系统在自然变化条件下表现出的敏感性, 也包括气候变化导致水资源承载系统的损害程度, 是气候变化下水资源系统对气候要素的敏感性 (S)、抗压性 (C)、暴露度 (E) 和灾害事件可能性 (RI) 的函数。在其评价上, 可构建基于敏感性、抗压性、暴露度和旱灾可能性的评估模型RESC, 表达式为

$$\mathrm{VI} = f(S, C, E, \mathrm{RI}) \tag{2-36}$$

式中, VI 为脆弱性指数; S 为敏感性; C 为抗压性; E 为暴露度; RI 为风险指数。

当耦合进系统暴露度及气候事件可能性因素后, 改进后的脆弱性的一般表达式为

$$V = \left[\frac{S(t)}{C(t)}\right]^{\beta_1}\left[E(t)\right]^{\beta_2}\left[\mathrm{RI}(t)\right]^{\beta_3} \tag{2-37}$$

式中, $S(t)$ 为水资源系统的敏感性; $C(t)$ 为水资源系统的抗压性; $E(t)$ 为水资源系统的暴露度; RI(t) 为某一天气事件下水资源系统的风险指数, 可为干旱、洪水等因素下的

风险；β_1、β_2、β_3为各指标对应的尺度因子。

当进行系统多属性评价时，综合脆弱性改进公式为

$$V_{\text{total}} = \prod_{i=1}^{n} \left\{ \left(\frac{S\ (t)_i}{C\ (t)_i} \right)^{(\beta_1)_i} \left[E\ (t)_i \right]^{(\beta_2)_i} \left[\text{RI}\ (t)_i \right]^{(\beta_3)_i} \right\}^{\theta_i} \tag{2-38}$$

式中，V_{total}为综合脆弱性；$S\ (t)_i$为水资源系统对第i个评价方面的敏感性；$C\ (t)_i$为水资源系统对第i个评价方面的抗压性；$E\ (t)_i$为水资源系统对第i个评价方面的暴露度；$\text{RI}\ (t)_i$为水资源系统对第i个评价方面的风险指数；θ_i为第i个评价方面对应的尺度因子。

（1）抗压性的改进

由于中国水资源供需矛盾突出，水资源短缺是目前中国所面临的最重要的水资源问题，水资源供需矛盾成为影响区域发展的一大限制性因子，所以本书着重从水资源供需安全的角度出发，开展水资源系统抗压性评价。

抗压性是水资源系统面对外界变化压力时的抗压能力。在前期的函数评价方法中，水资源压力以高密度人口驱动的水资源压力及未来需求增长驱动的压力为主，并在评价中用水资源开发利用率r来描述需求增长压力，用百万方水承载人口数P/Q和人均用水量W_D/P来表达高密度人口驱动压力。在评价中用水资源开发利用率r来描述用水压力是较科学的选择，但用百万方水承载人口数P/Q和人均用水量W_D/P来表达高密度人口驱动压力则使得水资源利用率的指标进行了重复计算，且未能考虑开发利用率下水资源禀赋支撑作用，因此本书用百万方水承载人口数$P_h/Q_{\text{总}}$和人均可利用水资源量Q_μ/P_h来表达高密度人口驱动压力下水资源的支撑能力。新指标中考虑了不同水功能区用水要求差异，耦合了水功能区水质约束和生态需水约束。

由此，抗压性是人口数、水资源量、用水量和水功能区达标率的函数：

$$C(t) = f\ (r,\ P,\ Q,\ W_D) \tag{2-39}$$

式中，r为水资源开发利用率；P为人口数；Q为水资源量；W_D为用水量；μ为水功能区达标率；$f(f_1$、f_2和f_2）为待定函数。不同水功能区用水要求不一样，从一级水功能区来看，分为保护区、保留区、开发利用区、缓冲区 4 类，达不到水质要求的来水量将不能作为功能区的可利用水资源量，但可作为次一级水功能区的水源，因此在考虑开发利用率及可利用水资源量时，需要考虑水资源量的达标情况。可利用水资源将考虑水功能区达标及生态需水因素，在此基础上构建新的抗压性表达式：

$$\begin{aligned}
C(t) &= \left[f_1\ (-k \times r)\ \times f_2 \left(\frac{Q_{\text{available}}}{Q_{\text{total}}} \right) \right]_\mu \\
&= f_1\ (-k \times r)\ \times f_2 \left(\frac{Q_{\text{available}}}{Q_{\text{total}}} \right)_\mu \\
&= f_1\ (-k \times r)\ \times f_2 \left[\frac{P_h}{Q_{\text{total}}} \times \frac{(Q_{\text{available}})_\mu}{P_h} \right]
\end{aligned} \tag{2-40}$$

对于新指标，水资源开发利用程度越高，系统抗压性$C(t)$就越低；承载的人口数越多，系统抗压性$C(t)$就越小；人均可利用水资源量越小，系统抗压性$C(t)$就越小；水

功能区达标率越大，系统抗压性 $C(t)$ 就越大。根据边界条件确定函数 f_1、f_2：

$$f_1(r) = \exp(-k \times r) \tag{2-41}$$

$$f_2\left(\frac{P_h}{Q_{total}} \times \frac{Q_\mu}{P_h}\right) = \exp\left(\frac{P_h}{Q_{total}} \times \frac{Q_\mu}{P_h}\right) \tag{2-42}$$

式中，k 为抗压系数随水资源开发利用率变化的尺度因子。

$$\begin{aligned}
C(t) &= C\left\{r, \frac{P_h}{Q_{total}}, \frac{Q_\mu}{P_h}\right\} \\
&= \exp(-r \times k) \exp\left[\frac{P_h}{Q_{total}} \times \frac{(Q_{total} - Q_E)_\mu}{P_h}\right] \\
&= \exp\left[-r \times k + \frac{P_h}{Q_{total}} \times \frac{(Q_{total} - Q_E)_\mu}{P_h}\right]
\end{aligned} \tag{2-43}$$

（2）敏感性的计算

$S(t)$ 为水资源系统对影响因子的敏感性，根据傅国斌和刘昌明（1991）发展的径流对降水、气温的双参数弹性系数转成敏感性系数，双参数弹性系数表达式如下：

$$e_{p,\Delta T} = \frac{dR_{p,\Delta T}/\overline{R}}{dP_{p,\Delta T}/\overline{P}} = \frac{R_{p,\Delta T} - \overline{R}}{P_{p,\Delta T} - \overline{P}} \frac{\overline{P}}{\overline{R}} \tag{2-44}$$

式中，$e_{P,\Delta T}$ 为径流对降水、气温的弹性系数；$R_{P,\Delta T}$ 和 $P_{P,\Delta T}$ 分别为降水量比多年平均降水量变化 ΔP、气温与多年平均气温相差 ΔT 时的径流量和降水量；$\overline{P}$、$\overline{T}$、$\overline{R}$ 分别为多年平均降水量、气温、径流量值。

傅国斌和刘昌明提出的方法中 $dR_{p,\Delta T}$ 是基于历史径流变化序列，采用地统计插值的办法得到的，难以确保未来气候变化幅度处于过去 50 年的气候历史序列之内，且因插值方法多样性及精度控制困难，因此在本书中利用 Gardner 方法进行计算：

$$\begin{aligned}
dR_{p,\Delta T} = &\exp(ET_P/\overline{P}) \times (1 + ET_P/\overline{P}) \times dP \\
&- [5544 \times 10^{10} \times \exp(-ET_P/\overline{P}) \times \exp(-4620/T_k) \times T_k^{-2}] \times dT_K
\end{aligned} \tag{2-45}$$

式中，ET_P 为潜在蒸发；T_k 为多年平均温度。T_k Holland（1978）的计算公式得到：

$$ET_P = 1.2 \times 10^{10} \times \exp(-4620/T_k) \tag{2-46}$$

式中，ET_P 单位为 mm；T_k 单位为 K。

理论上，弹性系数的取值范围为 $(-\infty, +\infty)$。为了便于比较，可以利用式（2-47）将弹性系数值转化到 $[0, 1]$ 的敏感性系数：

$$S(t) = \begin{cases} 1 - \exp(-e_{p,\Delta T}) & (e_{p,\Delta T} \geq 0) \\ 1 - \exp(e_{p,\Delta T}) & (e_{p,\Delta T} \leq 0) \end{cases} \tag{2-47}$$

（3）暴露度的计算

暴露度是人口、生计、生态服务和资源、设施或社会、经济、文化等资产处于易受损害的程度。人口、生计、资源、社会及文化资产等是以人口为核心构建的，而设施、经济等是社会经济的范畴，其核心是以人类活动产生的经济价值，因此人口分布与经济产值分布是暴露度的核心因素。暴露度的衡量应以人口分布及密度、经济产值分布及总量来衡量，以人口与产值为核心构建暴露度表达式：

$$E(t) = f(P_h,\ \text{GDP},\ A)_{\text{DI}} \tag{2-48}$$

式中，DI 为气候事件指标；P_h 为人口；GDP 为国民生产总值；A 为危害所处的位置及其面积。

当计算区域内旱灾事件（DI）驱动的危害时，P_h、GDP、A，即为区域总人口、GDP 和面积。由此，构建区域暴露度的计算公式：

$$E(t) = \left[1 - \exp\left(\frac{-P_h \times \text{GDP}}{A} \right) \right] \times \overrightarrow{\text{DI}} \tag{2-49}$$

式中，$\overrightarrow{\text{DI}}$ 为干旱化趋势，可用标准化降水指数 SPI 计算给定时间尺度内降水量的累积概率，并在多个时间尺度上进行比较，反映长期水资源的演变情况干旱化趋势。

（4）风险概率计算

RI 指数的计算以某一气候事件为准，计算该事件发生的可能性。在水资源脆弱性的计算体系中，以区域多年影响水资源保障事件发生的可能性为衡量指标，而风险损害及水资源系统的抗压性已经考虑，因此风险指数 RI 的计算以气候事件发生的概率进行衡量。一般来看，影响水资源系统的天气事件的分布函数为

$$F(x) = P(X \leqslant x) \tag{2-50}$$

式中，X 为任意时间的事件指标；x 为给定统计计算量；$F(x)$ 本质上是一个累积函数。X 落入区间 $(a,\ b]$ 的概率为

$$P(a < X \leqslant b) = F(b) - F(a) \tag{2-51}$$

旱灾风险指数的计算以统计的旱灾为基础，计算旱灾发生的可能性。一般来看，在统计 n 年内，出现旱灾（F）则计入旱灾次数，总旱灾发生次数为 m，忽略粮食产量的关系，仅只以统计旱灾为标准，则旱灾概率为

$$\text{RI} = P(X_i \in F) = \frac{m}{n} \times 100\% \tag{2-52}$$

在综合各方面因素的基础上，根据世界气象组织、世界粮农组织、联合国教科文组织、联合国可持续发展委员会等众多机构对水资源稀缺程度的评价标准，将抗压性 3 个指标的阈值分别进行确定：水资源承载力为 1000 人/（100 万 m³ 水·a）；水资源开发利用率为 10%、20%、40%、70%；人均可利用水资源量为 2000m³/（人·a）、1000m³/（人·a）、500m³/（人·a）、200m³/（人·a），并依据 40%、70% 的水资源开发利用率，0.2、0.4、0.6、0.8 的抗压性临界值，以一级流域多年平均数据确定海河流域 0.8 脆弱性、长江流域 0.2 脆弱性，拟合得到 β_1、β_2、β_3 分别为 0.4355、0.067、0.1，经转化后简化为

$$V(t) = \left[\left(\frac{S(t)^{0.71}}{C(t)^{0.953}} \right)^{0.65} \times E(t)^{0.1} \right]^{0.67} \times \text{RI}^{0.1} \tag{2-53}$$

脆弱性评价后，按照表 2-8 将脆弱性分为 5 级，其中中度脆弱性（Ⅲ）按照程度又分为中低（Ⅲ₁）、中（Ⅲ₂）和中高（Ⅲ₃）3 个子级。

表 2-8　水资源脆弱性级别划分

级别	V(t)	次级	V'(t)	级别描述
I	V(t)≤0.10	—	—	不脆弱
II	0.10≤V(t)≤0.20	—	—	低脆弱
III	0.20≤V(t)≤0.60	III₁	0.20≤V'(t)≤0.30	中低脆弱
		III₂	0.30≤V'(t)≤0.40	中脆弱
		III₃	0.40≤V'(t)≤0.60	中高脆弱
IV	0.60≤V(t)≤0.80	—	—	高脆弱
V	V(t)>0.80	—	—	极端脆弱

2.4　脆弱性的函数与适应的调控变量的内在关系

水资源脆弱性表现在多个方面，在其评价方法与理论体系构建上我们研发考虑了水资源系统抗压性、气候变化敏感性、暴露度及灾害风险的综合评价体系，针对脆弱性的适应性管理也需要改进和发展，其核心是如何综合考虑水资源系统在变化环境下所处的社会经济系统、水资源禀赋、生态环境及各系统耦合关系。适应性水管理在区域/流域层面应考虑宏观经济系统、水资源系统和生态环境系统组成的复合系统，探讨水循环作为贯穿整个复合系统的联系纽带的作用。因此，需要以社会经济与环境协调发展为目标，运用多学科理论和技术方法，妥善处理好各目标在水资源开发利用上的竞争关系，从决策科学、系统科学和多目标规划出发，研究水资源的最优调配，从而提出具有针对性的管理对策和优化方案。

水资源脆弱性与适应性管理的互动和互联关系及它们的量化指标体系如图 2-12 所示。

其中，根据《全国水利发展统计公报》中的全国水利发展主要指标和目前实际应用情况，综合考虑选取经济效益指标（EG），包括人均 GDP 等；可承载指标（LI），包括 5 类水以上河长比例等。水资源脆弱性的指标选取见第 2 章前述。而成本效益分析指标包括影子价格、灌溉效益分摊系数等。

根据 IPCC（1994）的定义，适应是指自然或人类系统为应对实际的或预期的气候刺激因素或其影响而做出的趋利避害的调整。适应能力就是对于预期的或实际的气候变化所做出的可能在实践、过程或系统结构方面进行的调整程度的大小。适应可以是自发的，也可以是计划的，而且能够在预期的条件下作出反应。适应是一个相对比较复杂的过程，因天、时、地、人而不同，需要综合考虑部门间的总体设计，区域的可持续发展，能够减缓温室气体排放的适应措施会得到优先重视。

不同国家和地区对气候变化的适应能力不同。气候变化适应能力是指一个系统、地区或社会适应气候变化影响的潜力或能力。决定一个国家或地区适应能力的主要因素有经济财富、技术、信息和技能、内部结构、机构及公平。这些适应能力的决定因素既不是相互独立的，也不是相互排斥的。适应能力是决定因素共同作用的结果，它在国家和集团之间变化很大，随着时间的变化其也有很大的变化（IPCC，2001）。适应能力影响社会和地区对气候变化影响和灾害的脆弱性。脆弱性是指一个系统遭受伤害、损害或损伤的程度，即被伤害的能力。由于脆弱性及其原因在决定影响上具有特有的作用，理解脆弱性原理与理解气候本身同等重要。增强适应能力有必要减轻脆弱性，特别是对最脆弱的地区、国家和社会经济集团更为必要。

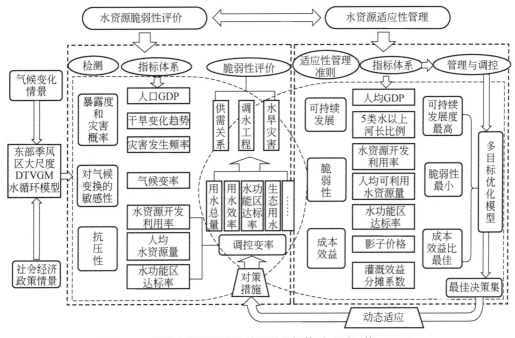

图 2-12　流域水资源适应性管理的指标体系（夏军等，2015）

近几年来，随着人们对气候变化的可能影响及提高适应能力重要性认识的不断增强，一些学者指出应该从传统的水资源管理向适应性的水资源管理转变。适应性管理就是通过对实施的管理策略进行学习，不断改进管理政策和管理实践的系统变化过程。适应性水资源管理的目的就是通过对流域气候变化的恢复力和脆弱性的深入了解，提高流域内水系统的适应能力。为了提高对气候变化的适应能力，就必须将传统上以供给为导向的、以中央决策为主的、分散的水资源管理向以需求为导向的、鼓励民主决策并以水资源统一管理为特征的适应性管理转变，表 2-9 描述了从传统的水资源管理向适应性水资源管理转变的一些关键标志。

表 2-9　适应性水资源管理

类别	传统的水资源管理	对应管理	适应性的水资源管理
治理	集中的管理体制，很少有利益相关者参与	→	决策更加科学化，增强利益相关者参与治理

类别	传统的水资源管理	对应管理	适应性的水资源管理
部门整合	部门分割，导致政策冲突和慢性问题的出现	→	开展跨部门分析，提高适应能力，减少脆弱性
		→	通过不同空间的规划实施水资源统一管理，解决水事冲突
分析和运作的规模	当河流的子流域被排除在分析和管理单元后，就出现了跨流域的问题	→	强调贫困、健康和妇女问题
		→	创建和完善跨流域的管理制度，减缓压力
信息管理	理解了分散管理的缺陷，但缺乏信息资源整合	→	实现信息共享，将创新性的监测体系运用到决策支持过程中
基础设施	大规模的、政府投资的水利设施，功能设计单一	→	将创新性的方法和技术测验运用到流域缓冲能力建设中，重视水利设施功能的多样化和分散化
金融和风险	金融资金集中在硬件设施方面	→	对风险管理开展调查，在金融部门找出创新型的融资办法，实现融资的多元化

适应性水资源管理可以分为以下几类。

1）承担损失：适应性措施与基础方案"什么也不反应"相比，来承担或接受损失。理论上，如果缺乏适应能力（如极端贫困的社区）或者在应对风险或预期损害时适应的成本太高，往往就会出现承担损失的结果。

2）分担损失：这种适应性反应包括在更大的社区来分担损失。这种反应发生在传统的社会和在最复杂及高科技的社会。在传统的社会中，存在很多在大社区分担损失的机制，如在家庭内部、村庄内部或类似规模的社区内部。另外，大规模的社会分担损失是通过运用公共资源开展公共救济、复原和重建。分担损失也可以通过私人的保险制度实现。

3）减缓威胁：对于一些风险，很有可能通过采用一定程度的控制手段来减少环境的风险威胁。例如，对于一些极端的气候事件，如洪水，就可能采用防洪的控制措施，如大坝、提防和堤岸等。对于气候变化，主要用于减缓威胁的手段，可能是减少温室气体的排放，最终将大气中温室气体的密度稳定在一定的水平。这些一般是指减排措施，但在各种适应性反应中也应该加以考虑。

4）预防影响：经常用到的一系列适应性措施包括采取措施来预防气候变化的影响及气候变异。例如，在农业部门，就需要增加灌溉投资来提高供水可靠性，多施化肥和农药，并采用疾病控制措施。

5）改变使用方式：如果气候变化导致经济活动很难继续进行下去，或者面临着极端的风险，那么在适应措施方面就可能考虑采用那些改变使用方式的措施。例如，农民可以考虑采用更抗旱的品种或在水分状况降低的情况下转变作物品种。同样，作物的耕地面积也可能转为草地或林地，或者转为旅游用地。

6）改变地理位置：一个更为极端的对气候变化的反应是改变经济活动的地理位置。

例如，有些学者建议为了减缓气候变化的影响，应该把主要的农业生产活动从日益干旱和高温的地区转到目前还比较寒冷，而且可能有较大生产潜力的地区。

7）开展研究：为了提高适应能力，改进适应过程，也应该研究新的科技和适应的新的措施。

8）教育、信息交流和鼓励行为的改变：适应的另外一种类型是通过教育和公众信息交流活动，发布相关的适应知识，促使行为方式转变。在过去，大家对这方面的重要性认识不够，因而很需要让各种利益相关者提高对其重要性的认识并采取相应的行动。

IPCC 技术报告将适应能力称为恢复力，而且描述如下："恢复力就是当系统在气候变化条件下受到损害或修改时，尽可能将系统恢复到原始的状态。"从这个观点来看，适应是一个持续的过程，也是一个不断学习的过程。恢复的目的如果是将系统恢复到存在之前，那么这样的恢复力甚至可以被认为是不适应。成功的适应更可能是在减少未来脆弱性的条件下，将可能改变包括进来。

2.5　本章小结

脆弱性在不同的研究领域具有不同的定义和内涵，但总体而言脆弱性的定义需要遵循三大原则：确定脆弱性的客体、客体的尺度及内在属性；从内外两个角度确定客体所受到的扰动；从作用机制的角度探明客体属性与扰动之间的相互作用。基于此，本书针对水资源脆弱性评价面临的问题，综合考虑水资源禀赋、水质状况、社会经济用水结构、水资源系统对气候变化的响应程度、旱灾影响及其风险水平等多种因素，在总结水资源脆弱性研究的基础上提出水资源脆弱性的概念和内涵，并提出了耦合暴露度、灾害性、敏感性与抗压性的脆弱性评估模型（RESC）。

第3章 变化环境下水资源适应性的理论与方法

气候变化和人类活动影响下的水资源适应性管理研究是当今世界水问题研究的热点之一。但是，国际上对变化环境下水资源适应性管理的量化研究，以及水资源适应性与脆弱性的综合研究还处在积极的探索阶段。本章通过回顾适应性管理的概念及研究进展，提出水资源适应性管理的理论和方法，并以该理论和方法为指导，以中国东部季风区为实例研究水资源适应性问题，为应对气候变化影响下中国东部季风区水资源适应性管理提供理论依据和有针对性的适应性对策。

3.1 变化环境下水资源管理的变革与新思路

IPCC 自 1988 年成立以来已发布了五次评估报告，认为"气候变化是不争的事实"，其中对于气候变化的不确定性认识从原来气候变化影响概率达 50% 以上到影响极可能（extremely likely，95% 以上）逐次递减，肯定性加强。《中华人民共和国国民经济和社会发展第十二个五年规划纲要》也已经明确提出要增强适应气候变化能力，制定国家适应气候变化战略。气候变化已经对水资源规划、管理的平稳性和一致性假设造成了颠覆性的影响，因此开展应对气候变化影响的水资源适应性管理研究迫在眉睫。

本节内容通过探讨气候变化和人类活动对传统水资源管理失效的问题，分析当前社会对水资源适应性管理的需求，并阐述全球应对气候变化水资源适应性管理的变革，在此基础上对国内外研究进展进行综述，并提出当前气候变化和人类活动影响下水资源适应性管理存在的问题和挑战。

3.1.1 气候变化和人类活动导致传统水资源管理失效的问题

迄今为止，由于气候变化影响的不确定性和传统的水资源行政管理与方式，从占水资源用水量 60% 的农业水资源用户、市县、省行政区到国家水管理部门，中国的流域水资源规划与防洪规划，南水北调重大调水工程，三峡工程的设计、管理和调度，还没有实际考虑来自气候变化的影响与适应性对策。截至 2010 年，中国修建了超过 87 800 座水库，其中 90% 的水库库容小于 1000 万 m³。在气候变化影响下，大量小型水库面临设计标准偏低的问题。

IPCC 气候变化与水的技术报告、DWC（dialogue on water and climate）研讨会报告、UNEP 组织编写的全球水资源评估报告等都提出了要加强区域和流域尺度的气候变化对水资源影响的适应性管理的对策研究，指导国家和国际适应与减缓全球及区域气候变化的影响。

当前世界的水资源规划、设计大多是基于平稳性假设。平稳性是贯穿水资源工程培训和实践过程的一个基本概念，是一个在固定时间和位置的概率分布与所有时间和位置的概率分布相同的随机过程，指自然系统在一个不变的变率范畴内波动。这意味着任一变量（如年均流量、年洪峰流量等）均对应着一个不随时间发生变化的（或一年周期的）函数（Milly et al.，2008）。

然而，在气候变化影响下，流域的水资源条件正在发生深刻的变化，平稳性假设正遭受气候变化的挑战。气候变化通过影响降水、蒸发、径流、土壤湿度等来改变水文循环的现状、改变水资源时空格局，从而导致可利用或可供给水资源量的变化。Milly 等（2008）指出，平稳性假设已被破坏，已无法再适用于水资源评价和规划。以黄淮海流域为例，1990~2010 年黄淮海流域降水量衰减较大，与 1956~1979 年相比 1980~2000 年多年平均降水量普遍减少，三大流域分别减少了 7.2%、8.5% 和 11.5%，并且地表水资源量丰枯变化剧烈；1956~2000 年黄淮海流域多年平均水资源总量为 2000.4 亿 m^3，与 1956~1979 年平均相比，总体减少，其中淮河流域减少了 5.3%，海河流域减少了 12.1%。

在以平稳性为基础规划的水利基础设施几十年的使用年限内，气候变化的幅度足以改变当前的水文气象条件，从而超越其历史条件下的自然变化范围，部分地区水利基础设施无法满足缓解气候变化的需求。以密云水库为例，在气候变化和人类活动影响下，密云水库年均来水量由 1960~1969 年的 12 亿 m^3 下降到 1999~2003 年的 1.69 亿 m^3，减少了约 86%，以致密云水库无水可用，北京日常生活用水日趋紧张。

在气候变化和人类活动的共同影响下，水文的一致性已经不复存在，致使不能按照过去—现在—未来一致的理论进行水文资料的外延。水文的一致性反映流域产流条件的变化影响情况，其主要与流域下垫面情况有关。如果流域下垫面变化较大，其水文序列的一致性就必然受到影响，那么以水文一致性进行的规划在实际运行过程中必然与理论管理模式产生较大的冲突。在这种情况下，规划设计的调度管理方式已经不能满足实际情况，就必须根据流域情况进行还原或修正，以符合实际运行情况（邵薇薇等，2012）。

由于气候变化可能导致原工程和规划预期目标发生变化或失误的情景，如图 3-1 所示。

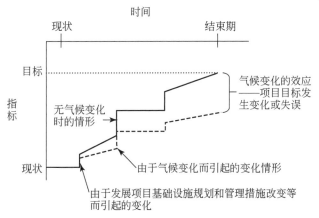

图 3-1　气候变化可能导致项目预期目标变化或失误的示意图

另外，气候变化和人类活动暴露了传统水资源管理模式的种种弊端：一方面，依靠国民经济结构和发展速度的资料作出的需水预测越来越受到质疑；另一方面，以供需平衡为主导的传统的水资源配置方法，强调以需定供，突出了水的社会服务功能，忽视了水的生态和环境服务功能，造成河道干涸、湿地萎缩、地下水超采、水体污染等严重后果（秦大庸等，2008）。

中国在气候变化下水资源适应性管理研究方面比较薄弱。现行水利工程和水资源规划管理中，基本上是基于稳定的水文随机变量，随机序列中只有波动变化而无趋势变化，即以外延历史气候为依据，缺少考虑气候变化的影响，包括均值、方差及极端气候的变化影响，从而可能导致水利工程出现重大不安全问题。中国大部分地区受季风气候影响，对全球气候变化敏感。开展气候变化下水资源适应性管理研究是应对气候变化不利影响、实施最严格的水资源需求管理的重要科学基础。

3.1.2 应对气候变化水资源适应性管理的变革

为应对气候变化和人类活动对水资源管理的影响，迫切需要转变水资源管理方式。在这种情况下，联合国以及国际相关组织均作出了应对气候变化水资源管理的变革，中国政府也不遗余力地积极参与应对气候变化水资源管理。

国际水文计划（IHP）、国际地圈-生物圈计划（IGBP）、全球水伙伴（GWP）、世界气候研究计划（WCRP）、全球能量与水循环实验（GEWEX），以及地球系统科学联盟（ESSP）的"全球水系统计划（GWSP）"都将应对气候变化下的水资源适应性管理作为重点研究领域。《联合国千年宣言》要求所有会员国通过在区域、国家和地方各级拟订促进公平获取用水和充分供水的管理战略，制止不可持续地滥用水资源。通过水资源的可持续利用，可以满足基本需要，降低脆弱性，改进和保障供水，加强水资源管理，通过一种能够维护环境完整性的更加统一公平的制度，来满足所有用水者的需要。

世界水资源评估计划（world water assessment programme，WWAP）2012年专家组［指标、监测和报告小组（IMR）］指出，在未来全球水资源可能面临日益严重的压力。对水的需求不断增长的同时，气候变化也将威胁到水的可利用量。《世界水设想》指出的水资源管理不能再因循守旧，许多方面都必须改变，以应对和缓解当前气候变化带来的不利影响。

国际科学理事会（ICSU）于2013年启动了"未来地球"（Future Earth）计划，以地球系统的可持续性为目标，强调在地球系统的范畴内协同促进对气候变化的适应研究和行动，以避免不利的气候变化。

IPCC系统地总结并提出了气候变化适应决策是各种能力和资源相互作用的结果，气候变化适应是发展目标之间进行动态权衡的结果。AR5指出，自AR4以来，"适应"研究的重点已从生态脆弱性扩展到更广泛的脆弱性及其社会、经济驱动力。因此，需要不断地更新风险信息，加深对风险的感知和理解，整合风险管理的方法和不同的解决方案，持之以恒地寻找更好的"低悔"（low-regret）方案或有序适应方案，以利于可持续发展。

水资源是直接受气候变化影响的重要资源，而中国作为水资源相对匮乏的发展中国家，为应对和缓解气候变化对中国水资源管理的影响，中国政府高度重视全球气候变化问题，制定了《中国应对气候变化国家方案》，颁布了一系列气候变化应对政策。2002 年修订的《中华人民共和国水法》提出要在广泛的经济社会和政治框架内，实行流域管理与行政区域管理相结合的水资源管理体制。2011 年中共中央、国务院发布的《关于加快水利改革发展的决定》的文件中，设定了中国水利未来 10 年优先发展的领域，明确提出到 2020 年基本建成"四大体系"管理水资源，包括防洪抗旱减灾体系、水资源合理配置和高效利用体系、水资源保护和河湖健康保障体系及有利于水利科学发展的制度体系。2013 年召开的中国共产党第十八届三中全会又提出全面深化改革、转变发展方式，将全面加速四大体系的建设。为实现这些目标和体系建设，迫切需要转变采用水资源适应性管理理论和方法。

3.2 水资源适应性管理的理论与方法研究

开展气候变化对水资源影响与适应管理的基础理论和方法研究，是保障水资源安全的重大战略需求，也是水科学研究前沿和应用基础问题。

气候变化下水资源适应性与水资源脆弱性及社会经济发展密切相关，在研究气候变化下水资源管理问题时，需要将水资源适应性和水资源脆弱性评价，以及社会经济发展耦合在一起进行研究。因此，需要提出应对气候变化的水资源适应性管理的理论方法体系，定量研究气候变化下水资源适应性，为气候变化影响下水资源适应性研究提供理论基础。

本节内容基于前人研究存在的问题，考虑水资源适应性和水资源脆弱性评价之间的联系，以及社会经济可持续发展的成本效益，提出应对气候变化影响下水资源适应性管理理论和方法体系，构建水资源适应性和社会经济相互耦合的水资源适应性多目标决策模型，为流域水资源管理应对气候变化提供决策依据。

3.2.1 新的思路及特色

气候变化下水资源适应管理的理论方法主要围绕以下几点新思路展开研究：①水资源适应性管理与脆弱性的互联互动系统；②水资源适应性管理的风险与不确定性分析；③应对气候变化的最小遗憾准则；④与社会经济可持续发展、成本效益分析相结合的原则；⑤利益相关者多信息源的分析与综合决策原则。

其特色体现为对气候变化下水资源适应性半定量到定量化的分析、螺旋式上升的系统综合和优化决策，以及非线性多目标规划模型的建立。

3.2.1.1 新的研究途径

(1) 水资源适应性管理与脆弱性的互联互动系统

气候变化下的水资源适应性管理是指对目前和未来气候变化所做出的趋利避害的调整反应，也是指在气候变化条件下的调整和适应能力，从而缓解区域水资源的脆弱性（Smit and Wandel，2006）。因此，气候变化影响下的水资源适应性管理必须要与区域水资源脆弱性评价建立互联互动的管理体系，用以通过适应性调整，评估并减缓气候变化对水资源产生的不确定影响，降低气候变化对人类和水资源系统产生的风险程度，筛选有效的水资源适应性策略和途径，减缓水资源应对气候的脆弱性，以及提高人类的适应和应对能力。

水资源脆弱性表现在多个方面，在其评价方法与理论体系构建上考虑了水资源系统抗压性、气候变化敏感性、暴露度及灾害风险，而针对脆弱区的适应性管理也应综合考虑水资源系统在变化环境下所处的社会经济系统、水资源禀赋、生态环境及各系统耦合关系。水资源适应性管理在区域/流域层面应考虑变化环境下水资源脆弱性、社会经济发展组成的复合系统，探讨水循环作为贯穿整个复合系统的联系纽带的作用，以减小区域水资源脆弱性及社会经济与环境协调发展为目标，运用多学科理论和技术方法，妥善处理各目标在水资源开发利用上的竞争关系，从决策科学、系统科学和多目标规划出发，提出具有针对性的水资源适应性管理对策和优化方案。水资源适应性管理与脆弱性的互联互动情况如图3-2所示。

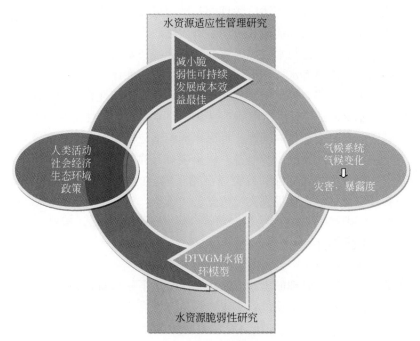

图3-2　水资源适应性管理与脆弱性的互联互动系统

（2）水资源适应性管理的风险与不确定性分析

水资源管理与气候变化、人类活动及生态环境演变等各种因素紧密相关，因此水资源管理通常在大量确定性和不确定性因素的环境中进行。由于水资源管理复杂程度增强和不确定因素的大量存在，管理者在面临不确定变化时很难比较多种情况，所以需要进行重复性试验，取得有效管理方法。Daniel 和 Gladwell（2003）指出，面对确定的变化、不确定的影响，在水资源开发、管理和使用方面，利用推理性和适应性战略是可持续发展的一个必要条件。Sophocleous（2000）提到由于流域系统的复杂性及不确定现象，流域水资源可持续管理必须建立在适应性管理基础之上。

流域水资源系统是一个将经济、社会、生态环境等纳入整体的复杂大系统，具有复杂的时空结构，呈现多维性、动态性、开放性、非线性等特性。这些特性导致流域管理存在大量的不确定因素，并且这些因素随时间所表现出的不规则变化将更加复杂，可知不确定性是普遍存在和难于预测的。这些不确定性主要表现在管理目标、管理行为、管理工程的不确定性。此外，还存在资金投入不足引发的不确定性，国家政策、机构、立法的不确定及新技术发展的不确定性等。因此，在面对不确定问题时，流域水资源管理工作应表现得更为灵活、有弹性，管理者也应及时调整管理策略，保证系统整体协调性功能，实现流域水资源系统健康及可持续。

目前，水资源管理中较少考虑到气候因素的不确定性，水资源管理很大程度上基于水资源管理部门的政策改变，并通过建设大型基础设施工程设备应对不确定性因素的影响，其反应较滞后。因此，气候变化下的水资源适应性管理就是在基于不确定因素分析的基础上，针对目前和未来气候变化对水资源做出趋利避害的主动性调整反应。

综上所述，预测区域水资源适应性对策的影响效果是一项艰难的任务，因为未来充满了不确定性。为此，必须开发出适应这种不确定性问题的多目标风险决策分析方法。多目标风险决策分析是建立在存在影响效果不确定性信息的基础上的。以"全面性、一致性、实用性、灵活性、可量化性"为原则，气候变化影响下水资源适应性管理机制包括 3 个方面：监测反馈、政府协作管理、利益相关者共同参与，通过 3 个方面的相互作用实现气候等不确定性因素下的水资源可持续利用。

（3）应对气候变化的最小遗憾准则

不确定情况下的决策分析，关键在于根据决策者对风险的态度确定决策准则，通过决策准则将不确定型问题转化为确定型决策问题。根据气候变化影响下水资源系统的不确定分析结果，采用最小遗憾分析方法作为应对气候变化下水资源适应性管理模型决策分析的重要准则之一。

最小遗憾分析方法（MRA）是不确定条件下的一种有效决策方法，此方法只需要一系列可能发生的情景，无需对发生概率或分布作假设，它不遵循价值最大化准则，也不考虑各种可能结果的概率，只是先找出每个方案在各种自然状态中的最大遗憾值（遗憾值是指一个方案的收益与收益最大的方案的收益之差），然后从最大遗憾值中选择遗憾值最小的方案作为最优方案。

气候变化下水资源适应性管理的最小遗憾分析方法不仅能有效表示区间数的不确定性，还能解决现实中概率分布未知的随机问题。其具体决策过程如下：①获取各适应方案不同情景下的相对遗憾值；②确定每种适应方案的最大相对遗憾值；③选择所有最大相对遗憾值中的最小值对应的方案作为最优方案。

（4）与社会经济可持续发展、成本效益分析相结合的原则

可持续发展是 21 世纪的发展战略，是谋求以人为中心、以资源环境保护为条件、以经济社会发展为手段，实现当代人与后代人共同繁荣的发展。水资源作为自然资源中的一种宝贵资源，对人们生活、工农业生产、生态环境的保护和改善等各方面起着极其重要的支撑作用。由于水资源的不合理开发，一方面引起了生态环境的恶化，另一方面又进一步缩小了水资源的可利用量，使水资源短缺的矛盾日益加剧，水资源短缺问题将成为制约中国国民经济发展的"瓶颈"，如何根据中国水资源现状进行水资源可持续开发、促进国民经济的可持续发展是迫在眉睫的问题。

区域或流域社会经济的发展受到水资源的影响和制约，一个区域或流域可持续发展的关键因子不是它的有利条件，而是制约它的不利因子。

由此可以看出，水资源具有资源、社会、经济和环境多种属性，因此在水资源的开发利用和配置中应充分考虑水资源的多重性，才能实现水资源的资源价值和社会经济价值。所以，保证水资源的可持续开发对流域的社会经济发展具有极为重要的支撑作用。

成本效益分析法是适应性管理经济评价的有效方法。其目标是希望水资源适应性管理对策的成本尽量小、社会的收益和福利尽量大，即益本比最大化。具体评估方法是通过成本效益分析法比较有适应性管理措施和无适应性管理措施的成本和效益，着力选择水资源适应性管理的最优决策方案。

因此，气候变化下水资源适应性管理必须坚持与社会经济可持续发展、成本效益分析相结合的原则进行研究。

（5）利益相关者多信息源的分析与综合决策原则

对水资源系统一类复杂且重要事件涉及的评价对象（或决策方案）进行排序或筛选，单个决策者难以对其考虑周全，决策者往往需要结合经济、社会和环境目标集中若干评价者的意见以提高决策质量，这便构成了群体评价模式。由于每个评价者有不尽相同的知识背景、实践经验、性格及动机，所以他们所提供的评价信息的真实性、可靠性不尽相同，为此有必要确定各评价者的权重。

目前，已有研究大多通过意见信息的一致性程度来判定评价结论的合理性，一致性程度越高，对应的意见结论越得到认可。这些研究成果为群体评价的研究奠定了坚实的基础，但此时却将评价者视为被动的、没有情感因素的"评价客体"，在实际生活中，对于某个评价者的影响力如何，评价群体的意见是最有说服力的，评价群体是评价过程的直接参与者。在评价过程中，每个利益相关者都有与自己不同程度的相似优势，因此在突出利益相关者的优势的同时，每个评价者都会尽可能地突出自身优势以获得自身利益最大化。基于利益相关者多信息源的评价者权重确定方法，通过评价指标值区分谁是潜在竞争者谁是潜在合作者，充分发挥评价群体的主体地位，在体现评价民主思想的同时，评价结论让更多的评价者（评价对象）满意。

因此，在气候变化下选取水资源适应性对策时，需要通过对决策过程中的重要利益相关者行为进行分析来识别，参考利益相关者利益最大化的目标进行多信息源的分析与综合决策。

3.2.1.2　研究方法与特色

（1）半定量到定量化

应对气候变化下的水资源适应性管理方法体系是一个半定量到定量分析决策的过程，半定量分析旨在说明水资源适应性管理研究的必要性，定量分析则是要确定适应性管理对策的经济效益，从而为适应性管理战略决策提供依据。

首先需要对气候变化的影响进行半定量分析，旨在探讨未来气候变化的程度及其对项目目标实现的影响程度，以便评估适应性管理的必要性。其内容主要包括以下几个方面：①根据气候变化确立次生的气候影响指标（如用来灌溉的地表水可利用量的变幅为 -20%~10%），以便根据气候变化的幅度选择研究的时间跨度；②探讨人类活动指标的情景范围（如在人口数量变幅为-5%~20%时，污染物处理工作的工程规模）；③评估分析现有的和新提出的基础设施与管理系统对达到项目预期目标的贡献；④比较气候变化对基础设施目标的胁迫程度，以便根据情景变化提出适应性管理对策的需求。

在此基础上对拟定的适应性管理对策进行定量评估以确定其成本和收益，为适应性措施选择决策的工作打基础，以便于为决策过程提供足够的决策信息。其内容主要包括：①针对本研究可能达不到预期目标的气候变化情景，研究判别适应性管理对策可以减少不必要的影响和损失；②根据现价估算适应性管理对策的成本；③估算适应性管理措施实施的情况下可能产生的经济效益及可能避免的损失（如作物损失、发电损失等），均以现价表示；④计算适应性管理措施的收益-成本比（B/C），确定提出的适应性管理项目是否在经济上有效益，以便于有关方面进行决策，若各项适应性管理措施的收益-成本比可以进行比较，要适当考虑收益量；⑤对于那些现在还没有的成本数据，可根据现有的知识进行估算。

（2）螺旋式上升的系统综合和优化决策

综合考虑气候变化下水资源管理的需求和适应性管理的优点，认为水资源适应性管理可以看作是一个开放式过程，以螺旋式上升的方式经过一段时间的演变朝着更加有效的水资源管理方式发展，这将在流域内创建一个新的水资源适应性管理框架，该框架的基本特点和特征是具有前进性、曲折性和周期性。

流域水资源适应性管理螺旋式上升过程如图 3-3 所示，每一个螺旋式上升的过程涉及以下 4 个阶段，识别/确定紧急的问题或需求，将问题概念化，并寻求可能的解决方案、利益相关者之间的计划协调并达成协议和计划及成果的执行、监测和评价。

（3）非线性多目标规划

本书以多目标多层次大系统理论为基础，以区域可持续发展思想为指导，以促进区域社会、经济及生态环境的协调发展为目标，利用非线性多目标规划方法对未来气候变化适应性管理对策进行多方面系统分析评价，为应对气候变化提供有效的水资源适应性管理决策方案。

水资源多目标规划的决策是从经济、社会和生态环境三大目标出发，进行全面考虑，使经济社会和生态环境的综合效益为最优，以期解决水供需矛盾和水质恶化问题，使水资源开发利用和保护同社会经济发展和生态环境改善相协调，充分发挥水资源最大效益的多目标规划决策原则。水资源多目标决策的目标涉及广泛，包括经济、社会、环境、生态及水资源系统的可持续发展等。此方法可以弥补线性规划问题的局限性，解决有限资源和计划指标之间的矛盾，在线性规划基础上，建立多目标规划方法，从而使一些线性规划无法解决的问题得到满意的解答。

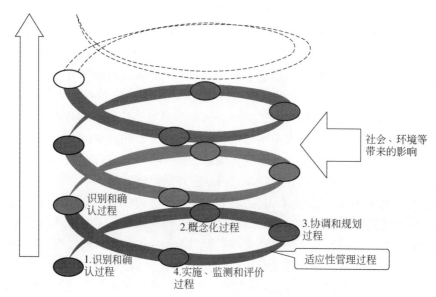

图 3-3 流域水资源适应性管理的螺旋上升过程

适应性对策通常选择多种方案进行评估，以确定最优方案，并提出相应的对策建议。目标是提供一个综合性的简单框架，为选择适应性方案提供决策信息。其工作主要包括以下两方面。

1）多指标分析。决策是基于一系列指标而产生的，因此对指标分析的过程比其结果更重要。根据一系列可能的决策指标，利用多指标分析工具对适应对策进行分析讨论，然后依据其重要性进行加权处理。理想情况下，多指标分析应该让利益有关方广泛参加，充分交流。

2）案例评估。各案例评估过程按以下步骤进行：①提出一系列决策指标，并对相应的适应性方案进行评估，包括成本效益、意外后果（如为满足灌溉需要，增加地下水的开采量补偿地表水等）、发生的可能性及方案的可操作性；②对选择方案（包括"无变动"方案）进行评价，以确定最优方案，并将其纳入实施过程；③当某个项目选择"无变动"方案作为最终决策时，应该给出理由和指导建议，说明在项目设计方案中是否应该为将来可能采取的适应性措施留出余地。

3.2.2 应对气候变化影响的水资源适应性管理理论与方法

本节将详细介绍应对气候变化影响的水资源适应性管理理论与方法。主要内容包括气候变化下水资源适应性管理的概念与定义，准则与指标体系，多目标与约束问题，决策模型与求解方法。

3.2.2.1 气候变化下水资源适应性管理的概念与定义

通过综合研究，提出变化环境下具有新内涵的水资源适应性管理的概念与内涵。所谓水资源适应性管理能够被定义为"对已实施的水资源规划和水管理策略的产出，包括气候变化对水资源造成的不利影响，采取一种不断学习与调整的系统过程，以改进水资源管理的政策与实践"。目的在于增强水系统的适应能力与管理政策，减少环境变化导致的水资源脆弱性，实现社会经济可持续发展与水资源可持续利用。其内涵是通过观测、科学评价气候变化对水资源影响的脆弱性，识别导致水资源问题的驱动力与成因，以维持社会经济可持续发展、减小水资源脆弱性和达到经济成本效益最佳等多目标，提出应对气候变化影响的水资源动态调控措施和管理对策。

3.2.2.2 应对气候变化水资源适应性管理的准则与指标体系

(1) 应对气候变化水资源适应性管理的准则

应对气候变化的适应性管理是指有效利用气候变化的预估结果，协调和优化发展战略，使适应性措施得到有效实施和提升。为了减少气候变化的负面影响，增加更多的发展机会，需要通过各种预估技术估计未来气候可能的变化趋势，采用适应性管理措施，调整发展计划和规划。

气候变化影响下水资源适应性管理主要遵循以下原则。

1）全面性。气候变化可能不是发展目标中最重要的限制因素，但将其纳入规划过程，便于全面考虑所有风险。

2）一致性。适应未来气候变化的根本在于提高应对气候变化的能力。因此，只有对未来气候变化进行准确预估，才能确保正在实施的对策与未来的气候变化协调一致。

3）实用性。适应性管理要对目前的灾害提出解决措施，减少灾害风险；同时要适应未来变化，避免新的灾害发生。

4）灵活性。由于未来气候变化存在极大的不确定性，因此管理措施应根据未来潜在的气候变化留有余地，并能灵活的应对。

5）可量化性。对气候变化影响的适应性管理要进行定量化或半定量化分析，以确定能够降低气候变化脆弱性的发展规模。

本节从量化的角度，提出气候变化影响下水资源适应性管理量化研究需要考虑的3个基本准则。

1）可持续发展。可持续发展不仅考虑当代人，而且顾及后代人，不仅要保证现代的发展，而且要保证未来的发展，使发展处于不断增加的状态。它与传统的"短期经济增长"截然不同，发展是有持续性的。可持续发展首先要求不允许破坏地球上生命支撑系统（如空气、水、土壤等），即处在可承载的最大限度之内，以保证人类福利水平至少处在可生存状态。同时，可持续发展鼓励经济增长，但它不仅重视增长数量，更追求改善质量。

它以保护自然环境为基础，以改善和提高生活质量为目标，与资源、环境的承载能力相协调，因此可持续发展要求经济投入和资源管理带来的发展是一种有效益的发展（包括经济效益、社会效益、环境效益等）。

2）减少水资源脆弱性。全球气温变暖将通过影响降水、蒸发、径流、土壤湿度等改变全球水文循环的现状，引起水资源在时间和空间上的重新分配，加剧某些地区的洪涝和干旱灾害，引起可利用水资源的改变，进一步影响地球的生态环境和人类社会的经济发展。预计在未来，极端气候事件会变得更频繁，南涝北旱的格局会进一步加重，而水资源的短缺也将在全国范围内持续，加剧水资源的脆弱性。因此，水资源适应性管理要求缓解气候变化带来的不利影响，减小区域水资源脆弱性。

3）成本效益最佳。成本效益观念就是成本管理要从"投入"与"产出"的对比分析来看待"投入（成本）"的必要性、合理性，即考察成本高低的标准是产出（收入）与投入（成本）之比，该比值越大，则说明成本效益越高，相对成本越低；考察成本应不应当发生的标准是产出（收入）是否大于为此发生的成本支出。如果收入大于成本支出，则该项成本是有效益的，应该发生；否则，就不应该发生。可见，在成本效益观念下，成本绝对数并非越低越好，关键看一项成本的发生产生的效益（收入或引起的企业总成本的节省）是否大于该项成本支出。成本效益观念是战略成本管理的重要基础，战略成本管理的方法均体现了成本效益观念。而传统成本管理则强调成本绝对数的节约与节省，而这样做的结果可能是得不偿失的。

因此，将成本效益最佳也是气候变化下水资源适应性管理的基本准则之一，分析内容主要包括针对项目中可能达不到预期目标的情景，判别适应性管理对策可以减少或避免不必要的影响和损失；根据现价估算适应性管理对策的成本；估算适应性管理措施实施情况下可能产生的经济效益及可能避免的损失（如作物损失、发电损失等），均以现价表示；计算适应性管理措施的收益–成本比（B/C），确定提出的适应性管理项目是否在经济上有效益，以便于有关部门进行决策，若各项措施的收益–成本比具有可比性时，要适当考虑收益量；对于那些现在缺少的成本数据，可根据现有的知识进行估算。该分析将为决策过程提供充足的信息，以便于进行适应性优化决策。

（2）应对气候变化水资源适应性管理的指标体系

建立指标体系原则。水资源适应性管理指标体系是度量区域（或流域）社会经济–水资源–生态环境复合系统发展特征的重要参数，通过水资源适应性管理准则来定量评估水资源开发、利用和管理的可持续性。所以，水资源适应性管理指标应当具有以下功能：首先，应能描述和表征任一时刻区域（或流域）社会经济、水资源、生态环境的发展状况和变化趋势；其次，应能体现出区域（或流域）社会经济、水资源、生态环境的发展协调程度；最后，应能反映出区域（或流域）存在的水问题及其产生的根源。

指标集中的指标众多，在指标体系中使用所有的指标将使指标体系非常复杂，也会增加工作的难度，特别是增加数据获取的困难。因此，需要从众多指标中按一定的原则选取合适的具有代表性的指标建立评价指标体系，选择合理的指标体系，必须遵循以下原则。

1）科学性原则。指标体系一定要建立在科学的基础上，能够较客观、真实地反映系统的内涵，较好地度量水资源管理的状况、方略、规划目标。

2）完备性原则。要求指标体系覆盖面广，能综合反映水资源管理的各个方面。选择有代表性的指标，同时也要考虑到"面"上指标的合理分布。

3）可操作性原则。选择的指标应当简单且易于解释、易于定量表达、易于取得数据且费用合理。

4）主导性原则。建立指标时应尽量选择那些有代表性的综合指标。

5）独立性原则。度量水资源适应性管理的指标往往存在信息上的重叠，所以尽量选择那些具有相对独立性的指标。

6）动态性原则。由于可持续管理考虑的是一个变化的社会系统和自然系统，所以建立的指标体系就应该定期更新，能够显示随时间变化的趋势。

建立指标时，上述各项原则既要综合考虑，又要区别对待。一方面要综合考虑指标的科学性、完备性、可操作性、主导性、独立性和动态性，不能由某项原则决定目标的取舍；另一方面由于各项原则具有特殊性及认识上的差距，所以对各项原则的把握标准不能强求一致。

指标体系的筛选方法。水资源适应性管理指标体系是由若干相互联系、相互补充、具有层次性和结构性的指标组成的有机系列。这些指标既有直接从原始数据而来的基本指标，用以反映子系统的特征；又有对基本指标的抽象和总结，用以说明子系统之间的联系及符合系统整体特性的综合指标，如各种"比"、"率"、"度"及"指数"等。在选择指标时，要特别注意选择那些可受到管理措施直接或间接影响的指标；选择那些具有时间和空间动态特征的指标；选择那些显示变量间相互关系的指标和那些显示与外部环境有交换关系的开放系统特征的指标。

指标体系筛选的方法有频度统计法、理论分析法和专家咨询法，以及主成分分析法、独立分析法。

指标体系的结构关系。根据水资源适应性管理的准则，区域（或流域）社会经济发展状况、生态环境质量状况、水文循环与水资源配置情况，以及复合系统整体发展与内部子系统协调的情况是评估水资源适应性管理的主要依据，也是建立水资源适应性管理指标体系的主要来源。

水资源适应性管理的指标体系是一个多层次的复杂结构体系，大致可分为四大类：社会经济指标、水资源指标、生态环境指标和综合性指标。它们的组成结构一般如图 3-4 所示。

指标体系的一般构成。图 3-4 给出了区域（或流域）水资源适应性管理指标体系的组成结构。下面是基于前文的分析，并在指标体系建立原则的指导下，初步建立的适合一般区域（或流域）的水资源适应性管理指标体系。对于具体的研究区域（或流域）还需要进一步考虑被研究区域的生态环境特点、水资源特性和社会经济发展状况，并在指标数据能够获得的前提下，得到具体的指标体系。

1）社会经济指标。社会经济指标主要由描述和表征人口、经济、社会、科技等发展的指标集组成，该类指标比较繁杂，定性较多。在水资源适应性管理研究中，主要选取与水资源开发利用紧密相关的，以及能够综合衡量社会经济发展态势的可量化指标。通过这些指标能够反映出水资源在社会经济系统中的配置状况、水资源对社会经济发展的贡献作用，以及社会福利的增长情况。

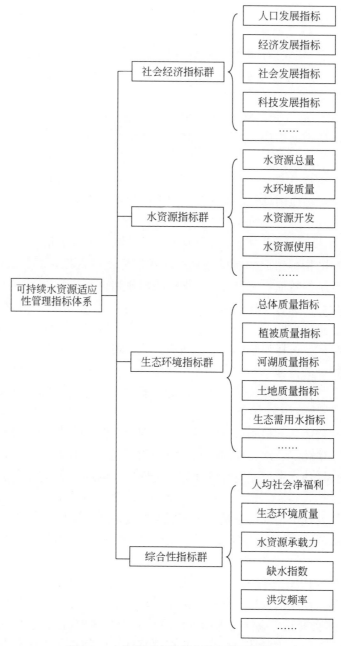

图 3-4　水资源适应性管理指标体系结构

根据国内外有关可持续发展与水资源管理指标研究的最新成果，在频度统计、理论分析与专家咨询的基础上，初步筛选出水资源适应性管理中社会经济系统的一般指标（表 3-1），大致将其分为以下几部分，并对其做了简要说明。

表 3-1　水资源适应性管理指标体系之一：社会经济指标

指标名称	单位	指标计算公式及含义
1.1 人口密度	人/km²	总人口/土地面积
1.2 人口增长率	%	（现状人口–基准年人口）/基准年人口
1.3 人均 GDP	元/人	GDP/总人口
1.4 GDP 增长率	%	（现状 GDP–基准年 GDP）/基准年 GDP
1.5 工业产值模数	万元/km²	工业总产值/土地面积
1.6 人均耕地面积	km²/人	耕地面积/总人口
1.7 人均粮食产量	kg/人	粮食产量/总人口
1.8 耕地灌溉率	%	灌溉面积/耕地面积
1.9 灌溉用水定额	m³/亩ª	灌溉用水/灌溉面积
1.10 城镇需水比例	%	（城镇生活需水+工业需水）/总需水量
1.11 需水模数	万 m³/km²	需水量/土地面积
1.12 人均需水量	m³/人	需水量/总人口
1.13 单位 GDP 需水量	m³/万元	需水量/GDP
1.14 需水增长率	%	（现状需水量–基准年需水量）/基准年需水量
1.15 工业总产值占 GDP 比重	%	工业总产值/GDP
1.16 工业用水重复利用率	%	工业回用水量/工业用水量
1.17 水利投资系数	%	水利投资/GDP
1.18 污径比	%	污水排放量/地表径流量
1.19 社会安全饮用水比例	%	饮用卫生达标水的人口/总人口

a. 1 亩 ≈ 666.7m²。

　　人口发展指标［人口密度或人口总数（现状）、人口增长率（趋势）］。"人口"是可持续发展的关键部分。人口的增长是复合系统发展的主要驱动因子之一。描述人口发展的指标主要来自人口数量、质量、结构与变化率等方面。在水资源适应性管理中，主要考虑的是反映人口发展状况、与社会用水量相关的指标，"人口密度"和"人口增长率"。

　　经济发展指标［人均 GDP（现状）、GDP 增长率（趋势）、工业产值模数（工业）、人均粮食产量（农业）、工业总产值占 GDP 比重（结构）、水利投资系数（投资）］。"经济"是可持续发展的基础部分。经济与人口相互作用、共同驱动复合系统的发展。在水资源适应性管理中，经济系统既是水资源主要的消耗系统，又是水资源开发、利用、保护和治理的保障系统。经济发展带来了水问题，各种水问题也制约了经济发展，同时水问题的解决最终还要依赖于经济发展。协调经济与水利的发展关系是水资源适应性管理的核心内容。衡量经济发展的指标繁多，与可持续发展和水资源管理相关的指标主要有：①"人均 GDP"和"GDP 增长率"，用于描述经济的总体状况；②"工业产值模数"、"人均粮食产量"和"工业总产值占 GDP 比重"，用于描述经济结构；③"水利投资系数"，用于描述经济发展对水资源系统的补偿作用。

　　社会发展指标［社会安全饮用水比例（福利）、人均耕地面积（资源占有）］。社会的发展进步是衡量可持续发展的主要依据。可持续发展的最终目标是提高人类的生存能力、生活质量和健康水平。其中，自然资源的占有量，特别是耕地资源和水资源的占有量，是人类生存的主要物质基础。社会发展主要体现在社会福利的提高上，而社会福利一方面反映在经济增长上，另一方面则反映在自然资源的存量上。在水资源适应性管理中，与水资源及其管理有着内在联系的"社会安全饮用水比例"和"人均耕地面积"可以作为社会发展的指标。"人均GDP"和"GDP增长率"也可看作社会发展的指标，但已放在经济发展指标中；"人均水资源量"放在了水资源指标中。

科技发展指标［灌溉用水定额（农业科技）、工业用水重复利用率（工业科技）］。科技是实现可持续发展的重要环节。科技的发展能够减少环境的污染，能够降低单位产值的资源消耗。在水资源适应性管理中，科技发展主要表现在农业和工业的节水技术上，可以用两个可量化指标"灌溉用水定额"和"工业用水重复利用率"加以描述。

水资源需求指标［耕地灌溉率（农业）、城镇需水比例（结构）、需水模数（土地）、人均需水量（人口）、单位GDP需水量（经济）、需水增长率（综合）、污径比（水环境）］。人口、经济、社会的发展使得人们对水资源（在质与量方面）的需求（包括生存需求、发展需求和享乐需求）不断增加，给水资源系统造成了一定的压力。压力主要来自农业、工业、生活和环境需水方面。其中，农业需水是需水大户，一般占需水量的70%~80%，主要体现在农业灌溉需水上，可用"耕地灌溉率"指标来反映农业需水程度。用水的组成结构也是影响需水压力的关键因素，为避免指标信息的重复，仅用"城镇需水比例"表示。另外，需水量还可以分别以土地、人口和经济为单位进行度量，用于反映需水地区间的差异。"需水增长率"综合反映需水的变化趋势，"污径比"反映经济与社会发展对水环境或生态环境造成的污染压力。

以上只是给出了一个粗略的划分，因为在选取指标时，为了使指标既完整又整洁，既具有较大的信息量又具有较小的重叠度，所以选择了大量的综合指标。这些指标涉及了社会经济系统内部各个子系统的发展及相互作用，因此有些指标跨越不同的部分，既可以看作经济指标又可以看作社会指标。

2）水资源指标。水资源指标主要由反映水文循环状况和水资源开发利用情况的指标集组成，包括水质和水量两个方面。由于水资源产生于地球上不同尺度的水文循环过程，所以水文循环系统是水资源生成的物质基础性条件，水资源种种特性也与水文循环有关，如可再生性、时空分布特性等。因此，水文循环系统完整性的保护是水资源可持续利用的基础性条件，也是评估水资源适应性管理的一个重要方面。另外，水资源生成后，如果没有必要的水利工程设施进行开发利用，那么本可以作为资源的水就会如同洪水般流失掉，甚至还会泛滥成灾，失去其资源的价值性。把这些用作调蓄、抽取、输送等用途的水利工程设施所构成的系统统称为水资源供给系统，它们是开发、调配水资源的工具，是水资源系统的工程基础部分。该系统的运行情况及运行结果是评估水资源管理的又一个重要方面。根据以上所述，分别从水文循环和水资源开发、调配方面选取指标，便构成表3-2中水资源适应性管理体系之二——水资源指标。下面对表3-2中指标进行分类，并进行简要说明。

表3-2　水资源适应性管理指标体系之二：水资源指标

指标名称	单位	指标计算公式及含义
2.1 人均水资源量	m³/人	水资源总量/总人口
2.2 水资源模数	万 m³/km²	水资源总量/土地面积（考虑过境水）
2.3 亩均水资源量	m³/亩	水资源总量/耕地面积（考虑过境水）
2.4 径流系数	%	径流量/降水量（考虑过水）
2.5 干旱指数		水面蒸发量/降水量
2.6 水质等级		评价水体的水质类别
2.7 水资源利用率	%	（地表可供水+地下可供水）/水资源总量
2.8 人均可供水量	m³/人	可供水量/总人口
2.9 供水量模数	万 m³/km²	可供水量/土地面积
2.10 供水增长率	%	（现状可供水量–基准年可供水量）/基准年可供水量
2.11 地下水供水比例	%	地下可供水总量/可供水总量
2.12 蓄水工程供水比例	%	地表蓄水工程/整个地表水工程供水量
2.13 跨流域调水比例	%	跨流域调水量/可供水总量
2.14 供水普及率	%	供水面积/土地面积
2.15 总用水量	m³	
2.16 农业用水比例	%	农业用水量/总用水量
2.17 工业用水比例	%	工业用水量/总用水量
2.18 生活用水比例	%	生活用水量/总用水量

水资源总量指标［人均水资源量（人口）、水资源模数（土地）、亩均水资源量（耕地）、径流系数（产水）、干旱指数（蒸发）］。在水资源适应性管理中，比较关心的是区域（或流域）水资源量在人口、土地和耕地方面的分布情况，这是协调"人与水"关系的必备信息。"径流系数"和"干旱指数"提供了区域（或流域）产流和蒸发的信息。

水资源质量指标［水质等级（水质）］。水资源包括质和量两个方面。水资源的质量可以用评价水体的水质指标或类别（即"水质等级"）进行描述。

水资源开发指标［水资源利用率（开发）、人均可供水量（人口）、供水量模数（土地）、供水增长率（变化）、地下水供水比例（地下水）、蓄水工程供水比例（地表水）、跨流域调水比例（过境水）、供水普及率］。水资源的开发最终表现在供水能力上。开发的程度用"水资源利用率"表示。供水的状况分别用人均、地均、增长率、各种水源比例，以及普及率来反映。

水资源使用指标（总用水量、农业用水比例、工业用水比例、生活用水比例）。水资源使用指标反映在现有供水能力基础上的分配情况，是优化配置水资源的重要参数。水资源使用情况通过"总用水量"和各种用水的比例加以表示，其中"总用水量"在理论上应等于"总供水量"，其与"总需水量"之差便是"供水缺口"。

3）生态环境指标。生态环境系统是水资源系统和社会经济系统赖以存在的物质基础，是实现可持续发展的重要保证。在以往水资源规划和管理实施中，很少真正对生态环境质量的变化与影响进行量化。如何量化和评价水资源管理中所涉及的生态环境质量问题，是水资源适应性管理研究中一个十分重要的问题。

根据以往经验，建立区域（或流域）生态环境质量评价指标体系，应从区域（或流域）生态环境典型结构分析入手，找出影响和表征生态环境质量的主要因子，然后建立指标体系，并加以量化和评价。作者曾针对西北干旱半干旱地区建立了一套生态环境质量评价指标体系，并提供了评价标准和定量化多级关联评价方法。该理论为一般区域（或流域）的生态环境评价指标集。由于该指标集主要评价水资源规划与管理对生态环境质量的影响，因此在选取指标时，主要考虑影响和表征生态环境质量的且与水资源密切相关的指标。它们大致可以分为以下几个部分（表3-3）。

表3-3 水资源适应性管理指标体系之三：生态环境指标

指标名称	单位	指标计算公式及含义
3.1 生物多样性指数		由多样性指数、均匀度和优势度3个方面表征
3.2 森林覆盖率	%	森林面积/土地面积
3.3 草场面积比	%	草场面积/土地面积
3.4 载畜量	羊单位/亩	每亩草场最多能养活的标准羊头数
3.5 植被面积变化率	%	（现状植被面积−基准年植被面积）/基准年植被面积
3.6 河湖水体矿化度	g/L	反映河湖生态的一个重要指标
3.7 主河长缩减率	%	（现状主河长−基准年主河长）/基准年主河长
3.8 湖泊面积缩减率	%	（现状湖泊面积−基准年湖泊面积）/基准年湖泊面积
3.9 水库面积变化率	%	（现状水库面积−基准年水库面积）/基准年水库面积
3.10 盐渍化面积比	%	盐渍化面积/耕地面积
3.11 盐渍化面积变化率	%	（现状盐渍化面积−基准年盐渍化面积）/基准年盐渍化面积
3.12 地下水平均矿化度	g/L	影响土地盐渍化的重要因子
3.13 沙化面积比	%	沙化面积/土地面积
3.14 沙化面积变化率	%	（现状沙化面积−基准年沙化面积）/基准年沙化面积
3.15 沙化区地下水位埋深	m	影响土地沙化的重要因子
3.16 水土流失面积比	%	水土流失面积/土地面积
3.17 土壤侵蚀模数	$t/(km^2 \cdot a)$	土壤侵蚀量/（水土流失面积×年）
3.18 河道输沙量	t	输移比×土壤侵蚀模数×水土流失面积
3.19 河道外生态需水量	m^3	天然林木需水+天然草场需水+野生动物需水
3.20 河道内生态需水量	m^3	河道生态用水+河道冲沙用水
3.21 生态环境用水率	%	生态环境用水量/水资源总量
3.22 生态环境缺水率	%	生态环境缺水量/生态环境用水量

总体质量指标（生物多样性指数）。生物多样性指数是生态环境总体质量的一个十分重要的参数。它的描述方法主要由多样性指数、均匀度和优势度3个方面表征。

植被质量指标［森林覆盖率（森林分布）、草场面积比（草场分布）、载畜量（草场质量）、植被面积变化率（变化）］。生态环境质量在很大程度上依赖于植被的分布，而且区域森林和草场的覆盖率是影响区域水文循环和水资源形成的重要因子。

河湖质量指标（河湖水体矿化度、主河长缩减率、湖泊面积缩减率、水库面积变化率）。

河湖水体矿化度及水体面积的变化是影响生态环境质量和评估水资源管理的重要指标。

土地质量指标（盐渍化面积比、盐渍化面积变化率、地下水平均矿化度、沙化面积比、沙化面积变化率、沙化区地下水位埋深、水土流失面积比、土壤侵蚀模数、河道输沙量）。土地质量是生态环境质量的一个重要组成部分，可以从土地盐渍化、沙化、水土流失几个方面进行描述，而且不论是盐渍化、沙化还是水土流失，均与人类开发、利用和管理水资源有密切的联系。

生态需用水指标（河道外生态需水量、河道内生态需水量、生态环境用水率、生态环境缺水率）。水资源是影响和组成生态环境的基本要素，生态环境需水的满足情况将影响生态环境的质量。

4）综合性指标。综合性指标主要从宏观层次上选择那些反映复合系统发展特性的指标和反映子系统间协调程度的指标。它们为水资源适应性管理宏观决策提供科学依据，也是综合评估水资源适应性管理的重要参数。综合评价指标见表3-4。

表3-4　水资源适应性管理指标体系之四：综合性指标

指标名称	单位	指标计算公式及含义
4.1 人均社会净福利		（GDP-资源价值-环境污染损失）/总人口
4.2 生态环境质量		大气、水、土地、植被等质量的加权平均值
4.3 水资源承载力		由社会经济、水资源、生态综合决定
4.4 缺水率	%	缺水量/总需水量
4.5 洪灾频数		研究时段内洪灾发生次数

表3-4列出了几个综合性指标，下面作几点说明。

人均社会净福利指标，是综合反映社会经济可持续发展的重要参数，它的含义类似"绿化"了的人均GDP，可以作为可持续发展的测度。

生态环境质量指标，用于衡量生态环境系统的发展状况，由植被质量、水环境质量、土地环境质量等综合决定，受到自然和人为因素的双重影响。

水资源承载力，由社会经济、水资源、生态环境系统综合决定，包括水量承载力和水环境容量两方面的内容。它既是度量水资源系统发展的重要参数，又是反映水资源与社会经济、生态环境协调发展的指标。

缺水率与洪灾频数，是反映三大水问题中的水资源短缺和洪水洪灾的重要指标，它们与水资源管理密切相关，是评估水资源适应性管理的关键性参数。

人均社会净福利、生态环境质量和水资源承载力是目前学术上研究的热点，尚不存在统一的算法。

在指标体系中列出了较全面的指标，具有一般性。针对具体的区域，有些指标就可能没必要选用；有时还要增加一些特殊的指标或者是与表3-4中接近的指标。例如，作者在"新疆博斯腾湖流域可持续管理应用研究"项目中，选择的指标有人口总数（属于"社会"指标）、工农业总产值（属于"经济"指标）、粮食总产量（侧重反映"土地资源"、"水资源"指标）、博斯腾湖水体矿化度（属于"水环境"指标）、芦苇总生产量（属于

"生态环境"指标)。

在实际应用时,到底如何选择所需的指标呢?一般应符合以下标准:

1) 具有代表性,是反映该区的主要指标;

2) 简单易于量化、易于获得数据;

3) 覆盖面广;

4) 具有一个可以对照比较的目标值或标准值;

5) 符合水资源适应性管理指标选择原则。

3.2.2.3　水资源适应性管理的多目标优化模型方法

(1) 量化研究方法

1) 可持续发展的量化方法。基于"发展综合指标测度"(DD) 的量化方法。这种水资源适应性管理的量化方法是采用模糊隶属度定量描述方法和多准则集成技术,来量化水资源管理中的可承载能力、经济效益和可持续性,以及它们的集成问题。量化方法如下。

"可承载"隶属度 LI,实际上是对人类生存环境的一种定量描述。可以用模糊数学中的隶属度来定量描述"可承载"的程度。设任一指标为 Y_i (i 为指标编号),选定限度为 Y_{i0},对应的隶属度为 $\mu_{LI}(Y_i)$。隶属度函数表达式为

$$\mu_{LI}(Y_i) = f(x) \tag{3-1}$$

关于隶属度函数的确定,可以根据具体情况来选择。

整个系统的可承载隶属度:

$$LI(T) = \prod_{i=1}^{n_1} \mu_{LI}^{a_i}[Y_i(T)] \tag{3-2}$$

式中,n_1 表示整个系统有 n_1 个指标被考虑是否可承载;LI 为整个系统在 T 时段的可承载隶属度;a_i 为第 i 指标的指数权重。根据各指标的重要程度,给 a_i 赋值。

"经济增长"指标 EG,是对"经济增长"的一种定量描述。取经济学指标(如国民生产总值、工农业总产值、国民收入、人均国民生产总值等)SP。设初始年(以年为时间段的"基本单位")SP 值为基准值 SP_0。为了使数据无量纲化,可以进行初始化,即 $x = SP/SP_0$。x 实际是任意年相对初始年的经济增长倍数。用式(3-3)来量化表示"经济增长指标":

$$EG(T) = \mu = \frac{x-a}{x+a} \tag{3-3}$$

式中,a 为待定系数;μ 为可持续发展隶属度,同 μ_{LI};$x = SP/SP_0$。

"经济发展"指标——发展综合指标测度 DD。按照"经济发展"的含义,不仅要"经济增长",而且要讲究质量。因此,应该把经济增长"数量"与"质量"综合起来,用来表征系统发展的状态。可以用式(3-4)来量化表示"经济发展"(或称"发展")指标:

$$DD = EG^{\beta_1} \cdot LI^{\beta_2} \tag{3-4}$$

式中,DD 为系统"发展"指标的量化值(无量纲);DD $\in [0, 1]$;β_1,β_2 分别为给定"经济增长"量化值、"可承载"隶属度的一个指数权重。根据考虑的侧重点,给 β_1,β_2 赋值。

DD 作为衡量 T 时段"发展"的一个"尺度",同一系统、同一时段,DD 越大,则认

为发展程度越高，也就是效益越大。因此，可以通过调节内部结构、资源分配等来寻求最优发展途径。

水资源适应性管理的目标函数——max（BTI）。可持续发展的要求是在可预测的全时段（设共 N 个时段）内总效益最大。为了消除时段个数不同带来的差异（且具有可比性），拟采用效益的平均值来衡量。目标函数表达如下：

$$\max(\text{BTI}) = \max\Big[\sum_{T=1}^{N} \text{DD}(T)/N \Big] \tag{3-5}$$

水资源脆弱性的定量评估方法。IPCC SREX 报告将水资源脆弱性定义为气候变化可能对水资源造成的不利影响的程度，包括气候变化和极端事件的不利影响，其取决于系统的暴露度及其灾害性、系统对气候变化的敏感性和系统的适应能力 4 个方面。在此基础上最新提出的 RESC 评估模型表达式为

$$\text{VI} = f\,(S,\ C,\ E,\ \text{RI}) \tag{3-6}$$

式中，VI 脆弱性指数；S 为敏感性；C 为抗压性；E 为暴露度；RI 为风险指数。

脆弱性具体计算公式如下：

$$V(t) = \left[\left(\frac{S\,(t)^{0.71}}{C\,(t)^{0.953}} \right)^{0.65} \times E\,(t)^{0.1} \right]^{0.67} \times \text{RI}^{0.1} \tag{3-7}$$

考虑水资源脆弱性 V 的发展综合指标测度函数 VDD 结合前面提出的基于"发展综合指标测度"（DD）的量化方法，其核心是考虑经济增长的同时考虑对环境的破坏及产生的损失，综合起来才是可持续的发展效益。根据这种量化方法建立与水资源脆弱性 V 相联系的发展综合指标测度函数 VDD，即同时考虑经济增长、环境损失和水资源脆弱性的综合效益，并研究其中的函数关系，分析水资源调控产生的综合效益：

$$\text{VDD}(T) = \frac{\text{DD}(T)}{V(T)} = \frac{\text{EG}(T)^{\beta_1} \cdot \text{LI}(T)^{\beta_2}}{V(T)} \tag{3-8}$$

水资源适应性管理是以可持续发展为目标，要求"发展"的目标函数 BTI 值最大，即在某一特定的时段，在满足一定条件的情况下，N 个时段的总效益达到最大（即目标函数值 BTI 最大）。于是，有如下的目标函数：

$$\max(\text{BTI}) = \max\Big[\sum_{T=1}^{N} \text{VDD}(T)/N \Big] \tag{3-9}$$

2）成本效益计算方法。成本效益分析（cost-benefit analysis）是通过比较项目的全部成本和效益来评估项目价值的一种方法。成本效益分析作为一种经济决策方法，将成本费用分析法运用于政府部门的计划决策中，以寻求在投资决策上如何以最小的成本获得最大的收益。

成本效益分析法的基本原理是针对某项支出目标，提出若干实现该目标的方案，运用一定的技术方法，计算出每种方案的成本和收益，通过比较方法，并依据一定的原则，选出最优的决策方案。

成本效益分析法的主要内容和目的如下：有无适应管理评估方法，通过成本效益分析法比较有适应性管理措施和无适应性管理措施的成本和效益；着力选择最优方案，成本效益分析法的主要目的是选择最优方案，而不是仅仅计算某一方案是否符合意愿。

　　成本效益分析法的步骤如下：①实物量基线曲线，即根据历史数据评估影响频次。有关影响的数据及频次可选择过去一段时间到现在的记录来进行确定。根据有关数据绘出影响–频率曲线。②经济量基线曲线，即根据影响频次确定风险损失。将自然界的影响–频次曲线转变为经济社会影响曲线，确定遭受损失或获利的底线。③过去适应性管理变化曲线，即确定研究系统类别，并根据不同情况分析过去适应性管理措施导致的变动情形，如灾害损失图、GDP损失图、水源供应能力变化图等，应该根据不同的情况作出不同情景下的变动曲线。④分析由气候变化引发的变化，即作出气候变化情景下适应性管理引起的变化曲线。⑤适应性管理的效益变化，即作出采取应对气候变化的适应性管理措施前后经济变量的变化曲线，分析收益变化情况。

　　在气候变化情景下分析某项适应性对策的成本效益时，基本的成本效益决策准则量化计算的一般模型为

$$\sum_t (B_t - C_t) \cdot (1 + r)^{-1} > 0 \tag{3-10}$$

式中，C_t为第t年的成本；B_t为第t年的效益；r为贴现率；t为第t年。

然后将适应性对策下达到的效益（B'_t）代入：

$$\sum_t (B'_t - C_t) \cdot (1 + r)^{-1} > 0 \tag{3-11}$$

式中，B'_t为适应性对策实施后的社会经济效益；C_t为适应性对策的经济成本。

　　成本包括固定资产投资、（增加的）运营成本等。年贴现率的计算方法为

$$r = 1 - \left(\frac{P}{F}\right)^{\frac{1}{N}} \tag{3-12}$$

式中，F为面值；P为发行价格；N为发行年限。

　　把有关的脆弱性指标效益量（B'）定为常数，可以推算出达到此指标的最高经济成本（C）值。

　　计算成本效益经济量时可以使用水资源投入产出表，水资源投入产出表的基本结构为投入部分由中间投入和初始投入构成，产出部分由中间产品和最终产品构成。为充分考虑水资源不同于其他社会物质的特点，按其不同投入方式将投入划分为水资源隐性投入和水资源显性投入，按其不同社会用途将产出分为中间形态水资源和最终消费水资源，其中中间形态水资源由隐性水资源产出和显性水资源产出构成。水资源投入产出表共分为8个象限（表3-5），第Ⅰ象限是由农业、工业、建筑业、运输及邮电业、服务业、非物质生产部门六大产业交错形成的棋盘式表，从横行看，X_{ij}表示投入到j部门生产的i部门产品所消耗的水资源量；从纵列看，X_{ij}表示j部门在生产中所消耗的i部门产品在生产过程中所投入的水资源量。第Ⅱ象限表示各产业部门生产过程中所产生的污水，将污水也看作是各产业部门的产出，为显性水资源产出。其中，一部分经污水处理部门处理后排放，用T_{i1}表示，另一部分未经处理直接排放，用T_{i2}表示。第Ⅲ象限是前两个象限在横向上的延伸，它对应的投入部门与第Ⅰ、第Ⅱ象限相同，对应的产出部门是最终消费水资源量，反映了社会各产业部门用于最终消费的产品在生产中所消耗的社会水资源量。从横行看，反映了投入到各产业部门的水资源转向最终消费的水量，从纵列看则说明最终消费的水资源量的

社会各产业部门的构成。第Ⅳ、第Ⅴ象限表示各生产部门及污水处理部门的初始投入部分价值形成所消耗的社会水资源量，D_j、V_j、M_j分别表示第j个生产部门固定资产折旧额、劳动报酬总额、纯收入的形成需消耗的社会水资源量，D、V、M则分别表示污水处理部门固定资产折旧额、劳动报酬总额、纯收入的形成需消耗的社会水资源量。第Ⅵ、第Ⅶ、第Ⅷ象限分别反映了社会各产业部门、污水处理部门、最终消费的显性水资源投入，即对新鲜水和回用水的直接消费量。

表3-5　水资源投入产出表基本结构

投入＼产出		中间形态水资源								最终消费水资源	水资源总量
		隐性水资源产出						显性水资源产出			
		农业	工业	建筑业	运输及邮电业	服务业	非物质生产部门	已处理污水	未处理污水		
水资源隐性投入	农业	X_{11}	…	…	…	…	X_{16}	T_{11}	T_{12}	Y_1	X_1
	工业	⋮					⋮				
	建筑业	⋮					⋮				
	运输及邮电业		…	X_{ij}	…						
	服务业	⋮					⋮				
	非物质生产部门	X_{61}	…	…	…	…	X_{66}	T_{61}	T_{62}	Y_6	X_6
	固定资产折旧	D_{11}	…	…	…	…	D_{16}	D			
	劳动报酬	V_{11}	…	…	…	…	V_{16}	V			
	纯收入	M_{11}	…	…	…	…	M_{16}	M			
水资源显性投入	新鲜水	H_{11}	…	…	…	…	H_{16}	H_1		Z_4	Q_1
	回用水	H_{21}	…	…	…	…	H_{26}	H_2		Z_2	Q_2
总投入		X_1	…	…	…	…	X_6				

资料来源：①水资源隐性投入与产出、固定资产折旧、劳动报酬、纯收入主要来自于国家或地区的投入产出表，但需作一定的处理，X_{ij}由价值型投入产出表中部门间的消耗量乘以各产业标准产值耗水量而得，其中标准产值耗水量多用万元GDP耗水吨数表示；固定资产折旧、劳动报酬、纯收入由价值型投入产出表初始投入部分相应数值乘以社会平均标准产值耗水量而得。②国家权威部门公布的研究报告，如水利部或环境部门公布的社会用水、排污方面的数据。③国家或地区的统计年鉴。

（2）水资源适应性管理优化模型及求解方法

利用多目标规划方法，构建考虑气候变化下水资源脆弱性的适应性管理模型。考虑到研究流域水资源供给条件及水质情况，适应性管理模型需要围绕社会经济与环境协调发展为目标的水资源供给能力、未来需求的平衡关系，以及社会经济可持续发展进行构建。可以通过减小水资源脆弱性、最大可持续发展综合效益、适应性对策下效益最大等多个目标构建优化模型，即在保障水资源可持续利用的前提下，在社会经济和技术条件的约束下，探讨研究流域规划多目标情景下水资源保障程度最高状况下各因素的组合情况。

模型构建的原则包括以下几个方面。

以最大可持续发展综合效益、适应性对策下效益最大满足水资源需求为目标。水资源是重要的经济资源，是支撑社会经济活动正常运转的基础资源。未来应该尽量满足人类的用水需求。

模型构建要尽量放宽可行域，实现目标效益优化。水资源的开发利用遵循自然规律和经济发展规律，充分考虑水资源和水环境的承载能力，但用水端要强化水资源节约和保护，妥善处理开发与保护的关系。这些关系不是简单的相等，而是呈现一定的浮动和关联性，因此模型构建要放宽可行域，从而得到多个可行解，便于管理对策制定和措施优选。

模型要统筹各因素贡献，突出给定目标下的重要因素。因各区域水资源开发利用情况差异显著，各区域水功能区水质状况及社会经济发展情况也不一致，因此要统筹考虑研究各流域、水资源开发与保护的关系，以可持续发展综合效益、适应性对策下效益与脆弱性为重点。

模型构建服务于适应性管理，各要素优化要便于与规划目标比较。从流域实际出发，针对存在的水问题，针对未来目标，从多年平均水资源量、水质、未来需求、用水指标、社会经济发展状况等角度出发，构建适应性管理模型，模型优化结果将服务于现有管理政策、法规和管理制度建设。

据此，水资源多目标规划模型的建模思路如下：首先，由已制订的区域发展目标或根据对区域发展水平的预测，确定未来经济社会和生态环境的发展程度。其次，根据未来经济社会和生态环境的发展程度，预测区域的未来需水量及结构，同时根据水文条件或不同水平年，对供水能力及结构进行预测，由此进行水供需平衡计算，确定区域未来经济社会发展是否缺水，缺口多大。再次，根据缺水量提出不同时期水资源开发利用和保护的各种方案，如开源节流、水价调整、水体保护等，维持水供需平衡，以保证经济社会的协调发展，并对各种方案进行经济、社会和生态环境目标的综合效益评价。最后，在水供需平衡和资金等其他条件下，进行水资源多目标规划，选择最佳方案组合，使水资源开发利用和保护的综合效益达到最优，并使其与经济社会的发展相协调。

1）模型一般表达式。进行多目标分析，首先需要明确分析目标，即所要研究的目的是什么，任务是什么。本书综合考虑变化环境下水资源系统、生态环境和社会经济，以可持续发展、生态环境保护、减小水资源脆弱性和成本效益最佳为准则，确定模型目标函数为水资源可持续发展度（f_1）、水资源脆弱性最小（f_2）和成本效益值最佳（f_3），它们分别代表水资源系统可持续发展程度、生态环境状况、气候变化下水资源脆弱性程度及经济发展状况。本书采用非线规划模型研究流域气候变化下水资源脆弱性的适应性管理，模型如下。

决策变量。气候变化下水资源适应性管理决策变量是指应对气候变化人类活动需要采取的适应性对策。水资源适应性多目标模型决策变量 X 为用水总量（x_1）、用水效率（x_2）、水功能区达标率（x_3）和生态需水量（x_4）。

目标函数。为了应对气候变化引起的水资源脆弱性，实施适应性管理对策首先需要应用经济手段，量化水资源适应性管理中社会、经济和环境效益，并研究其与水资源脆弱性之间的影响关系。

根据水资源保障区域的需求，水资源适应性管理目标是最大可持续发展综合效益、适应性对策下效益最大的水资源保障程度最高，该目标下考虑以满足可持续发展综合效益最大、适应性对策下效益最大等为子目标函数。由此，确定适应性管理的目标函数为

$$\max F(X) = \max\{f_1(X), f_2(X), f_3(X)\}, s.t. \ X \in S, X \geq 0 \qquad (3\text{-}13)$$

式中，S 为决策变量集。其子目标函数分别为

①可持续发展目标：各规划水平年各地区综合发展测度（DD）最大，即

$$\max[f_1(X)] = \max\left[\sum_{T=1}^{N} DD(T)/N\right] \qquad (3\text{-}14)$$

式中，DD 为水资源系统在 T 时段内可持续发展综合测度的量化值（无量纲），可表示为

$$DD = EG(T)^{\beta_1} \times LI(T)^{\beta_2} \qquad (3\text{-}15)$$

式中，LI 为水资源系统可承载隶属度；EG 为对经济增长的定量描述。

②减小脆弱性目标：各规划水平年各地区水资源脆弱性（V）最小，即

$$\min[f_2(X)] = \min\left[\sum_{T=1}^{N} V(T)/N\right] \qquad (3\text{-}16)$$

③成本效益最佳目标：各规划水平年各地区成本效益（BC）最大，即

$$\min[f_3(X)] = \max\left[\sum_{T=1}^{N} BC(T)/N\right] \qquad (3\text{-}17)$$

在进行运算时，要把子目标 $f_2(X)$ 转换为求总目标最大的问题。

主要约束条件。水资源适应性管理中，除了目标函数要达到最大外，还应满足各项必须达到的指标和各类约束条件。模型的约束条件受构成目标函数和各子目标的各要素数量和质量制约，包括水资源供需平衡、社会经济和生态环境保护等，见式（3-18）：

$$\begin{cases} LI(T) \geq LI_0 \\ SDDT \geq SDDT_0 \\ V(T) \geq V(T)_0 \\ B/C \geq 1 \\ 其他约束条件 \end{cases} \qquad (3\text{-}18)$$

水资源系统可持续发展。本书对水资源系统"可持续发展"程度进行量化和分类。欲保证整个系统可持续发展，必然要求系统可承载程度达到某一最低水平（设为 LI_0）。另外，欲使系统发展是可持续的，则要求态势隶属度超过某一最低水平（设为 $SDDT_0$）。

水资源脆弱性约束。研究水资源适应性管理，需要首先了解气候变化对水资源脆弱性的影响，通过适应性管理达到减小气候变化下水资源脆弱性的目的。

成本效益约束。考虑到社会经济的可持续发展，为实现经济收益最大化，对水资源系统进行适应性管理时，需要充分考虑水资源适应性管理的投入成本，并使水资源适应性管理的收益最大化。

其他约束条件。针对具体的情况，可能还需要增加一些其他的约束条件，如水资源总量、水资源供需平衡、区域耗水量、可利用水量、水资源利用效率、区域生态需水、水功

能区达标率、万元 GDP 用水量、农业灌溉用水量等。

2）模型求解方法。多目标决策模型的求解过程实质上是生成非劣解，即寻找距理想点距离最近的可行解。

下面将简单介绍优化模型的一般求解方法，并对各类方法在水资源适应性管理优化模型中应用的可能性作简单评述。

非线性规划模型（NLP）。数学建模的分类方法有许多种，非线性规划是其中重要的一种。近些年数学建模考试中多次运用了此方法进行求解，如 2002 年的车灯线光源的优化、1999 年的钻井布局、1998 年的一类投资组合问题、1997 年的零件的参数估计等。非线性规划是 20 世纪 50 年代才开始形成的一门新兴学科，1951 年 H. W. 库恩和 A. W. 塔克发表的关于最优性条件（后来称为库恩–塔克条件）的论文是非线性规划正式诞生的一个重要标志，是研究一个 n 元实函数在一组等式或不等式约束条件下的极值问题，且目标函数和约束条件至少有一个是未知量的非线性函数。其在工程、管理、经济、科研、军事等方面都有广泛的应用，为最优设计提供了有力的工具。

非线性规划问题的一般数学模型可表述为求未知量 x_1，x_2，$\cdots$，x_n，其满足约束条件：

$$g_i(x_1, x_2, \cdots, x_n) \geq 0 \qquad (i = 1, \cdots, m)$$
$$h_j(x_1, x_2, \cdots, x_n) = 0 \qquad (j = 1, \cdots, p)$$

并使目标函数 $f(x_1, x_2, \cdots, x_n)$ 达到最小值（或最大值）。其中，f，g_i 和 h_j 都是定义在 n 维向量空间 R_n 的某子集 D（定义域）上的实值函数，且至少有一个是非线性函数。

非线性规划问题比线性规划问题的求解要困难得多。线性规划的可行域是一个凸集，如果线性规划问题存在最优解，则其最优解一定在可行域的边界上达到。而非线性规划问题则不同，如果存在最优解，则最优解可在可行域的任何点达到。一般情况下是很难找到问题的全局最优解的。一般的求解算法所得到的解都是依赖于初始值的局部最优解。因此，在求解非线性规划时，根据问题的实际情况，适当地选取问题的初始值和相应的求解算法，求出满足实际需要的局部最优解。

多目标决策模型。水资源适应性管理的研究需要从社会经济可持续发展的角度来研究水资源与社会经济发展、生态环境及其他资源之间的关系，因此水资源适应性管理问题是一典型的复合系统问题，这就为采用多目标决策模型进行水资源适应性管理分析提供了理论依据。由于多目标决策模型综合考虑了区域水、土、气候等限制资源及资源相互之间作用的关系，而且决策分析中可考虑人类不同目标和价值取向，融入了决策者的思想，比较适合处理社会、经济、生态、水资源系统这类复杂多属性多目标群的决策问题。

人类社会离不开管理，而管理的核心问题就是决策。决策是人类的基本活动，从狭义角度讲，决策是指人们在不同的方案中做出选择的行为，而广义的决策则是人类解决一切问题的思维过程随着人类的进步和社会的发展，决策问题从简单发展到复杂，决策分析技术从定性发展到半定量、再到定量，进而发展到定性与定量相结合。面对现实生活中存在的复杂、庞大的决策问题，要求广大的管理科学学者研究与之相适应的决策理论和方法。

在现实生活和实际工作中，无论个人、企业和政府部门，都会遇到各种各样的需要做出恰当判断并做出合理选择的问题。这些问题中的一个重要特征就是同时涉及对多个目标的诉求。例如，在某地区修建水利工程时，就需要同时考虑多个方面的事项，从效益角度出发需要形成较高的水位以充分发挥其防洪的能力和发电效率，但从投入角度出发就要考虑工程建设的资金投入、对库区造成的掩没损失、移民搬迁的成本，以及对当地气候造成的潜在风险，这样在确定库容的时候就必须综合发电能力、防洪水平、移民和工程投入、环境代价等多个目标。即使是买衣服这样的个人日常购物行为，也会涉及价钱、款式、颜色、面料、版型和做工质量等多个标准。

多目标决策特点。由于多目标决策问题中多个子目标之间的矛盾性和不可公度性，不能把多个目标简单地归并为单个目标，因此不能用求解单目标优化问题的思路求解多目标决策问题。

依据决策环境中候选方案的数量，可以将多目标决策问题分为两大类，即有限方案多目标决策问题（multi-objective decision making problems with finite alternative）和无限方案多目标决策问题（multi-objective decision making problems with infinite alternative）。有限方案多目标决策问题又被称为多目标决策问题（multi-attribute decision making problem），在求解过程中其核心问题是对备选方案集按一定的规则进行评价，并根据评价结果给出各方案综合效用的优先性排序。在无限方案多目标决策问题中，问题的决策变量可以取连续型的值，即存在无限可数候选方案，求解这类问题的主要途径是通过数学规划模型。也有一些国内外学者认为，有限候选方案和无限候选方案多目标决策问题都可以统称为多目标决策（multi-criteria decision making problems）。

多目标决策问题构成的要素。在使用多目标决策方法解决实际问题时，通常要从以下5个方面着手进行分析，即决策人、评价指标体系、属性集合、决策环境和决策规则，它们也被称为多目标决策问题的五要素。

决策人：决策人是由一个人或一组人形成的决策主体；他们以决策环境中的各类信息为基础，根据自己的价值倾向直接或间接地提供其对各个候选方案的价值判断，并一起做出最终的决定。

评价指标体系：目标是决策主体希望达到的状态的抽象化表示。为了阐述清楚目标的各个细则，在实践中一般对目标按其概念粒度进行细化，形成若干子目标的层次化结构。其中，最大粒度的目标是对问题进行概述，通常难以进行直接测量和计算；而最小粒度的目标则是对问题在某个细节上的刻画，一般为可直接计算的定量化指标或概念清晰的定性化指标。

属性集合：属性一般与最小粒度的决策目标相对应，是各方案对具体的项目目标满足或实现程度的直观描述，这些描述一般就是对基本目标满足程度的直接度量值。在使用属性集对目标进行刻画时，需要注意这些属性的可理解性和可测性两个方面。可理解性要求所选择的属性能够充分地体现目标的实现程度，可测性则要求各个属性能够通过一定的量纲用具体的数量描述目标的实现水平。在选择应用于整个决策问题的属性集时，还要保证属性集的完全性、非冗余和最小化等特点。完全性要求保证了所选属性集能够刻画多目标决策问题的所有重要方面；非冗余是指各属性之间是独立的非交叉的，以确定没有项目目标被重复考虑；最小化是指对于相同的决策问题，不存在另一个含有更少元素的完全的属性集合。在实际决策过程中，特别对于大型决策活动，其高度复杂性导致以上要求通常不能被全部满足，对于上述的非冗余和最小化等可以进行适当取舍。

决策环境：决策环境是多目标决策问题的基础，它确定了决策问题的理论边界和基本组成。决策环境需要说明决策问题存在哪些候选方案，以及这些方案在各属性上的取值和测度标准；还需要明确各属性的理想解和最劣解、属性之间的相关性分析、可选用的多目标决策方法，以及如何确定这些方法的特有参数以控制决策过程，对决策群体依据其专业经验、判断能力分配不同的影响权重等。

决策规则：在决策问题中，决策人都期望能够选出最优的可行方案并将之付诸实践。而选择的前提是对各方案属性集成的综合效用进行打分排序，这一对方案进行排序的方法就称为决策规则，也可以称为决策算法。

确定评价准则权重的方法。求解多目标决策问题的难点在于评价准则间的矛盾性和不可公度性。虽然数据标准化处理可以在一定程度上解决评价准则间不可公度性这一问题，但仅使用规范化技术很难反映各准则的相对重要性。通过对评价准则赋权重的方式可以克服准则间矛盾性这一问题。权重是决策者对各评价指标相对重要程度的度量，它一方面能够反映决策者对考察目标的侧重点，另一方面也可以体现不同评价准则间的差异度，还可以反映决策者对各目标属性值的信任度。在决策问题中引入指标权重的概念可以将多目标决策转化为单目标决策问题求解，它的前提假设是各子目标或评价准则之间可以互相弥补。

在国内外的科学研究和实际应用环境中，确定评价指标权重系数的方法有数十种。根据计算权重系数时原始数据的形式和权重，可以将这些方法分为 3 类，即主观赋权法、客观赋权法和主客观综合集成赋权法。

主观赋权法是根据专家的特长和经验，对各评价准则的相对重要程度进行主观分析判断，从而确定评价指标权重的一种定性方法。常用的主观权重法有德尔菲（Delphi）法、环比评分法、层次分析法和模糊化方法。层次分析法是运筹学家萨迪（Satty）于 20 世纪 70 年代提出来的一种决策评估方法，也是实际决策项目中应用最广泛的方法，它采用层次结构的形式来描述复杂的决策问题，通过两两对比的方式将定性问题定量化。

客观赋权法采用定量分析的方法，分析评价指标间的相关关系来对各评价指标的相对重要程度进行度量。最大熵权法、数学规划法、主成分分析法、均方差法、变异系数法和最大离差法是客观赋权法的主要代表。其中，最大熵权法通过对决策矩阵进行分析，计算各评价指标中属性值的离散度来确定权重，它是实际决策项目中应用较多的方法。

由于客观赋权法是以决策矩阵中的数据为基础，通过确定的机制产生各评价准则的权重，因此其权重向量具有较高的客观性，这也是该类方法最突出的优点。但由于它从根本上排除了决策者介入的可能，也就必然导致了决策群体的主观意愿被完全忽略，在实际应用中得出的权重向量会与专家的经验认识产生极大的背离，且难以给出合理的解释。另外，由于其计算方法大多比较繁琐，所以也限制了它在快速决策场合的应用。同时，客观赋权法得到的权重还容易受到新增候选方案的影响。

综合考虑主观赋权法和客观赋权法的优缺点，国内外学者又提出了主客观综合集成赋权法。根据其原理的不同，可以将其分为以下几类：以各候选对象综合效用值最大化为优化目标的方法；以最小化一组权重向量为基础，寻找与这一组权重偏差最小的方法，这种方法的目的是达到多个权重方案的妥协解；以各候选方案综合效用离差最大化为目标的优化方法，该方法能够使得各候选对象的综合效用值尽可能拉开距离。

德尔菲法（调查与综合决策方法）。德尔菲法又称为专家会议预测法，是一种主观预测方法。该方法主要用于一些预测和决策的场合，进行广泛预测、决策分析和编制规划工作。它以书面形式背对背地分轮征求和汇总专家意见，通过中间人或协调员把第一轮预测过程中专家各自提出的意见集中起来加以归纳后反馈给他们。德尔菲法最初产生于科技领域，后来逐渐被应用于其他领域的预测，如军事预测、人口预测、医疗保健预测、经营和需求预测、教育预测等。此外，德尔菲法还用来进行评价、决策、管理沟通和规划工作。

德尔菲法的基本特征。德尔菲法本质上是一种反馈匿名函询法。其大致流程是在对所要预测的问题征得专家的意见之后，进行整理、归纳、统计，再匿名反馈给各专家，再次征求意见，再集中，再反馈，直至得到稳定的意见。

由此可见，德尔菲法是一种利用函询形式的集体匿名思想交流的过程。它区别于其他专家预测方法的3个明显的特点分别是匿名性、反馈性、统计性。

匿名性。匿名是德尔菲法极其重要的特点，从事预测的专家彼此互不知道有哪些人参加预测，他们是在完全匿名的情况下交流思想的。

反馈性。小组成员的交流是通过回答组织者的问题来实现的。它一般要经过若干轮反馈才能完成预测。

统计性。最典型的小组预测结果是反映多数人的观点，少数派的观点至多概括地提及一下，但是这并没有表示出小组不同意见的状况。而统计回答却不是这样，它报告一个中位数和两个四分点，其中一半落在两个四分点内，一半落在两个四分点之外，这样每种观点都包括在统计中，从而避免了专家会议法只反映多数人观点的缺点。

德尔菲法的工作流程。在德尔菲法实施的过程中，始终有两方面的人在活动，一是预测的组织者，二是被选出来的专家。首先应注意的是德尔菲法中的调查表与通常的调查表有所不同，它除了有通常调查表向被调查者提出的问题、要求回答的内容外，还兼有向被调查者提供信息的责任。它是专家交流思想的工具。

德尔菲法的工作流程大致可以分为4个步骤，在每一步中，组织者与专家都有各自不同的任务。第一步：由组织者发给专家不带任何附加条件、只提出预测问题的开放式的调查表，请专家围绕预测主题提出预测事件；组织者汇总整理专家调查表，归并同类事件，排除次要事件，用准确术语提出一个预测事件一览表，并作为第二步的调查表发给专家。第二步：专家对第二步调查表所列的每个事件作出评价，如说明事件发生的时间、争论问题和事件或迟或早发生的理由；组织者统计处理第二步中的专家意见，整理出第三张调查表，第三张调查表包括事件、事件发生的中位数和上下四分点，以及事件发生时间在四分点外侧的理由。第三步：发放第三张调查表，请专家重审争论；对上下四分点外的对立意见作一个评价；给出自己新的评价（尤其是在上下四分点外的专家，应重述自己的理由）；

如果修正自己的观点，也请叙述改变理由；组织者回收专家的新评论和新争论，与第二步类似地统计中位数和上下四分点；总结专家观点，重点在争论双方的意见，形成第四张调查表。第四步：发放第四张调查表，专家再次评价和权衡，作出新的预测，是否要求作出新的论证与评价，取决于组织者的要求；回收第四张调查表，计算每个事件的中位数和上下四分点，归纳总结各种意见的理由及争论点。

德尔菲法的工作流程需要注意以下内容：①并不是所有被预测的事件都要经过四步。可能有的事件在第二步就达到统一，而不必在第三步中出现。②在第四步结束后，专家对各事件的预测也不一定都达到统一。不统一也可以用中位数和上下四分点来作结论。事实上，总会有许多事件的预测结果是不统一的。

3.3 变化环境下东部季风区水资源适应性管理模型

气候变化对水资源脆弱性和适应性管理对策要求在合理评估气候变化对水循环影响的基础上提出人类响应策略。

3.3.1 量化指标选取及量化方法

根据水资源适应性管理量化指标的论述，针对中国东部季风区的具体情况，在实际应用时，主要考虑的指标如下。

1）人均 GDP。"人口问题"是可持续发展的重要内容。人口增长加剧资源消耗、环境污染等，对可持续发展带来不利影响。因此，在衡量一个地区的发展水平时总是采用人均占有量指标。针对中国东部季风区各流域统计资料的实际情况，为便于经济发展与水资源脆弱性和适应性建立量化关系，本书选择人均 GDP 作为指标，反映气候变化下水资源暴露度和水资源系统可持续发展状况。

2）干旱变化趋势和旱灾发生频率。

3）水资源开发利用率。

4）人均水资源量。

5）最小生态需水量。

6）水功能区达标率。

3.3.2 指标量化结果及态势判别

根据中国东部季风区 2001～2011 年社会、经济有关指标，按照 3.2 节介绍的量化方法和计算公式来定量描述量化指标，判定八大流域的可持续发展态势。

1）东部季风区一级流域一级区 2001～2011 年 DD 发展态势分析如图 3-5 所示。

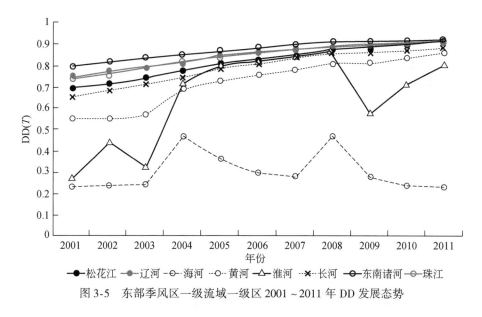

图 3-5 东部季风区一级流域一级区 2001～2011 年 DD 发展态势

2）东部季风区一级流域一级区 2004～2011 年 VDD 发展态势分析如图 3-6 所示。

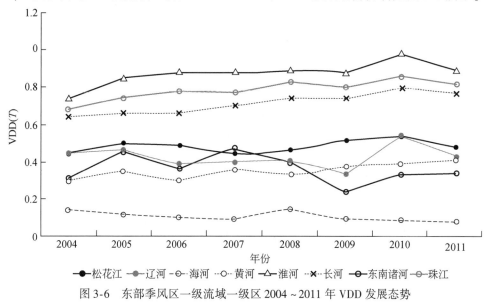

图 3-6 东部季风区一级流域一级区 2004～2011 年 VDD 发展态势

3）东部季风区八大流域平均 VDD 结果曲线图如图 3-7 所示。

从图 3-6 中可以看出，东部季风区的八大流域中，长江流域、东南诸河和珠江流域的可持续发展态势良好，松花江流域和辽河流域的可持续发展态势是中性态势，而黄河流域、海河流域和淮河流域的可持续发展态势很差，说明该流域的发展不是良性的可持续发展，因此应该采取必要的适应性措施，改善水资源状况，使水资源与社会、经济、环境相协调，以达到可持续发展的目标。

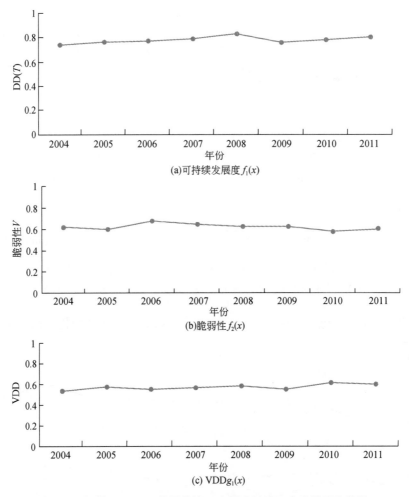

(a)可持续发展度$f_1(x)$

(b)脆弱性$f_2(x)$

(c) VDD$g_1(x)$

图 3-7　子目标$g_1(X)$结果曲线（东部季风区八大流域平均状况）

3.3.3　中国东部季风区水资源适应性多目标优化模型

参照 3.2 节介绍的水资源适应性管理的优化模型，结合中国东部季风区八大流域的具体情况，给出东部季风区的水资源适应性管理模型。

参照前面介绍的水资源适应性管理多目标优化模型，结合中国东部季风区八大流域具体情况，下面给出中国东部季风区八大流域水资源适应性管理的优化模型。

目标函数：

$$\max F(X) = \max\{f_1(X), f_2(X), f_3(X)\}, s.t. X \in S, X \geqslant 0 \qquad (3-19)$$

其子目标如下：

$$
\begin{cases}
\max[f_1(X)] = \max\left[\sum_{T=1}^{N} DD(T)/N\right] \\
\max[f_2(X)] = \min\left[\sum_{T=1}^{N} V(T)/N\right] \\
\max[f_3(X)] = \max\left[\sum_{T=1}^{N} BC(T)/N\right]
\end{cases} \tag{3-20}
$$

约束条件：

1）可持续发展。规划到某一时刻 T_1，达到可持续条件，有以下约束：

$$
\begin{cases}
LI(T) \geqslant 0.8, T \geqslant T_1 \\
SDDT \geqslant 0.8
\end{cases} \tag{3-21}
$$

2）脆弱性减小。在水资源适应性管理过程中，必须要求水资源脆弱性不大于未进行适应性管理时的水资源脆弱性，即要求 $V(T) \leqslant V(T)_0$。

3）成本效益约束。在水资源适应性管理过程中，综合考虑管理的投入成本和获取效益，要求获得利益至少不能低于投入成本，即 $B/C \geqslant 1$。

4）决策变量的约束。考虑到中国东部季风区八大流域的具体情况，另外给出以下约束条件：①为实现水资源系统可持续发展和减小气候变化下水资源的脆弱性，需要从用水总量、用水效率和水功能区角度对目标函数进行约束。本书分别要求用水总量 $x_1 \leqslant 7000$ 亿 m^3，用水效率 $x_2 \in [0, 0.6]$，水体功能区达标率 $x_3 \in [0.95, 1]$。②为保护中国东部季风区生态环境，本书仅选择生态需水量的多少反映其生态环境状况。限制生态需水量不低于某一水平，从而达到保护生态环境的目的。在本书中，设定生态需水量不低于流域径流量的 10%，即生态需水量 $x_4 \geqslant 0.1 \times Q_{total}$。

模型表达式：将目标函数和约束条件合在一起就组成了中国东部季风区水资源适应性管理优化模型。

目标函数：$\max F(X)$

约束条件：

$$
\begin{cases}
LI(T) \geqslant 0.8, T \geqslant T_1 \\
SDDT \geqslant 0.8 \\
V(T) \leqslant V(T)_0 \\
B/C \geqslant 1 \\
x_1 \leqslant 7000 \\
0 \leqslant x_2 \leqslant 1 \\
0.95 \leqslant x_3 \leqslant 1 \\
x_4 \geqslant 0.1 \times Q_{tatal}
\end{cases} \tag{3-22}
$$

3.4 本章小结

本章提出了新的气候变化下水资源适应性管理的新概念，在遵循全面性、一致性、实用性、灵活性和可量化性多重准则前提下开展气候变化下水资源适应性管理的工作是应对自然要素和人为要素对水资源适应性管理研究的重要原则。基于传统水资源适应性管理理论，发展以脆弱性评价与适应性管理的互联、互动系统（整体）是适应性管理与对策、风险与不确定分析的适应性管理与对策、应对气候变化的最小遗憾准则、社会经济可持续发展与成本效益分析相结合的原则和利益相关者的多信息源的分析与综合决策原则的新思路，提出了半定量到定量化、螺旋式上升的系统综合和优化决策，以及非线性多目标规划的研究特色。而考虑水资源脆弱性影响下的水资源适应性管理是本书的主要创新点，选取了指标作为水资源适应性的评价标准，并采用了平行式指标体系法构建了水资源适应性管理主要的指标框架，使水资源适应性管理的定量化研究更为具体。

第4章 气候变化背景下中国东部季风区水资源的脆弱性评价及未来情势预估

本章重点分析了中国东部季风区经济社会发展对水资源需求变化的事实，研究了气候变化对水资源供给和需求的影响机理，探讨了气候变化对水资源供需态势的影响。依据水资源脆弱性评价指标体系，以全国水资源综合规划中确定的水资源二级区和三级区为单元，评价中国 2000 年基准年和未来变化环境下东部季风区重点流域水资源的脆弱性。

4.1 东部季风区流域概况

4.1.1 东部季风区概况

东部季风区大致以 105°E 为界，即沿大兴安岭—阴山—贺兰山—乌鞘岭—念青唐古拉山—横断山脉以东的广大地区，从地势上来看主要位于第三阶梯，海拔较低，大部分地区在海拔 1000m 以下。东部有许多广阔的平原，平原间的高地多为海拔 500m 以下的低山丘陵。该区地处北半球中纬度地带，北靠世界最大的欧亚大陆，面向最为辽阔的太平洋。夏季受太平洋暖湿空气影响，雨量丰沛；冬季受西伯利亚高压控制，强冷空气活动频繁，降水较少。多年平均地面温度由南向北逐渐递减，华南地区年平均温度在 20℃以上，而东北地区则在 0℃左右。年降水量为 200～2200mm，总体亦呈由东南沿海向内陆递减的趋势。华南地区濒临热带海洋，水汽来源充分，雨量最为丰沛，多数地区年降水量为 1400～2000mm；长江中下流地区年平均降水量为 800～1600mm；华北区属暖温带半湿润、湿润气候，年降水量为 600～900mm；东北地区地处内陆，年降水量最为稀少，为 200～800mm。

东部季风区是中国最主要的经济发展区和粮食作物主产区，土地面积占全国的 46%，人口占全国的 95%，包括中国最重要的八大流域：松花江流域、辽河流域、海河流域、黄河流域、淮河流域、长江流域、东南诸河流域和珠江流域，是国家水资源规划管理的核心区域。该区也是水资源问题最为突出、气候变化最为敏感的地区。受气候变化和水资源分布时空不均的影响，在北方，水资源短缺问题严重，旱灾时有发生；在南方，洪涝频发，严重影响了经济社会发展。而人口的急剧增长和社会经济的快速发展又进一步加剧了东部季风区水资源的脆弱性，并影响南水北调等水利工程和其他重大防洪工程的工程效益，最终危及国家水安全和粮食安全。东部季风区位置及其水资源二级区分区如图 4-1 所示。

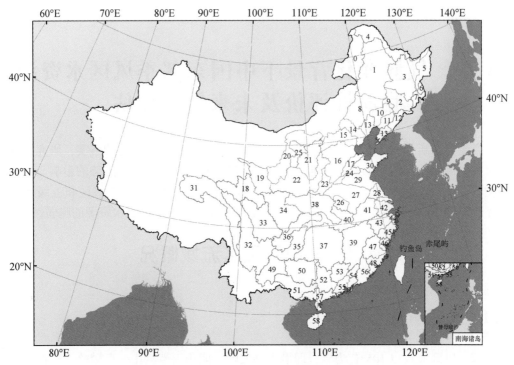

图 4-1 东部季风区位置及水资源二级区分区

注：图中数字为水资源二级分区编号。

4.1.2 东部季风区水资源量与用水量变化分析

4.1.2.1 东部季风区水资源变化情况

（1）气温变化分析

对东部季风区水资源二级分区 1956~1979 年和 1980~2000 年两时段的年平均气温进行对比分析。图 4-2 的统计结果显示，从 1956~1979 年到 1980~2000 年，东部季风区水资源二级分区的年平均气温都呈现明显的上升趋势。全国 412 个气象观测站的观测结果显示，自 1960 年以来中国年平均气温约上升了 1.2℃，且冬季气温增速（0.04℃/a）是夏季气温增速（0.01℃/a）的 4 倍（丁一汇等，2007；Piao et al.，2010）。

东部季风区水资源二级分区的气温变化还呈现很显著的空间差异。其中，八大流域中松花江流域的年平均气温增幅最大，从 1956~1979 年到 1980~2000 年平均气温增加 0.8℃；长江流域的气温增幅最小，仅升高 0.1℃。气温增幅整体趋势是先自北向南逐渐减小，在长江流域达到最小增幅后，又在东南诸河流域和珠江流域增大，同样的变化规律在丁一汇等（2007）的研究中也得到了证实，他们同样发现中国北方地区的气温增速超过南方。

（2）降水变化分析

对东部季风区水资源二级分区 1956～1979 年和 1980～2000 年两时段的年降水量进行对比分析，统计结果显示（图 4-3，表 4-1），中国年降水量在过去几十年间没有发生显著变化。从 1956～1979 年到 1980～2000 年时段，全国年降水量仅增加约 0.6%。但降水量的变化呈现显著的南北差异。在北方，从 20 世纪 80 年代开始降水量逐渐减少，特别是海河流域、黄河中下游地区和淮河流域，1956～1979 年到 1980～2000 年年降水分别减少 10%、6.9% 和 5.1%；辽河流域减少 2.6%，而松花江流域增加 4.6%。与北方地区不同，南方大部分地区在 1980～2000 年时段的年降水量呈增加趋势，如长江流域增加 3%，东南诸河流域增加 2.6%。

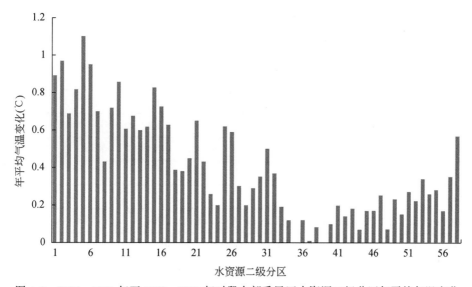

图 4-2　1956～1979 年至 1980～2000 年时段东部季风区水资源二级分区年平均气温变化

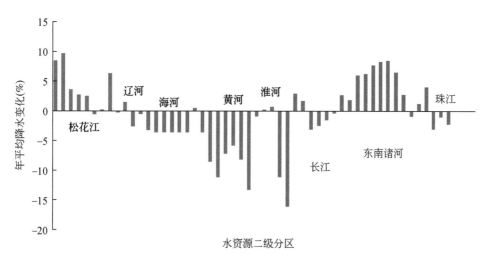

图 4-3　1956～1979 年至 1980～2000 年时段东部季风区水资源二级分区年降水量变化

表 4-1　1956～1979 年到 1980～2000 年东部季风区水资源变化率　（单位:%）

水资源分区	降水量	地表水资源量	水资源总量
松花江流域	4.6	12.9	12.2
辽河流域	-2.6	-10.6	-8.8
浑太河	-1	-11.3	-10.8
海河流域	-10.4	-41.1	-25.3
黄河流域	-7	-14.5	-9.3
河套–龙门段	0	-34.7	-19.9
三门峡–花园口段	-4.2	-28.2	-21.7
淮河流域	-5.1	-14.7	-9.8
淮河	0.3	0.6	-0.8
沂沭泗河	-11.6	-28	-19
山东半岛	-16.3	-52.8	-33.5
长江流域	2.8	9	8.9
太湖	11.2	37.5	26
东南诸河流域	2.6	4	3.9
珠江流域	0	2.4	2.2
北方地区	-0.3	-3.9	-2
南方地区	1.3	4.7	4.6
全国	0.6	2.9	3

（3）水资源变化分析

在东部季风区，水资源的变化与年平均降水量的变化之间存在很好的相关性（表 4-1），同时呈现显著的空间差异性。与 1956～1979 年相比，1980～2000 年全国水资源总量增加了 3%，而在北方地区地表水资源量和水资源总量分别减少了 3.9% 和 2%。在黄淮海流域，年降水量的降幅最大，同样水资源总量也出现明显的减少趋势。海河流域的年降水量减少了 10%，相应地，地表水资源量和水资源总量分别减少了 41% 和 25%。在年降水降幅最大的山东半岛，地表水资源量和水资源总量的降幅也最大，分别减少了约 53% 和 34%。相反，在南方地区，地表水资源量和水资源总量都有不同程度的增加，特别是太湖流域地区，地表水资源量和水资源总量分别增加了 38% 和 26%。而年降水量和水资源量之间良好的相关关系说明区域水资源的变化主要受降水影响。已有研究表明，黄河流域、淮河流域、海河流域和辽河流域地表水的减少有 75% 归因于降水的减少，其中黄河流域为 60%，淮河流域和海河流域为 80%（Shen，2010）。因此，气候变化将对东部季风区的水资源产生深刻的影响。图 4-4 表示了东部季风区水资源二级分区 1956～1979 年至 1980～2000 年水资源总量变化与降水量变化间的相关关系。

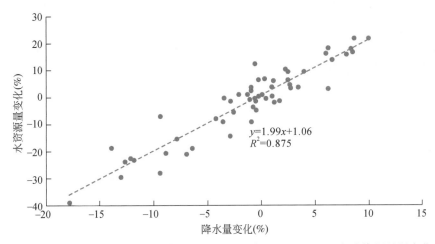

图 4-4　东部季风区水资源二级分区 1956～1979 年至 1980～2000 年水资源总量变化
与降水量变化间的相关关系

4.1.2.2　东部季风区用水量变化情况

对东部季风区 1956～1979 年和 1980～2000 年的经济社会发展状况和用水量状况进行对比分析，表 4-2 的统计结果显示，随着人口的急剧增加、国内生产总值及耕地面积的快速增长，东部季风区的总用水量自 1956～1979 年到 1980～2000 年急剧增长。总体而言，20 世纪 80 年代后全国人口、GDP 和耕地面积分别增加了 26.9%、671.7% 和 22.2%，相应地，全国用水总量增加了 28.3%。其中，松花江流域的用水总量增幅最大（增加了 98.8%），同时该流域自 1956～1979 年到 1980～2000 年耕地面积增加了 186.7%，东部季风区增幅最大，这导致农业用水量的显著增加，而农业用水是区域用水中的用水大户，所以致使松花江流域出现用水增长率最大的情况。

表 4-2　1956～1979 年至 1980～2000 年经济社会变化情况　　　　（单位:%）

水资源分区	人口	GDP	灌溉面积	用水总量
松花江流域	19.8	393.2	186.7	98.8
辽河流域	19.7	441.9	88.9	38.1
海河流域	28.7	630.5	20.8	1.7
黄河流域	32.1	578.4	23.2	20.5
淮河流域	27.8	832.2	37.8	13.1
长江流域	23.0	612.3	5.5	39.3
东南诸河流域	24.0	1150.7	3.3	49.5
珠江流域	38.9	1029.7	−5.9	25.4
全国	26.9	671.7	22.2	28.3

东南诸河流域的用水量增幅为第二，这与流域内长江三角洲地区快速的人口增长和经济社会的发展有关。辽河流域和长江流域尽管经济结构不同，人口、GDP、耕地面积的增幅也不同，但却有相近的用水总量增幅。辽河流域38.1%的用水总量增幅主要来自于88.9%灌溉面积的增加；而长江流域1956～1979年到1980～2000年的灌溉面积仅仅增加了5.5%，其39.3%用水量的增加主要归因于23.0%的人口增长和612.3%的GDP增长。但在水资源问题极为突出的黄淮海流域，用水总量并没有随着经济社会的快速发展而显著增加。特别是海河流域，自1956～1979年到1980～2000年，人口、GDP、灌溉面积分别增加了28.7%、630.5%和20.8%，用水总量却仅上升了1.7%。这是由于黄淮海地区严峻的水资源短缺问题，促使当地通过采取产业结构调整、发展节水灌溉等措施来提高用水效率，减少用水量的增长。由此说明，提高用水效率是解决中国水资源短缺问题的有效手段之一。

4.2 东部季风区水资源需求影响的事实

水资源需求是用户所需或拟用的水资源。对于家庭而言，需水量是一个与社会、文化和健康有关的概念，系指饮用、烹饪、个人浴洗、冲厕、家庭清洁和洗涤，以及菜园浇水所需的或拟用的水量。农业部门看来，需水量系指净灌溉需水量。对于经济学家而言，"水的需求量"是指在一定时间和给定的市场内，任何产品或服务的单位价格与在每个时段内用户按照每种价格愿意购买的水量之间的关系。

用水量与需水量之间的主要差别是前者表示实际到达用户的水量，而后者代表所需或拟用的水量。缺水量是指因供水不足，需水量与实际到达用户供水量（用水量）的差距。从需水量的涵义显示需水量数据是推测出来的。

本节大致以过去用水变化分析中国近几十年需水量的变化，分析水资源需求的驱动因素，结合过去气候要素和用水数据，初步分析过去气候变化对需水量的影响。

4.2.1 过去用水总量变化

4.2.1.1 全国用水总量变化

收集已有的过去用水数据，由不连续的年用水数据组成1949年以来的用水系列（图4-5），揭示新中国成立以来用水量的变化。从中国用水历程来看，近60年来，随着中国经济社会的发展，全国用水量已由1950年的1000亿 m³增加到2010年的6022亿 m³，猛增了约6倍。1980年以前的用水量增加迅速，年平均用水量增长率约为5.1%。

改革开放以来，中国经济社会快速发展，同时在一些地区水资源短缺现象明显，全国用水也出现新的趋势。1980年以来全国用水总量和结构变化如图4-6所示。

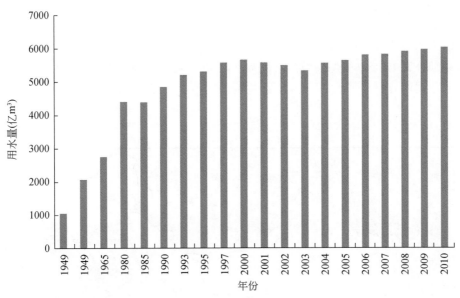

图 4-5　1949 年以来全国用水量变化

（资料来源：中华人民共和国水利部，2011）

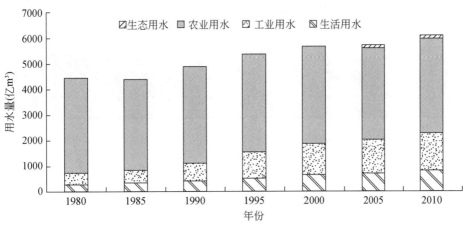

图 4-6　1980 年以来全国用水量变化

（资料来源：中华人民共和国水利部，2011）

　　1980 年以后，伴随着经济社会的快速发展，中国总用水量仍持续增长，特别是工业和生活用水量明显增加，与此同时，随着经济结构的调整和用水效率的提高，用水量的增长率明显下降。1980~2010 年全国总用水量由 4406 亿 m³ 增加到 6022 亿 m³，年均增长 1%；工业用水量年均增长 4.2%；生活用水量年均增长 3.5%；农业用水量为 3500 亿~3800 亿 m³。1980~2010 年全国用水量增加速率比 1950~1979 年明显下降。近年来，随着对生态环境的重视，河道外生态用水日益受到重视，河道外生态环境用水量在 2010 年已达到 120 亿 m³。

4.2.1.2 水资源一级区用水量变化

中国水资源分布情况如图4-7所示。根据全国水资源规划对全国水资源分区，全国按流域水系划分为10个水资源一级区（图4-7）；在一级区划分的基础上，按基本保持河流完整性的原则划分为80个二级区。下面主要讨论各水资源一级区在1980年以后的用水量变化规律。

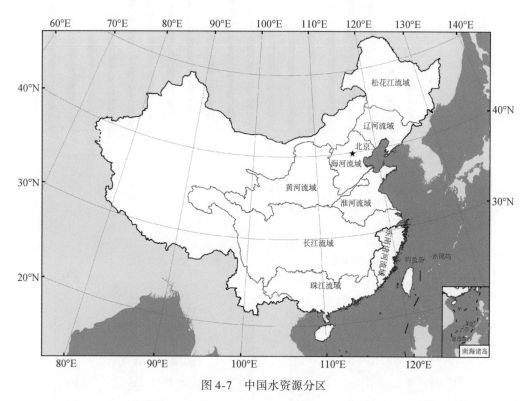

图 4-7 中国水资源分区

尽管全国水资源需求总量总体呈现增加趋势，但各水资源一级区的变化趋势和幅度不同。尽管经济社会快速发展对水资源需求增加，中国北方的海河区、黄河区和辽河区一级区受区域水资源条件的约束、用水效率的提高等因素的影响，用水量出现稳定，甚至出现下降趋势；其他水资源一级区用水量增加明显。1980以来，各水资源一级区的用水总量和用水结构变化如图4-8所示。

松花江区用水量从1980年的159亿 m³ 增加到2010年的331亿 m³，增长明显，特别是农业用水量增加了1倍以上。1980～2000年辽河区用水量微弱增长，其后波动下降。海河区1980年后用水量波动下降，特别是1995年后用水量持续下降。黄河区1980年以后的用水量也经历了一个波动上升和下降的过程，峰值出现在1995年。淮河区、长江区、东南诸河区、珠江区用水量总体仍呈增加趋势，但增长速率明显降低。

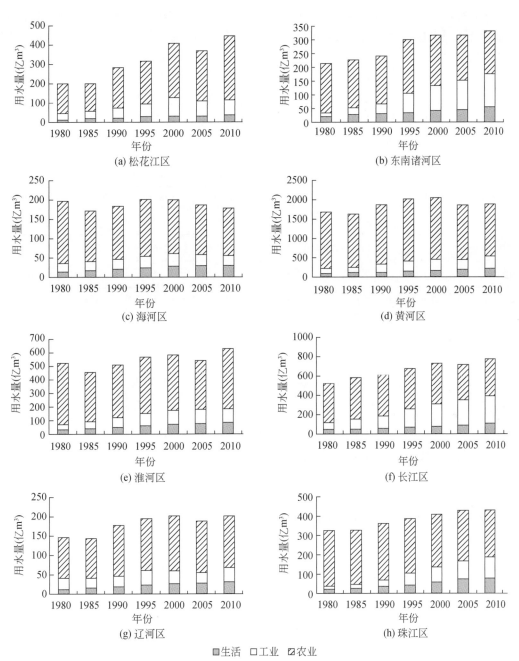

图 4-8　1980 年以来水资源一级区用水量变化

4.2.1.3 全国用水量空间分布变化

受经济社会发展、水资源条件、用水结构、用水效率等因素的影响，30多年来各水资源一级区用水量占全国用水总量的比重也发生了一定的变化。总体而言，中国北方水资源供需相对紧张的海河区、黄河区、淮海区、辽河区、西北诸河区的用水量占全国用水量总的比重趋于减少或保持稳定，而南方水资源丰富的一级区长江区、东南诸河区、珠江区、西南诸河区，以及灌溉农业发展迅速的松花江区用水比例增加。南方珠江区由于经济结构的变化，灌溉农业减少，用水量占全国的比重也趋于稳定。近30年来，不同水资源一级区用水量占全国用水总量的比例见表4-3。

表4-3 不同年份水资源一级区用水量占全国用水总量的比例 （单位:%）

分区	1980年	1985年	1990年	1995年	2000年	2005年	2010年
松花江区	4.7	4.7	5.9	6.0	7.2	6.7	7.6
辽河区	3.4	3.3	3.7	3.7	3.6	3.4	3.5
海河区	9.0	7.8	7.6	7.5	7.1	6.7	6.1
黄河区	7.8	7.6	7.8	7.7	7.3	6.8	6.5
淮河区	11.8	10.4	10.5	10.7	10.4	9.7	10.6
长江区	30.1	33.4	32.2	32.4	32.7	32.7	32.9
东南诸河区	4.9	5.2	5.0	5.7	5.7	5.8	5.7
珠江区	15.0	15.1	15.0	14.8	14.6	15.5	14.7
西南诸河区	0.9	1.1	1.1	1.2	1.3	1.8	1.8
西北诸河区	12.6	11.4	11.2	10.4	10.1	10.9	10.6

4.2.2 水资源需求的驱动因素分析

现有的研究揭示，人类活动已成为影响地球水循环的重要驱动因素，各种类型的人类活动及其过程通过增加水资源的需求和增加污染，进而对水资源产生胁迫。水资源是基础性的自然资源和战略性的经济资源，是支撑经济社会发展、维系生态系统不可或缺的资源。从经济社会、生态环境需水的角度分析水资源需求的主要驱动因素，并结合中国经济社会指标与用水变化过程分析主要驱动因素与用水的关系。

4.2.2.1 主要驱动因素

用水总量和用水结构的变化是自然、社会、经济、科技、文化等诸多因素综合作用的结果，其过程十分复杂，主要驱动因素有人口增长与城市化进程、产业结构变化与工业总产值、农业发展与灌溉面积增长，以及生态环境保护和建设等（图4-9）。

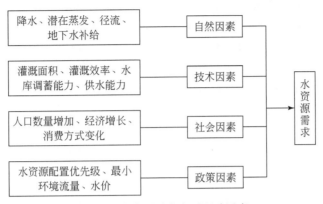

图 4-9　水资源需求主要驱动因素

气候波动和气候变化导致降水、温度、蒸发、径流等水文气象参数发生变化，从而影响水资源需求。例如，对农业灌溉用水而言，净灌溉需水量等于生育期内作物需水量与有效降水量之差。作物需水量取决于作物蒸散量，FAO 推荐的 Penman-Monteith 方法参考作物蒸散量计算，既考虑了辐射项，也考虑了空气动力学项。对灌溉需水而言，降水增加将减少灌溉用水需求，而温度增加或潜在蒸发增加将增加灌溉用水需求。

水资源管理与水基础设施情况影响水资源需求，在同样的经济社会情景下，提高水资源管理水平，会提高用水效率，减少水资源需求。提高水资源调控能力，能够保障水资源供给能力，增加水资源需求。

人口的变化，包括人口增长、性别和年龄分布、迁移，是水资源需求变化的重要驱动因素。人口的变化，特别是人口迁移和城市化，对当地水资源需求增加影响明显。社会驱动主要是通过人们日常的思想和行动影响水资源需求，如人们关于环境、水资源的认知和态度对水资源需求产生影响。生活方式的改变是一个主要驱动因素。

经济增长和结构变化对水资源需求有深远的影响，贸易可以改变水资源需求的格局，通过虚拟水流，增加一些地区的水需求，而减少另一些地区的水需求。水资源政策通过确定用水的优先级别、对用水用途进行管制等，影响经济社会的水资源需求。从水与食物、水与能源、水与工业，水与自然的角度分析驱动因素。

1) 生活用水。尽管人口和生活用水需求的关系非常明确，但仍需要考虑家庭的人口数量和规模，如许多国家随着小户家庭数量的增多，将导致生活用水的增加。人口的迁移、城镇化的发展将增加人均用水量、增加生活用水。随着经济社会的发展，将导致生活方式发生改变，从而可能增加生活用水。人们节水意识的提高、水利用技术水平的提高将减少人均生活用水。

2) 农业部门。农业灌溉用水的影响因素比较复杂，受包括气候、土壤类型、灌溉面积、作物类型和结构等因素的影响。全球范围内灌溉技术的提高和中水利用的不断增加，将减少新增灌溉用水的需求。化肥和农药的使用将增加面源污染，影响水质。在许多发达国家，随着大规模农业开发的变慢或停滞、灌溉用水效率的提高，农业用水呈现减少趋势。

3）工业部门。工业部门的需水受工业类型、总量、结构的影响。由于不同类型工业的开展和收缩，分析不同类型的用水对水资源需求非常有价值。工业用水同样受技术进步使用水效率提高的影响。能源工业是用水的重要部门，水资源需求最重要的影响因素是总发电量、冷却方式、冷却水利用技术。

4）环境部门。环境流量是广泛接受的术语，包括需要保持河流生态系统，以提供生态功能和服务的整个流量过程。随着对生态环境的逐渐重视，生态环境需水的要求也不断提高，其与经济社会对水资源需求的竞争也将加剧。

现有的研究成果揭示，经济社会发展、科技进步对水资源需求的影响远超过气候变化对水资源需求的影响，气候变化对水资源需求的影响叠加到经济社会对水资源需求的影响将使水资源问题更加复杂。

4.2.2.2 主要驱动因素与用水的关系

（1）人口增加影响用水需求

人口增加与淡水资源的消耗存在直接的相关关系。图 4-10 显示世界人口与淡水利用变化过程，淡水资源利用随着人口的增加而增加。受人口增长的驱动，以及对农业产品、工业产品需求的增加，1980～2010 年中国用水量不断增加。经济社会发展导致用水量增加通常有两个原因：一是随着经济的发展，水资源开发设施及家庭设施增加，将直接导致用水量增加；二是随着人口增加对粮食需求增加的驱动，以及膳食结构的变化，从原来以植物性为主改变到肉类为主。

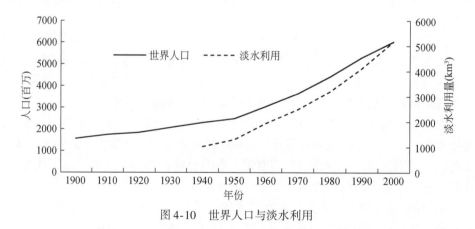

图 4-10　世界人口与淡水利用

1980～2010 年中国人口与总用水量关系如图 4-11 所示。总体而言，人口与用水都呈现增加趋势，变化趋势基本一致。1980～2010 年人口和用水分别增加 40% 和 37%。而 1949～1980 年人口和用水分别增加 78% 和 327%，反映出用水增加速率远大于人口增加的速率。从全国尺度而言，1980 年以来人均用水量没有明显变化，都围绕均值（435.5m³）上下波动，且波动幅度较小。

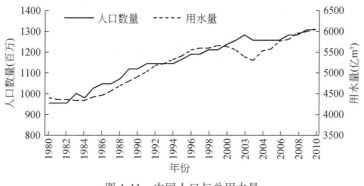

图 4-11　中国人口与总用水量

　　根据东部季风区不同水资源二级区的人口和用水数据的关系，可以看出，总体而言用水随着人口的增加而增加，不同二级区用水与人口的关系呈现较大差异，反映了各二级区的水资源条件、社会用水水平等存在差异（图 4-12）。

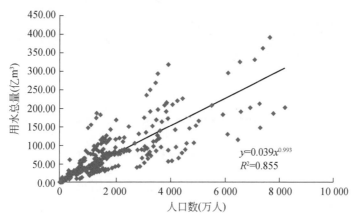

图 4-12　东部季风区不同二级区用水与人口关系

　　随着人口的增加，粮食的需求和中国灌溉面积也在不断增加。新中国成立以后的有效灌溉面积和灌溉用水量变化如图 4-13 所示。有效灌溉面积由新中国成立初期的 1593 万 hm^2 增加到 2010 年的 6035 万 hm^2，增加了 2.8 倍；而同期相应的灌溉用水量由 1000 亿 m^3 增加到 3689 亿 m^3，也增加了 2.7 倍，基本保持同步增长。中国灌溉用水量经过一段时期的快速增加后，从 2000 年开始基本保持稳定，甚至有减少趋势。而有效灌溉面积仍呈现增加的趋势，说明中国灌溉用水效率有所提高，单位灌溉面积的灌溉用水量趋于减少。

（2）经济发展、科技进步影响用水需求

经济增长和结构的变化对水资源及其需求有深远影响，中国经济规模不断扩大，第二、第三产业的用水量保持稳定增长。图 4-14 显示了各二级区 GDP 和用水量的变化，揭示了全球商品和服务贸易，特别是农业产品的贸易可以通过虚拟流量，加重一些地区的水压力，而减轻另一些地区的水压力。

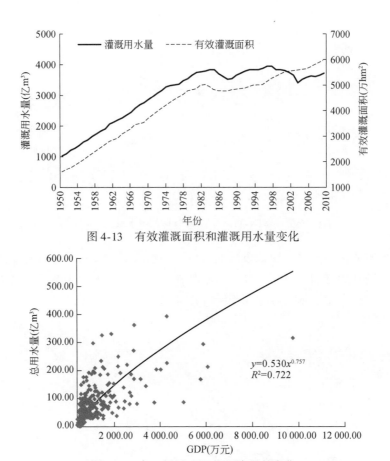

图 4-13　有效灌溉面积和灌溉用水量变化

图 4-14　各二级区 GDP 和用水量的变化

技术进步主要受人类社会的需求驱动，技术进步对水需求产生积极或消极的压力，导致水资源及其需求的增加或减少，水质的改善或恶化。技术进步是最难预测的驱动因素之一，其可以产生迅速、激烈和不可预测的变化。随着技术的进步，用水效率不断提高，如北京万元工业增加值用水量从 1997 年的 209m³ 降低到 2010 年的 18m³（图 4-15）。

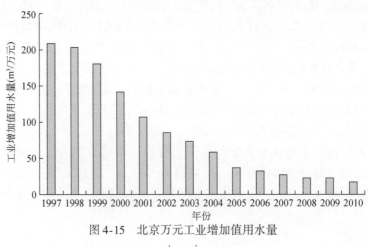

图 4-15　北京万元工业增加值用水量

（3）水资源相关政策影响用水需求

水政策约束人们的经济社会用水活动，从而影响水资源需求。例如，2012 年国务院对实行最严格水资源管理制度作出了全面部署和具体安排，发布了《国务院关于实行最严格水资源管理制度的意见》，确立水资源开发利用控制红线，到 2030 年全国用水总量控制在 7000 亿 m³以内。2013 年国务院办公厅关于印发《实行最严格水资源管理制度考核办法》的通知，规定了各省、自治区、直辖市用水总量控制目标，见表 4-4。这些水资源相关政策将对水资源需求产生重要影响。

表 4-4 各省、自治区、直辖市用水总量控制目标 （单位：亿 m³）

地区	2015 年用水总量	2020 年用水总量	2030 年用水总量
北京	40.00	46.58	51.56
天津	27.50	38.00	42.20
河北	217.80	221.00	246.00
山西	76.40	93.00	99.00
内蒙古	199.00	211.57	236.25
辽宁	158.00	160.60	164.58
吉林	141.55	165.49	178.35
黑龙江	353.00	353.34	370.05
上海	122.07	129.35	133.52
江苏	508.00	524.15	527.68
浙江	229.49	244.40	254.67
安徽	273.45	270.84	276.75
福建	215.00	223.00	233.00
江西	250.00	260.00	264.63
山东	250.60	276.59	301.84
河南	260.00	282.15	302.78
湖北	315.51	365.91	368.91
湖南	344.00	359.75	359.77
广东	457.61	456.04	450.18
广西	304.00	309.00	314.00
海南	49.40	50.30	56.00
重庆	94.06	97.13	105.58
四川	273.14	321.64	339.43
贵州	117.35	134.39	143.33
云南	184.88	214.63	226.82
西藏	35.79	36.89	39.77
陕西	102.00	112.92	125.51
甘肃	124.80	114.15	125.63
青海	37.00	37.95	47.54
宁夏	73.00	73.27	87.93
新疆	515.60	515.97	526.74
全国	6350.00	6700.00	7000.00

4.2.3 过去气候变化对需水影响分析

影响需水的因素有很多，包括经济社会发展、供水能力、生态环境、气候变化等。如果诊断气候变化对需水的影响，需要有相同经济社会发展基准。过去气候变化对需水的影响主要利用过去气温、降水和用水资料，分析典型水资源一级区，以及这些一级区中部分二级区流域不同温度与降水变化对相同经济社会规模下的需水影响，也就是剔除由于经济社会发展规模不同造成用水增加的影响。以2000年经济社会发展情景作为基准，对1956~2000年不同年份、不同气温和降水状况下的需水进行了分析。借助此系列资料和气候资料，分析温度和降水变化对海河区、黄河区、珠江区需水的影响。

4.2.3.1 海河区、黄河区、珠江区

（1）一级区基本情况

按照全国水资源规划，各水资源一级区的位置如图4-7所示。海河区总面积为32.0万km^2，当地水资源总量为370亿m^3，仅占全国水资源总量的1.3%。人均水资源占有量只有293m^3，只相当于全国平均水平的13%；亩均水资源占有量只有213m^3，只相当于全国平均水平的15%。水资源开发利用程度过高。海河区总供用水量为403亿m^3，其中地下水占2/3。全区水资源开发利用率达98%，耗水率达70%，是全国10个水资源一级区中最高的，其开发利用率远远超出国际公认的40%的上限。

黄河区面积为79.50万km^2，其中黄河流域面积为75.28万km^2。黄河流域多年平均水资源总量为717.3亿m^3，仅占全国水资源总量的2.5%。人均水资源总量为647m^3，不到全国人均资源总量的30%。亩均水资源总量为290m^3，仅是全国亩均水资源总量水平的20%，1990~2010年，黄河流域供用水量持续增长，总供水量从342.94亿m^{3}增加到418.77亿m^3，增加了75.83亿m^3，其中地下水供水量增幅较大，增加了56.0%，占总增供水量的68.8%。

珠江区总面积为57.90万km^2。球江区多年平均水资源总量为4737亿m^3，水资源可利用量为1235亿m^3，水量丰沛，但时空分布不均。现状实际供水量为881亿m^3。水资源开发利用程度较低，平均水资源开发利用率为18.2%；径流调节能力仅10.9%。用水总量为881亿m^3。

（2）温度变化的影响

根据全国综合规划，部分一级区在统一的经济社会基准下，对不同年份的温度序列与需水情况进行了分析，初步揭示这些一级区温度变化与需水的关系。就3个一级区总体而言，温度增加，需水增加，北方海河、黄河区需水受温度变化影响明显，南方珠江区需水受温度影响不明显。

海河流域地处温带半湿润、半干旱大陆性季风气候区。海河流域年平均气温由南向北、由平原向山地降低，温度变化为0~14.5℃。海河流域多年平均降水量为535mm。对海河区而言，随着气温的升高，需水量有所增加，但增加不明显，表现在模拟结果没有通过显

著性检验。气温变化对需水影响的不确定性也较大，表现在同样温度条件下，需水量差异较大。初步统计显示，在其他条件不变的情况下，温度每升高1℃，需水约增加12.3亿m³（图4-16）。

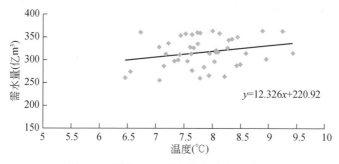

图 4-16 海河区温度变化与需水量关系

黄河流域位于中国中北部，属大陆性气候，东南部基本属湿润气候，中部属半干旱气候，西北部为干旱气候。多年平均降水量为445.8mm，不包括内流区多年平均年降水量为455.7mm。气温变化对黄河区需水量变化也较明显，但不确定性较大，仅从统计的角度，温度升高1℃，需水量约增加9.3亿m³（图4-17）。

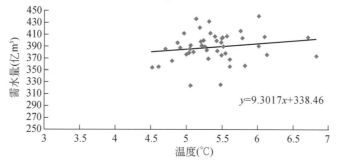

图 4-17 黄河区温度变化与需水量关系

珠江区流域气候温和，雨量丰沛。气候特点是春雨连绵，夏季湿热，秋季少雨，冬无严寒。多年平均降水量为1550mm，多年平均气温为19.9℃。从统计角度，气温变化对珠江区需水量变化不明显（图4-18）。

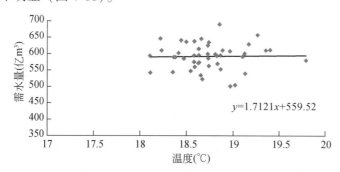

图 4-18 珠江区温度变化与需水量关系

温度变化对需水量的影响受当地降水条件的影响，在降水丰沛的地区，温度变化对需水量的影响相对较小；在降水相对短缺的北方地区，温度变化对需水量的影响相对更明显。

（3）降水变化对需水量的影响

对海河区、黄河区、珠江区相同社会经济情景下，不同年份的降水量与需水量关系进行分析，揭示了尽管南北方不同地区的降水存在差异，但各区用水量与降水量均呈负相关关系，特别是北方地区，用水量受降水量影响明显（图 4-19 ~ 图 4-21）。

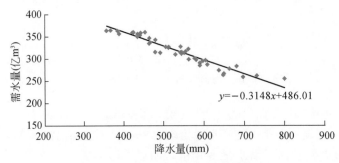

图 4-19　海河区降水量与需水量关系

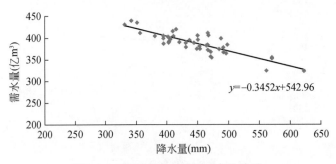

图 4-20　黄河区降水量与需水量关系

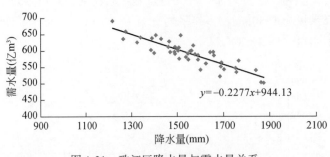

图 4-21　珠江区降水量与需水量关系

随着降水量的增加，海河区的需水量减少，特别是降水量为 400 ~ 600mm 时，需水量随降水量变化的响应关系明显，在此区间外的降水量较大或较小时段，需水量与降水量的关系不明显。根据模拟结果，在接近平水年的降水状态下，降水量每减少10mm，需水量增加3.4亿 m³。根据近30多年降水量变化计算需水量变化，揭示由于降水减少导致水资源需求约增加22亿 m³。在降水量极端偏少和偏多的情况下，需水量不随降水量发生明显变化。

4.2.3.2 部分水资源二级区

各选择海河区、黄河区、长江区、珠江区一个二级区，利用过去气象资料和推算的需水量，分析气温、降水量变化对需水的影响，如图4-22～图4-25所示。总体而言，各二级区温度、降水量与需水量的统计规律显示，需水量与温度呈现正相关关系，与降水量呈负相关关系。在南北方呈现较大差异，特别是南方的西江二级区，需水量对温度变化的响应不如北方的二级区敏感。在不同降水段，需水量对降水量的响应也不同，在降水量较低和较高区间，需水量对降水量变化的响应不如接近均值区间对降水量的响应敏感。

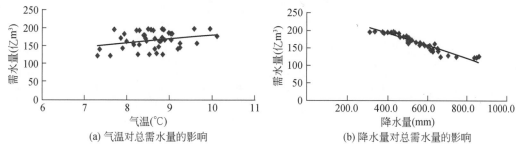

(a) 气温对总需水量的影响 (b) 降水量对总需水量的影响

图 4-22　海河区海河南系二级区气温、降水量变化对总需水量的影响

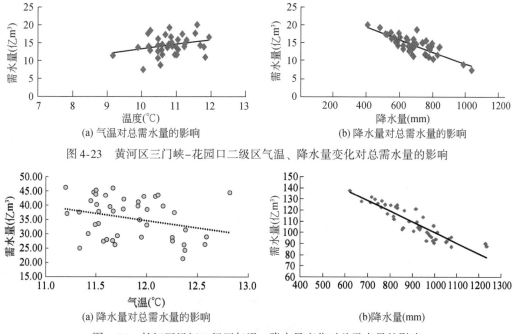

(a) 气温对总需水量的影响 (b) 降水量对总需水量的影响

图 4-23　黄河区三门峡–花园口二级区气温、降水量变化对总需水量的影响

(a) 降水量对总需水量的影响 (b)降水量(mm)

图 4-24　长江区汉江二级区气温、降水量变化对总需水量的影响

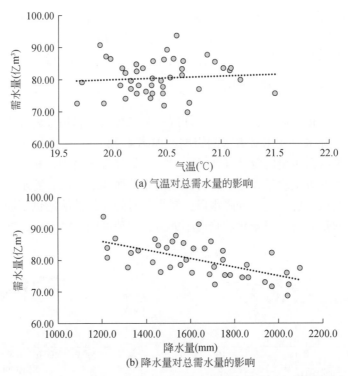

(a) 气温对总需水量的影响

(b) 降水量对总需水量的影响

图4-25 珠江区西江二级区气温、降水量变化对总需水量的影响

农业部门是用水大户，选择海河区两个水资源二级区，分析其灌溉用水与气温、降水量的关系，揭示出气候变化对这些地区农业需水量的影响明显（图4-26）。

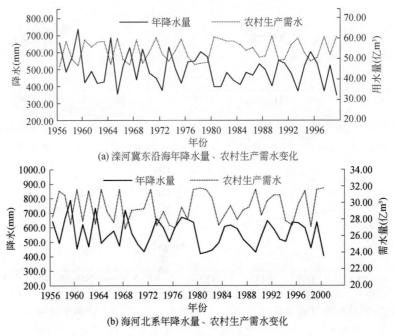

(a) 滦河冀东沿海年降水量、农村生产需水变化

(b) 海河北系年降水量、农村生产需水变化

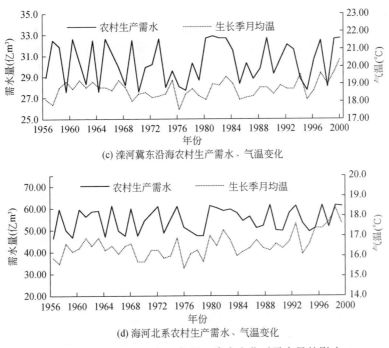

(c) 滦河冀东沿海农村生产需水、气温变化

(d) 海河北系农村生产需水、气温变化

图 4-26   海河区两二级区气温、降水变化对需水量的影响

对海河北系而言，通过统计分析，在其他条件不变的情况下，生长季月均温升高 1℃，农业生产需水量平均增加 7%；降水量增加 10%，灌溉需水量减少 5.6%。

4.2.3.3   典型省区需水量与其他要素关系模拟

根据过去用水、气温、降水、人口、GDP 数据，利用多元统计模拟了黑龙江、山东、安徽、湖南需水量与这些要素的关系。

1）黑龙江：
$$y = 1437.959 + 6.050x_1 - 0.078x_2 + 0.001x_3 - 0.299x_4 \quad (R = 0.46)$$

2）山东：
$$y = 1165.326 + 0.537x_1 - 0.063x_2 + 0.001x_3 - 0.098x_4 \quad (R = 0.94)$$

3）安徽：
$$y = 96.443 + 4.068x_1 - 0.024x_2 + 0.013x_3 - 0.002x_4 \quad (R = 0.95)$$

4）湖南：
$$y = 398.585 - 0.023x_1 - 0.018x_2 + 0.001x_3 - 0.009x_4 \quad (R = 0.83)$$

式中，y 为总用水量（亿 m^3）；x_1 为年平均气温（℃）；x_2 为年降水量（mm）；x_3 为 GDP（亿元）；x_4 为总人口（万人）。从建立关系来看，安徽模拟解释比较合理，需水量随温度、GDP、人口的增加而增加，随降水量的增加而减少，且模拟的效果也较好。其他省份需要进一步分析不同因素之间的关系。

4.2.3.4 需水量对不同降水、气温变化的响应分析

不同地区在降水量不同的条件下，需水量对降水量响应敏感性不同。在平水年，降水量每减少 10mm，北方地区需水量响应敏感；在枯水年，降水量减少 10mm，南方地区需水量响应敏感（表 4-5）。

表 4-5　不同年型需水量对降水量减少 10mm 的响应

水资源分区	平水年-枯水年		枯水年-特枯水年	
	降水减少（mm）	需水量增加（亿 m^3）	降水减少（mm）	需水量增加（亿 m^3）
松花江区	10	5.5	10	4.4
辽河区	10	2.5	10	2.8
海河区	10	6.8	10	3.2
黄河区	10	12.3	10	5
淮河区	10	5	10	6.9
长江区	10	5	10	10.5
东南诸河区	10	0.3	10	3.3
珠江区	10	0.5	10	1.8

需水量对气温变化响应的敏感程度揭示，水资源禀赋条件不富裕的北方地区需水量受温度变化影响较大，降水量比较丰富的南方地区温度变化对需水量的影响较大。

在海河区、黄河区、珠江区一级区，在各自相同的经济社会发展情景下，分析 1956～2000 年不同年份温度和需水量（用水量）的关系，揭示海河区、黄河区、珠江区温度每升高 1℃时，需水量分别增加 12 亿 m^3、9 亿 m^3、2 亿 m^3。这 3 个一级区相对于各自一级区平均状况，需水量分别增加 3.9%、3.6% 和 0.3%。需要指出的是，尽管需水量与温度呈现正相关关系，但相关关系不显著，利用温度变化推断需水量的变化存在较大的不确定性。

4.2.3.5 气候变化对中国水资源需求影响的认识

气候变化是影响水资源需求的众多因素之一，现有研究成果揭示气候变化对需水量的影响明显小于经济社会发展对水需求的影响。气候变化叠加经济社会对水资源需求的影响，加剧水资源形势的复杂性。

讨论降水或温度变化对需水量的影响时，必须考虑基础的来水情景（降水情景）。气候变化对需水量的影响主要表现在气温、降水变化的影响，在分析不同温度或降水变化对需水量的影响时，需要注意不同温度和降水状况，即使气温和降水要素变化相同幅度，但需水量响应的幅度可能不同。鉴于温度变化对需水量影响的不确定性大，如同样温度下海河区的需水量可能相差 50 亿 m^3，需水量变化对气温变化的响应存在较大的不确定性。

从现有部分一级区过去几十年的降水与用水统计关系看，降水与水资源需求呈现反向关系，在平水年情景下，各一级区降水减少 10mm，需水量增加 0.5%～8%。不同水资源

二级区存在较大差异，这主要与各二级区的气候特征有关。

4.3 气候变化对水资源供需态势的影响

仅从水量方面考虑，气候变化对水资源系统的影响主要表现在对来水的影响、对水资源需求的影响，以及对供需平衡的影响。本节分析了过去中国水资源的变化，结合气候模式成果，预估未来水资源状况；梳理了水资源需求预测方法，预估了气候变化情况下水资源需求；对气候变化情景下，中国水资源供需的综合状况进行了分析；分析了供需态势影响存在的不确定性。

4.3.1 气候变化对水资源供给影响

4.3.1.1 过去近几十年的水资源变化

(1) 水资源总量的变化趋势

受气候波动影响，不同时段全国可更新的水资源数量不同，全国和水资源十大一级区不同时段水资源平均值见表4-6。1956～2010 年全国水资源量平均为 27 550 亿 m³。1991～2010 年近 20 年年均水资源量比 1961～1990 年年均水资源量仅增加 1%。1956～2010 年全国水资源系列的距平变化过程如图 4-27 所示，在这 55 年中，大部分年份在距平 10% 波动，有 9 年变化幅度在 10%~20%，有 1 年（1998 年）距平超过 20%。从全国层面来看，1956～2010 年水资源距平变化的线性趋势几乎没有什么变化。

表 4-6 全国和水资源一级区不同时段年均水资源量及 Mann-Kendall 趋势检验

分区	1956～2010 年平均（亿 m³）	1961～1990 年平均（亿 m³）	1991～2010 年平均（亿 m³）	近 20 年的相对变化（%）	1956～2010 年M-K 检验Z 值	显著性水平
松花江区	1 449.0	1 411.7	1 392.0	-1.40	-1.80	+
辽河区	484.9	492.2	453.7	-7.82	-1.89	+
海河区	350.4	367.5	296.6	-19.29	-2.99	**
黄河区	703.4	752.7	623.6	-17.15	-2.70	**
淮河区	933.9	909.4	946.4	4.07	-0.32	
长江区	9 872.2	9 906.1	9 997.9	0.93	0.46	
东南诸河区	1 990.4	1 936.0	2 056.1	6.20	1.00	
珠江区	4 715.5	4 679.3	4 856.5	3.79	0.39	
西南诸河区	5 749.2	5 774.5	5 796.0	0.37	-0.17	
西北诸河区	1 301.1	1 251.0	1 374.4	9.86	2.34	*
全国	27 550.1	27 480.3	27 793.2	1.14	1.38	

注：在显著水平栏，空格代表 P 大于 0.1；+代表 P<0.1；* 代表 P<0.05；** 代表 P<0.01。

尽管从全国尺度看水资源变化很小，但水资源一级区变化较大。中国北方地区的海河区、黄河区、辽河区 1956～2010 年平均水资源量分别为 350.4 亿 m³、703.4 亿 m³、484.9 亿 m³，1991～2010 年近 20 年的年均水资源量比 1961～1990 年年均水资源量分别减少 19.29%、17.15% 和 7.82%。中国南方地区的东南诸河区、珠江区 1956～2010 年年均水资源量分别为 1990.4 亿 m³、4715.5 亿 m³，1991～2010 年近 20 年的年均水资源量比 1961～1990 年年均水资源量分别增加 6.20% 和 3.79%。西北诸河区近 20 年水资源量增加近 10%。

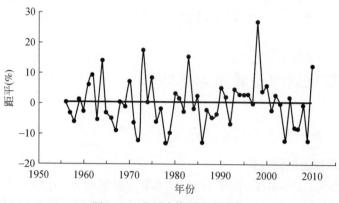

图 4-27　全国水资源距平变化

各水资源一级区逐年距平也存在较大差异，水资源一级区距平变化如图 4-28 所示。长江区、东南诸河区、珠江区、西南诸河区、西北诸河区的水资源距平波动相对较小，大部分年份在距平 30% 内波动，最大也没有超过 50%。北方松花江区、辽河区、海河区、黄河区、淮河区水资源距平波动明显较大，在淮河区波动最大年份距平甚至超过 100%。从距平变化的趋势线来看，海河区、黄河区、辽河区、松花江区水资源距平由原来正距平演变为负距平。淮河区水资源距平也呈减少趋势，总体上趋势线显示仍为正距平。长江区、东南诸河区、珠江区、西北诸河区水资源距平趋势线呈逐渐增加趋势，由负距平逐渐变为正距平。西南诸河区水资源距平趋势线几乎没有变化趋势。

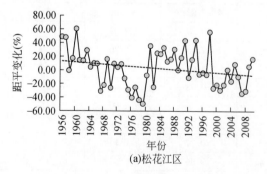

(a)松花江区

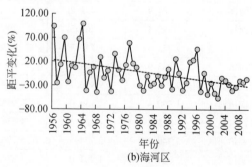

(b)海河区

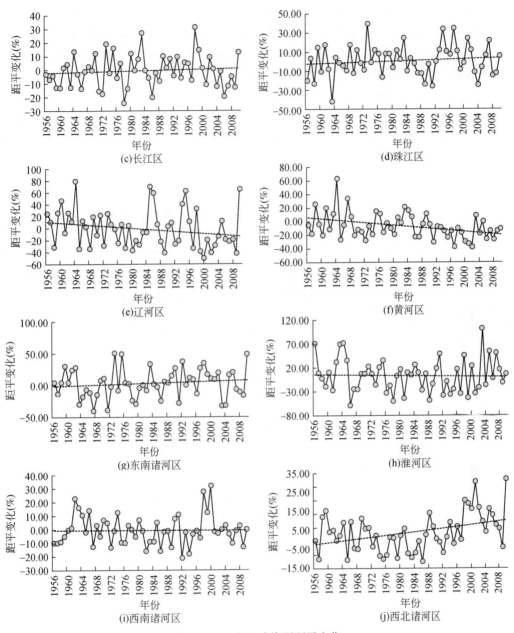

图 4-28　一级区水资源距平变化

对全国水资源量和各一级分区水资源系列进行 Mann-Kendall 趋势检验，计算了反映变化趋势的 Z 值，Z 值为正表明水资源量呈上升趋势，Z 值为负表明呈下降趋势，并进行显著性分析。全国和水资源十大一级区 1956～2010 年水资源平均值和水资源序列 Mann-Kendall 检验计算结果见表 4-6。全国水资源系列 Mann-Kendall 趋势检验，Z 值为正值，说明 1956～2010 年全国水资源呈微弱的增加趋势，但不显著。

在北方地区，黄河区、海河区水资源系列的 Mann-Kendall 趋势检验结果显示，在

0.01 显著性水平上，呈现显著减少趋势；松花江区、辽河区在 0.1 显著水平上呈现明显减少的趋势；淮河区呈现减少趋势，但不显著。在南方地区，Mann-Kendall 趋势检验结果显示，长江区、东南诸河区和珠江区 1956~2010 年水资源系列年的 Z 值为正值，说明水资源呈现增加趋势，但都没有通过 0.1 的显著性检验。

（2）水资源量的年际变化

为了揭示水资源量的年际变化，计算了全国和水资源一级区 1956~2010 年、1961~1990 年、1991~2010 年 3 个时段水资源系列的变差系数（表 4-7）。变差系数（C_v）是一个表示标准差相对于平均值大小的相对量，C_v 值的大小反映了水资源年际变化的剧烈程度。

表 4-7　全国和水资源一级区不同时段水资源系列变差系数

分区	1956~2010 年	1961~1985 年	1986~2010 年	比较（%）
松花江区	0.259	0.257	0.234	-9.0
辽河区	0.330	0.298	0.366	22.8
海河区	0.375	0.348	0.308	-11.5
黄河区	0.202	0.199	0.150	-24.6
淮河区	0.344	0.324	0.369	13.8
长江区	0.116	0.116	0.114	-2.2
东南诸河区	0.219	0.240	0.203	-15.3
珠江区	0.160	0.152	0.163	7.0

在全国尺度上，近 20 年 C_v 增加，反映了水资源年际变化幅度有所增加，但增加不明显。在不同水资源分区 C_v 的变化趋势明显不同，由表 4-7 可以看出，8 个一级区中辽河区、淮河区、珠江区 3 个一级区，C_v 呈现增加趋势，反映了这 3 个一级区水资源年际变化有所增加，这些一级区总体分布在中国纬度较低和较高的水资源一级区。在松花江区、海河区、黄河区、长江区、东南诸河区 5 个一级区 C_v 呈现减少趋势，反映了其水资源年际变化有所减少。

在东部季风区 8 个水资源一级区中，辽河区、淮河区水资源量呈现减少趋势，而年际间呈波动增加；松花江区、海河区、黄河区水资源量减少，水资源量的年际变化也减少。长江区、东南诸河区水资源总量呈增加趋势，而年际间变率趋于减少。珠江区水资源量增加，同期年际变率也增加。为保障供水安全，水资源量年际变化增加，客观上要求增加这些区域水资源的调蓄能力，如图 4-28 所示。

（3）水资源变化周期

对 1956~2010 年全国水资源系列标准化处理后进行 Morlet 小波变换，得到不同时间尺度下的小波系数，如图 4-29（a）所示。以小波方差为纵坐标，时间尺度为横坐标，绘制小波方差图，如图 4-29（b）所示。小波系数所表征的水资源量以不同尺度随时间呈现丰、枯交替的变化特征。小波系数图中的实线表示小波系数实部为正值，说明水资源量较大，虚线表示相应的小波系数为负值，说明水资源量较少，越趋向各周期振荡中心，其数值越大。图4-29显示，水资源序列的各时间尺度在时间域上分布不均，局部变化特征明显，总体上而言，上部分等值线稀疏，对应较长尺度的周期振荡，下部分等值线相对稠密，对应较短尺度的周期振荡，且大尺度变化嵌套着复杂的小尺度变化。在10～18年的时间尺度，全国水资源出现丰枯振荡周期较明显。

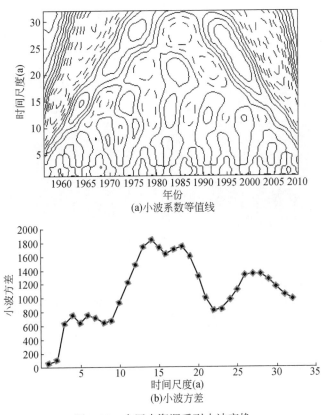

(a)小波系数等值线

(b)小波方差

图4-29　全国水资源系列小波变换

　　小波方差图能够反映水资源序列的波动能量随尺度的分布情况，可用来确定水资源变化过程中存在的主周期。全国水资源系列的小波方差图中存在4个较为明显的峰值，它们依次对应着14年、18年、28年和4年的时间尺度。其中，最大峰值对应着14年的时间尺度，说明14年左右的周期振荡最强，为全国水资源变化的第一主周期；18年时间尺度对应着第二峰值，为水资源变化的第二主周期，第三、第四峰值分别对应着28年和4年的时间尺度，它们依次为水资源变化的第三和第四主周期。这说明上述4个周期的波动控制着全国水资源在整个时间域内的变化特征。

　　对各个水资源一级区1956～2010年水资源系列标准化后，进行Morlet小波变换，小波系数实部如图4-30所示。在10～15年的时间尺度，1956～1985年松花江区出现准3次枯-丰振荡；辽河区在1956～2010年整个时段存在相当稳定的准5次枯-丰振荡变化；海河区在 20~30 年尺度上出现 3 次准周期的丰枯振荡；东南诸河区和珠江区在 25~32 年尺度上出现 3 次丰枯振荡。部分一级区在整个时段周期振荡的规律不明显。结合小波系数和小波方差分析结果，确定各一级区第一、第二主周期，结果见表 4-8。

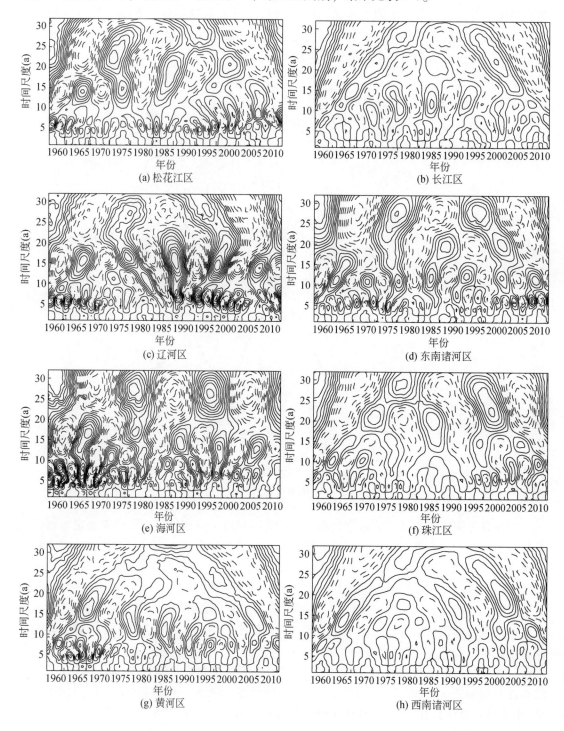

(a) 松花江区

(b) 长江区

(c) 辽河区

(d) 东南诸河区

(e) 海河区

(f) 珠江区

(g) 黄河区

(h) 西南诸河区

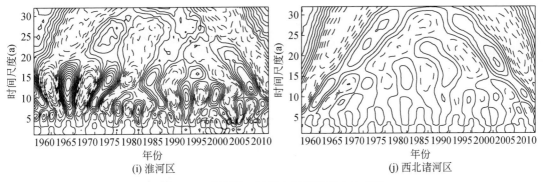

(i) 淮河区   (j) 西北诸河区

图 4-30 水资源一级区水资源序列小波变换

表 4-8 各水资源一级区水资源变化周期　　　　（单位：a）

分区	松花江区	辽河区	海河区	黄河区	淮河区	长江区	东南诸河区	珠江区	西南诸河区	西北诸河区
第一主周期	6	6	25	7	11	11	19	19	27	15
第二主周期	18	16	10	11	4	26	12	6	19	22

各水资源一级区水资源变化的周期振荡存在一定差异，但可看出其间的关联性，特别是地域相近的水资源一级区。松花江区和辽河区的两个主周期都非常接近。海河区、黄河区的第二主周期基本一致。淮河区和长江区的第一主周期一致，长江区第一主周期与海河区、黄河区的第二主周期存在一致性，珠江区和东南诸河区第一主周期一致。

（4）部分一级区水资源变化的归因分析

根据水量平衡原理和水资源产生的机制，流域内水资源的变化主要由两方面的原因造成：一是降水量的变化；二是下垫面变化导致的产汇流条件量的变化。根据不同时段实测降水系列对比分析可以揭示降水量的变化，从而反映气候变化。产汇流条件变化，可以根据流域水文模型进行模拟，反映不同模型参数的变化，简化地分析不同时段产水系数的变化。中国北方水资源一级区的水资源减少较明显，对经济社会和生态环境的影响较大，本书仅选择水资源衰减明显的辽河区、海河区、黄河区 3 个一级区进行水资源变化的归因分析。

1）降水与产水关系的变化。对比分析 1956～1979 年和 1980～2010 年辽河区、海河区、黄河区的降水和产水的关系（图 4-31～图 4-33），结果显示，1980～2010 年降水–产水关系的模拟线向左偏移。这揭示了在同样降水的情况下，降水产生的水资源量有所减少。1956～1979 年产水系数的均值和中值分别为 0.225 和 0.220；而 1980～2010 年的均值和中值分别为 0.184 和 0.180，说明近 30 多年来由于人类活动使下垫面等发生变化，从而导致流域产水机制的变化。对辽河区和黄河区降水和产水的关系进行分析，也显示出相似的规律。

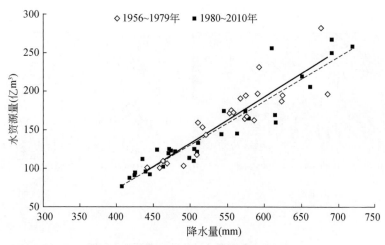

图 4-31　辽河区降水量与水资源量的变化

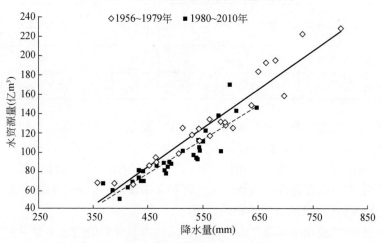

图 4-32　海河区降水量与水资源量的变化

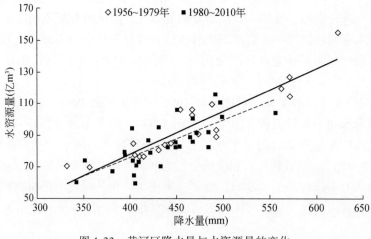

图 4-33　黄河区降水量与水资源量的变化

2）降水变化对水资源减少贡献率的估算。分析的主要思路如下：①把 1956～2010 年时段分为 1956～1979 年和 1980～2010 年两个时段，分析两个时段的降水量变化，利用 1956～1979 在降水与产水的关系、1980～2010 年逐年降水量，计算 1980～2010 年时段的水资源量，计算的后一时段的水资源量与 1956～1979 年水资源量相比，两时段水资源量的差值反映了由于降水变化导致的水资源量的变化；②对比根据实测资料计算的 1956～1979 年和 1980～2010 年两时段的水资源，其差值反映了由于降水及下垫面变化造成水资源量的变化，计算了由降水变化导致水资源减少的量占总水资源减少量的贡献率。按照此思路分析了海河区、辽河区、黄河区降水变化对水资源变化的贡献率。

根据全国水资源调查评价和全国水资源公报各水资源一级区的水资源成果，基于实测水文资料计算辽河区、海河区、黄河区 1956～1979 年与 1980～2010 年的水资源量，分别为 514 亿 m³、417 亿 m³、749 亿 m³ 和 463 亿 m³、298 亿 m³、668 亿 m³。1980～2010 年与 1956～1979 年水资源量相比，分别减少了 51 亿 m³、119 亿 m³、81 亿 m³。

以 1956～1979 年降水和产水关系为基础，利用 1980～2010 年逐年降水分别计算辽河区、海河区、黄河区 1980～2010 年的水资源量，分别为 472 亿 m³、331 亿 m³、696 亿 m³。根据 1956～1979 年降水和产水的规律，计算 1980～2010 年水资源量与实测 1956～1979 年水资源量，显示由于降水变化导致辽河区、海河区、海河区水资源量分别减少了 42 亿 m³、86 亿 m³、52 亿 m³，分别占 1980～2010 年与 1956～1979 年实测水资源减少总量的 82%、72%、65%。水资源变化的其他份额归因于降水和产水关系的变化，这主要是由下垫面变化引起的。这 3 个一级区 1980～2010 年与 1956～1979 年水资源变化归因如图 4-34 所示。

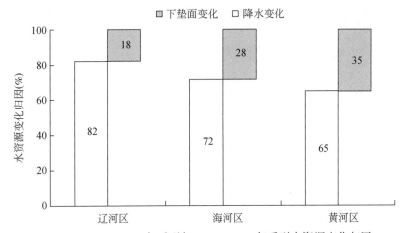

图 4-34 1980～2010 年系列与 1956～1979 年系列水资源变化归因

从对辽河区、海河区、海河区水资源变化归因可以看出，气候变化（降水）是水资源量减少的主要因素。降水变化对辽河区、海河区、黄河区水资源量减少的贡献率超过65%，最高达到了 82%，下垫面变化影响总体不及降水变化影响显著。

需要指出的是，降水变化也导致下垫面变化，从而进一步引起产流机制的变化，本书所指的下垫面变化主要是由人类活动引起的，不包含由降水变化引起的下垫面变化。

（5）全国水资源变化的初步结论

随着人类对水资源需求的增加，生态和环境问题日益得到重视，水资源安全问题越来越受到国际社会的广泛关注。水资源已成为制约中国经济社会可持续发展的瓶颈，已被提升至关系到中国经济安全、生态安全、国家安全的战略高度。认识中国水资源的变化，对分析气候变化的影响、编制水资源利用和保护规划，以及制定水资源政策具有重要的参考价值。结合中国水资源评价的资料成果，利用距平分析、Mann-Kendall 趋势检验，较全面地研究了 1956～2010 年中国水资源的变化，结果显示：①从全国尺度上，水资源变化趋势并不明显。1956～2010 年，中国水资源总量呈现微弱的增加趋势，1990～2010 年的年均水资源量仅比多年平均水资源量增加 1%。②中国不同水资源分区的水资源变化差异较大，北方地区的海河区、黄河区的水资源显著减少，1990～2010 年的减少幅度达 19% 和17%；而中国南方地区和西北地区的水资源增加，特别是西北诸河区，1990～2010 年该区水资源量增加近 10%。③相对于 1961～1990 年，1990～2010 年中国水资源量的年际变化呈增加趋势。在水资源一级区中西北诸河区和西南诸河区变差系数增加较明显，但在水资源量显著减少的海河区、黄河区年际变化趋于减小。④对辽河区、海河区、海河区水资源变化归因分析，揭示出气候变化（主要是降水变化）是这些一级区水资源减少的主要原因，降水变化对水资源减少的贡献率均超过 65%。

4.3.1.2 过去气候变化对可供水量的影响分析

可供水量是根据各地区水资源和来水条件、需水情况，以及供水系统的运行情况，在满足河道内和地下水系统生态环境用水要求的前提下，可供河道外使用的水量。可供水量主要包括当地地表水、地下水、外流域调水和其他水源的可供水量。

理论上，可供水量是水资源可利用量、供水能力、需求量的函数。依据式（4-1）计算可供水量：

$$W_{\text{available}} = \sum_{i=1}^{t} \min(Q_i, H_i, X_i) \tag{4-1}$$

式中，对地表水而言，Q_i、H_i、X_i 分别为 i 时段取水口的可引流量、工程的引提能力及用户需水量；t 为计算时段数。对地下水而言，Q_i、H_i、X_i 分别为 i 时段当地地下水资源可开采量、机井提水能力及用户的需水量；t 为计算时段数。

过去气候变化对可供水量的影响主要是对水资源可利用量、工程取水能力、需水量的影响。这三者中，水资源可利用量变化最直接，在水利工程调控能力较大的地区，如果可供水量不能满足用水需求，那么主要是由当地水资源条件变化、水资源可利用量减少引起的。现实情况下，在水资源短缺的地区，实际供水可能超过水资源可利用量，造成水生态环境的退化。从可持续发展的角度，经济社会用水超过水资源可利用量的用水需要通过开源或抑制需求实现。

（1）水资源可利用总量

水资源可利用总量是指在可预见的时期内，在统筹考虑生活、生产和生态环境用水的基础上，通过经济合理、技术可行的措施，在当地水资源中可资一次性利用的最大水量。

水资源可利用总量的计算，可采取地表水资源可利用量与浅层地下水资源可开采量相加，再扣除地表水资源可利用量与地下水资源可开采量两者之间重复计算量的方法估算。地表水资源可利用量，是指在可预见的时期内，统筹考虑生活、生产和生态环境用水，在协调河道内与河道外用水的基础上，通过经济合理、技术可行的措施，可供河道外一次性利用的最大水量（不包括回归水重复利用量）。地表水资源可利用量按流域水系进行分析计算，以反映流域上下游、干支流、左右岸之间的联系以及整体性。地下水资源可开采量是指在可预见的时期内，通过经济合理、技术可行的措施，在不致引起生态环境恶化的条件下允许从含水层中获取的最大水量。

（2）过去气候变化背景下水资源可利用量的变化

分析气候变化对水资源可利用量的影响，主要基于分析气候变化背景下水资源量的变化，并根据水资源可利用量在水资源总量中的比例进行评估。实际上这一假定没有考虑来水量的变化，没有考虑水利工程对洪水控制程度的变化，也没有考虑由于来水条件的变化而导致的生态需水的变化。限于资料条件和工作量的限制，本书采取水资源可利用率估算水资源可利用量。

选择水资源减少明显的海河区、黄河区、辽河区进行分析，这些一级区水资源开发利用程度较高，可供水能力受水资源约束较大，水资源可利用量在一定程度上决定了可供水能力。

依据水资源规划确定的水资源可利用率，对近 30 年（1981～2010 年）气候变化背景下可利用水量变化进行分析，可以揭示中国北方水资源一级区海河区、黄河区、辽河区、淮河区水资源可利用量有所减少，特别是海河区水资源可利用量减少最为明显。为了满足经济社会发展，水资源开发超过了可利用量，从而引发了水生生态环境问题。全国和水资源一级区不同时段水资源可利用量见表4-9。

表4-9　全国和水资源一级区不同时段水资源可利用量　　（单位：亿 m^3）

区域	1956～1980 年水资源可利用量	1981～2010 年水资源可利用量	两时段变化量
松花江区	628.9	652.0	23.1
辽河区	247.2	222.5	−24.7
海河区	267.6	191.3	−76.3
黄河区	412.5	368.3	−44.2
淮河区	535.7	516.5	−19.2
长江区	2738.0	2854.5	116.5
东南诸河区	539.6	574.5	34.9
珠江区	1217.8	1240.8	23.0

（3）不同气候因子对典型流域可供水量的影响

考虑南、北方典型一级区气候差异，选择海河区、黄河区、珠江区作为典型流域，分析气温和降水变化对可供水量的影响，结果如图4-35所示。

可供水量受气温、降水的影响，同时受需水的影响，总体而言，可供水量随气温的升高而减少。尽管降水量增加可能增加可利用水量，增加可供水量的潜力，但实际可供水量可能随降水量的增加而减少，这主要由于随着降水量的增加，需水量减少，受需水量的限制，导致可供水量减少。

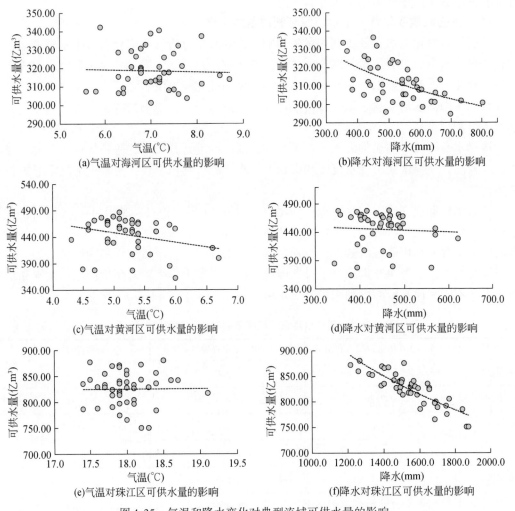

图4-35　气温和降水变化对典型流域可供水量的影响

4.3.1.3　未来气候变化情景

未来的气候变化情景，主要基于IPCC第五次评估报告的7个气候模式（BCC-CSM、BNU-ESM、CNRM-CM5、GISS-E2、MIROC、MPI、MRI-CGCM3），在RCP4.5排放情景下

集合预估成果。

IPCC 第五次评估报告讨论了 4 种具有代表性的气候政策对气候的影响,分别为 RCP2.6、RCP4.5、RCP6.0、RCP8.5,其中 RCP 为浓度路径(representative concentration pathway)的缩写。RCP4.5 接近于第三、第四次评估报告 SRES B1,即较低的排放情景。

为减少气候模式和气候情景给未来水资源评估带来的不确定性,在应用上述气候模式和气候情景时,对其进行了气候情景修订。修订气候模式对降水模拟的系统误差,使得修订后降水与观测值的分布尽可能一致,更重要的是未改变原始情景的趋势性,使得修订后气象要素的变化趋势与原始情景保持一致,从而为气候变化对水资源的影响评价提供了更为科学和可靠的数据基础。

从多年均值、趋势、变差系数等方面系统地评价了 RCP4.5 排放情景下气候情景在中国大陆区域降水和气温的模拟结果,显示出 7 个模式对气温的模拟效果比降水要好,区域性分布较为明显,基本反映了气温空间变化的情况。

东部季风区各一级区 RCP4.5 排放情景 21 世纪 30 年代气温较基准期(1961~1990 年)变化见表 4-10。

表 4-10　RCP 4.5 排放情景 21 世纪 30 年代气温较基准期变化　　　　　(单位:℃)

排放情景	松花江区	辽河区	海河区	黄河区	淮河区	长江区	珠江区	东南诸河区
RCP4.5	1.83	1.69	1.62	1.50	1.47	1.37	1.29	1.28

在 RCP4.5 排放情景下,21 世纪 30 年代各水资源一级区的平均气温都呈现增加趋势,平均增加 1.28~1.83℃。从空间分布来看,北方气温增幅比南方大,其中松花江区气温增幅最大,珠江区及东南诸河区气候增幅相对较小。

根据 RCP4.5 情景下 21 世纪 30 年代的多模式降水预估结果,结合实测资料对比和 BCC-CSM1.1 模式预估成果,集成得到 21 世纪 30 年代不同一级区降水预估成果,见表 4-11。与实测降水量(1956~2000 年)相比,模式模拟的降水在 21 世纪 30 年代大多呈现北方增加、南方减少的趋势。特别是海河区、辽河区,21 世纪 30 年代降水预估与 1956~2000 年实测降水量相比增加 25% 和 13%。南方的珠江区、东南诸河区、长江区降水量分别减少 14%、13% 和 5%。

表 4-11　RCP 4.5 排放情景 21 世纪 30 年代降水预估　　　　　(单位: mm)

排放情景	松花江区	辽河区	海河区	黄河区	淮河区	长江区	珠江区	东南诸河区
RCP4.5	508	615	671	465	794	1036	1330	1555
1956~2000 年	505	545	535	447	838	1087	1550	1788

4.3.1.4　未来水资源变化

未来水资源预估有多种方法,通常主要根据气候模式预估成果和不同大尺度的水文模型来预估未来水资源。由于气候模型成果和水文模型输入的尺度不匹配问题,需要对气候模型成果进行降尺度处理。基于物理概念的水文模型也基于流域数字高程和产汇流过程，设置不同参数，基于过去水文资料对模型参数进行率定，进行水文过程的模拟。目前，国际上开发许多水文软件，比较成熟的如 VIC 模型、SWAT 模型等。

尽管分布式水文模型对模拟具体流域具有较高的精度，但对于中国不同水资源一级区的水资源预估，不但参数的率定存在困难，而且工作量巨大，同时由于一级区面积大，下垫面条件复杂，导致预估成果精度未必高于简单的依据问题。本书主要基于过去 1956 ~ 2010 年一级区的降水与水资源关系，根据未来气候变化背景下的降水变化，预估未来各一级区的水资源。该方法的主要思路如下：①利用过去 1956 ~ 2000 年降水与水资源量数值，模拟降水和水资源的关系；②利用未来降水预测成果，根据模拟的降水-水资源关系，计算未来气候变化下 2020 ~ 2040 年不同年份模拟的降水产生的水资源量；③计算 2020 ~ 2040 年时段的均值作为 2030 年的水资源量。

在 RCP4.5 情景下，21 世纪 30 年代水资源预估结果见表 4-12。结果显示，海河区、辽河区水资源量增加明显，分别增加 14% 和 7%；松花江区、黄河区水资源量基本没有变化；淮河区和长江区水资源量约减少 5%；东南诸河区和珠江区水资源量明显减少，分别减少 19% 和 14%。

表 4-12　RCP4.5 排放情景 21 世纪 30 年代水资源量　（单位：亿 m^3）

分区	松花江区	辽河区	海河区	黄河区	淮河区	长江区	东南诸河区	珠江区
21 世纪 30 年代	1480	534	423	718	866	9428	2173	4053
1956 ~ 2000 年	1492	498	370	719	911	9958	2675	4737
相对变化	-0.8	7.2	14.3	-0.1	-4.9	-5.3	-18.8	-14.4

4.3.1.5　未来水资源可利用量的变化

未来水资源可利用量取决于未来水资源条件、水利工程调控能力、生态用水的目标等因素。根据全国水资源综合规划确定的水资源可利率，结合预估的 21 世纪 30 年代水资源量成果，估算 21 世纪 30 年代水资源可利用量（表 4-13），水资源可利用量作为未来供水总量的约束条件，为进一步分析气候变化对供需的综合影响奠定基础。

表 4-13　21 世纪 30 年代水资源可利用总量　（单位：亿 m^3）

分区	松花江区	辽河区	海河区	黄河区	淮河区	长江区	东南诸河区	珠江区
21 世纪 30 年代	655	257	271	395	487	2677	610	1060
1956 ~ 2000 年	660	240	237	396	512	2827	560	1235
相对变化	-5	17	34	-1	-25	-150	50	-175

总体而言，受气候变化的影响，水资源可利用量北方增加、南方减少。海河区和珠江区可利用量增加和减少最明显，分别增加和减少 34 亿 m^3 和 175 亿 m^3，增加或减少量占 1956 ~ 2000 年水资源可利用量的 14%。

4.3.2 不考虑气候变化情况下的水资源需求预测

4.3.2.1 水资源需求预测方法

在需水预测中，用水行业（户）分为生活、生产和生态环境三大类，生活和生产需水统称为经济社会需水。生活需水包括城镇居民生活用水和农村居民生活用水。生产需水是指有经济产出的各类生产活动所需的水量，包括第一产业（种植业、林牧渔业）、第二产业（工业、建筑业）及第三产业（商饮业、服务业）。生态环境需水分为维护生态环境功能和生态环境建设两类，并按河道内与河道外用水划分。

不同用水行业（户）需水的预测方法不同，同一用水行业（户）也可用多种方法预测。在全国水资源综合规划中，要求需水预测采用多种方法，以净定额及水利用系数预测方法为基本方法，同时也可用趋势法、机理预测方法、人均用水量预测法、弹性系数法等其他方法进行复核。对各种方法的预测成果，应进行相互比较和检验，经综合分析后提出需水预测成果。

各类用水户需水预测方法说明如下。

（1）生活需水预测

生活需水分城镇居民生活需水和农村居民生活需水两类，可采用人均日用水量方法进行预测。

根据经济社会发展水平、人均收入水平、水价水平、节水器具推广与普及情况，结合生活用水习惯和现状用水水平，参照建设部门已制定的城市（镇）用水标准，参考国内外同类地区或城市生活用水定额，分别拟定各水平年城镇居民和农村居民生活用水净定额；根据供水预测成果及供水系统的水利用系数，结合人口预测成果，进行生活净需水量和毛需水量的预测。

（2）农业需水预测

农业需水包括农田灌溉和林牧渔业需水。

1）农田灌溉需水。对于井灌区、渠灌区和井渠结合灌区，应根据节约用水的有关成果，分别确定各自的渠系及灌溉水利用系数，并分别计算其净灌溉需水量和毛灌溉需水量。农田净灌溉定额根据作物需水量考虑田间灌溉损失计算，毛灌溉需水量根据计算的农田净灌溉定额和比较选定的灌溉水利用系数进行预测。

农田灌溉定额可选择具有代表性的农作物灌溉定额，结合农作物播种面积预测成果或复种指数加以综合确定。有关部门或研究单位大量的灌溉试验所取得的有关成果可作为确定灌溉定额的基本依据。对于资料条件比较好的地区，可采用彭曼公式计算农作物蒸腾蒸发量，扣除有效降水，并考虑田间灌溉损失后的方法计算而得。

有条件的地区采用降水长系列计算方法设计灌溉定额，若采用典型年方法，则应分别提出降水频率为50%、75%和95%的灌溉定额。灌溉定额可分为充分灌溉和非充分灌溉两种类型。对于水资源比较丰富的地区，一般采用充分灌溉定额；而对于水资源比较紧缺的地区，一般采用非充分灌溉定额。预测农田灌溉定额应充分考虑田间节水措施及科技进步的影响。

2）林牧渔业需水。其包括林果地灌溉、草场灌溉、牲畜用水和鱼塘补水4类。林牧渔业需水量中的灌溉（补水）需水量部分，受降水条件影响较大，有条件的或用水量较大的要分别提出降水频率为50%、75%和95%情况下的预测成果，其总量不大或不同年份变化不大时可用平均值代替。

根据当地试验资料或现状典型调查，分别确定林果地和草场灌溉的净灌溉定额；根据灌溉水源及灌溉方式，分别确定渠系水利用系数；结合林果地与草场发展面积预测指标，进行林地和草场灌溉净需水量和毛需水量预测。鱼塘补水量为维持鱼塘一定水面面积和相应水深所需要补充的水量，采用亩均补水定额方法计算，亩均补水定额可根据鱼塘渗漏量及水面蒸发量与降水量的差值加以确定。

（3）工业需水预测

工业需水分高用水工业、一般工业需水和火（核）电工业需水3类。

高用水工业和一般工业需水可采用万元增加值用水量法进行预测，高用水工业需水预测可参照国家经济贸易委员会编制的工业节水方案的有关成果。火（核）电工业需水分循环式和直流式两种用水类型，采用发电量单位（亿 kW·h）用水量法进行需水预测，并以单位装机容量（万 kW）用水量法进行复核。

有关部门和省（自治区、直辖市）已制定的工业用水定额标准，可作为工业用水定额预测的基本依据。远期工业用水定额的确定，一般参考目前经济比较发达、用水水平比较先进的国家或地区现有的工业用水定额水平和本地发展条件进行确定。

工业用水定额预测方法包括重复利用率法、趋势法、规划定额法和多因子综合法等，以重复利用率法为基本预测方法。

在进行工业用水定额预测时，要充分考虑各种影响因素对用水定额的影响。这些影响因素主要有：①行业生产性质及产品结构；②用水水平、节水程度；③企业生产规模；④生产工艺、生产设备及技术水平；⑤用水管理与水价水平；⑥自然因素与取水（供水）条件。

工业用水年内分配相对均匀，仅对年内用水变幅较大的地区，通过典型调查进行用水过程分析，计算工业需水量月分配系数，确定工业用水的年内需水过程。

（4）建筑业和第三产业需水预测

建筑业需水预测以单位建筑面积用水量法为主，以建筑业万元增加值用水量法进行复核。第三产业需水可采用万元增加值用水量法进行预测，根据这些产业发展规划成果，结合用水现状分析，预测各规划水平年的净需水定额和水利用系数，并预测净需水量和毛需水量。

（5）生态需水预测

不同类型生态环境需水量的计算方法不同。城镇绿化用水、防护林草用水等以植被需水为主体的生态环境需水量，可采用定额预测方法；湖泊、湿地、城镇河湖补水等，以规划水面面积的水面蒸发量与降水量之差为其生态环境需水量。对以植被为主的生态需水量，要求对地下水水位提出控制要求。其他生态环境需水，可结合各分区、各河流的实际情况采用相应的计算方法。

4.3.2.2 经济社会发展情景

根据国家经济社会发展的总体部署，按照转变经济发展方式、优化产业结构、降低资源消耗、提高发展质量和保护生态环境的要求，在各省（自治区、直辖市）有关部门经济社会发展规划和预测的基础上，根据国家发展和改革委员会、人口和计划生育委员会、住房和城乡建设部、农业部等有关部门对中长期经济社会发展形势和预测成果的综合分析，全国经济社会发展主要指标预测见表 4-14。

表 4-14 全国经济社会发展主要指标预测

指标	2008 年	2020 年	2030 年	增量
总人口（亿人）	13.28	14.44	15.02	1.74
其中城镇人口（亿人）	6.07	8.03	9.40	3.33
城镇化率（%）	45.68	55.64	62.63	16.95
GDP（万亿元）	25.18	56.21	104.69	79.51
人均 GDP（万元）	1.90	3.89	6.97	5.07
工业增加值（万亿元）	11.44	25.19	45.68	34.24
火核电装机（亿 kW）	6.01	9.93	11.90	5.89
粮食产量（亿 t）	5.29	5.4	5.70	0.41
农业灌溉总面积（亿亩）	9.92	10.52	10.97	1.05
其中农田有效灌溉面积（亿亩）	8.77	9.06	9.32	0.55

注：增量是指 2030 年比 2008 年增加的数量，各水平年 GDP 和工业增加值均按 2000 年不变价计算；2008 年当年价 GDP 和工业增加值分别为 31.4 万亿元和 13.03 万亿元。

预计 2030 年全国总人口达到 15.02 亿人，比 2008 年增加 1.74 亿人；其中城镇人口为 9.40 亿人，比 2008 年增加 3.33 亿人，城镇化率达到 62.63%，比 2008 年提高 17 个百分点。预计 2030 年全国 GDP 总量将达到 104.69 万亿元（2000 年价）。2008~2030 年人均 GDP 年均增长速度为 6.7%，2030 年人均 GDP 达到 6.97 万元。在经济持续增长的同时，经济结构进一步得到优化调整，2030 年第一、第二、第三产业增加值构成比例为 4：46：50。预计 2030 年全国工业增加值总量将达到 45.68 万亿元。为保障国家粮食安全和新农村建设的需要，预计 2030 年全国农田有效灌溉面积达到 9.32 亿亩，比现状增加 0.55 亿亩，人均农田灌溉面积维持在 0.6 亩以上；林牧渔灌溉（补水）面积达到 1.65 亿亩，比现状增加 0.51 亿亩。全国及一级水资源区经济社会发展主要指标预测见表 4-15。

表 4-15　全国及一级区经济社会发展主要指标预测

分区	总人口（亿人）			城镇化率（%）			GDP（亿元）			工业增加值（亿元）			农田灌溉面积（亿亩）		
	2008年	2020年	2030年	2008年	2020年	2030年	2008年	2020年	2030年	2008年	2020年	2030年	2008年	2020年	2030年
全国	13.28	14.44	15.02	45.7	55.6	62.6	25.18	56.21	104.69	11.44	25.19	45.68	8.77	9.06	9.32
松花江区	0.64	0.67	0.69	55.5	66.4	70.6	1.24	2.96	5.87	0.58	1.29	2.51	0.76	0.87	1.00
辽河区	0.56	0.58	0.59	56.6	66.5	69.8	1.35	3.24	6.00	0.66	1.52	2.63	0.41	0.37	0.38
海河区	1.38	1.51	1.58	51.1	58.6	66.4	3.24	7.32	13.66	1.42	3.06	5.47	1.12	1.12	1.12
黄河区	1.14	1.27	1.31	42.0	50.4	58.8	1.77	4.10	7.68	0.83	1.89	3.63	0.80	0.84	0.87
淮河区	2.02	2.23	2.30	41.9	52.8	61.2	3.35	7.07	13.25	1.60	3.17	5.72	1.64	1.68	1.71
长江区	4.30	4.84	5.03	45.4	52.3	59.4	7.73	17.17	31.64	3.39	7.53	13.46	2.28	2.43	2.47
东南诸河	0.77	0.86	0.91	53.6	65.7	71.8	2.17	4.86	8.35	1.03	2.29	3.83	0.30	0.29	0.29
珠江区	1.75	1.89	1.99	51.5	60.7	66.7	3.73	8.06	15.51	1.75	3.88	7.30	0.65	0.67	0.69

东部地区依然是未来经济发展最具活力的地区，其发展势头强劲，中部、西部地区在区域经济均衡发展的战略指导下发展加速。区域经济发展差距过大的局面将会有所缓解，但区域经济差异仍将长期存在。工业经济仍然是驱动各区域经济发展的强大动力。东部地区工业化水平较高，未来工业发展速度有所减缓，中西部地区呈加速发展趋势，东北地区工业基础雄厚，老工业基地振兴战略的实施，将为该地区工业发展提供良好的机遇。从区域看，未来中国灌溉面积发展的主要区域为水土资源条件匹配较好的松花江区和长江区。

人口增长及城镇化发展，特别是新型工业的发展与社会主义新农村建设、生态环境保护的要求，在今后一定时期内必将继续驱动中国水资源需求的增长。因中国水资源天然的时空变化与经济社会发展要求不相匹配性的矛盾，增加了全国水资源配置难度，同时要求未来中国经济社会发展必须考虑水资源和水环境的承载能力，以寻求人口、经济与资源环境的协调发展。

4.3.2.3　未来各行业用水定额

在全面分析评价目前各地实际用水效率和用水定额的基础上，对各地各类用水和节水的理论效率进行分析计算，综合考虑未来产业结构调整与优化升级，以及提高水价、加强需求管理等措施对抑制用水的要求，科学分析各地各行业节水潜力和投入产出的关系，参照国内外同类地区先进科学的节水水平和技术，根据各地水资源条件和强化节水的要求，按照用水高效、经济合理、技术可行的原则，科学合理地确定各地区和各行业的用水定额，规划 2020~2030 年发达地区用水效率要达到同类地区同期国际领先水平，欠发达地区达到同类地区国际先进水平。全国主要用水效率规划指标见表 4-16。

表 4-16　全国主要用水效率规划指标

分区	工业用水重复利用率(%)		灌溉用水有效利用系数		城镇供水管网漏损率(%)		万元 GDP 用水量（m³）	
	2008 年	2030 年	2008 年	2030 年	2008 年	2030 年	2008 年	2030 年
全国	62	86	0.48	0.60	19	11	263	68
松花江区	56	82	0.53	0.62	19	11	333	101
辽河区	68	89	0.54	0.65	18	10	151	41
海河区	81	90	0.64	0.75	17	10	116	37
黄河区	61	88	0.49	0.61	18	11	214	68
淮河区	62	88	0.50	0.61	17	10	181	58
长江区	62	86	0.45	0.60	20	11	252	74
东南诸河区	52	82	0.52	0.64	21	11	159	51
珠江区	60	85	0.45	0.58	18	10	236	60

注：以 2008 年为基准年，后同。

规划 2030 年全国城镇居民生活用水定额控制在 156L/（人·d）以内，较现状水平增长 25L/（人·d），与发达国家城镇居民生活用水定额 160~260L/（人·d）的水平相比，相对较低。全国平均城镇供水管网漏损率由现状的 19% 下降到 2030 年的 11% 以内，达到同类地区国际先进水平。全国平均农村居民生活用水定额控制在 98L/（人·d）以内，比现状水平增长 20L/（人·d），尚未达到同类地区国际平均水平。

通过调整工业结构和产业优化升级、逐步提高水价、提高工业用水重复利用水平和推广先进的用水工艺与技术等措施，全国万元工业增加值取水量由现状的 142m³ 下降到 2030 年的 38m³（2000 年可比价），其中非火核电工业降低为 29m³。全国工业用水重复利用率由现状的 62% 提高到 2030 年的 86% 左右，达到同类地区国际先进水平。

通过大力发展高效节水灌溉农业，2030 年全国平水年亩均农田灌溉用水量控制在 390m³ 以内，较基准年下降 73m³，中等干旱年亩均农田灌溉用水量控制在 430m³ 以内，较基准年约下降 81m³。全国灌溉用水有效利用系数由现状的 0.48 提高到 2030 年的 0.60，其中大型灌区达到 0.50~0.55、中型灌区达到 0.55~0.65、小型灌区达到 0.65~0.75、井灌区达到 0.75~0.90。农田灌溉定额总体上从严控制，灌溉用水有效利用系数达到较高水平。全国主要用水定额规划指标见表 4-17。

表 4-17　全国主要用水定额规划指标

分区	城镇居民生活 [L/（人·d）]		农村居民生活 [L/（人·d）]		工业增加值用水 （m³/万元）		农田灌溉（m³/亩）			
							平水年		中等干旱年	
	基准年	2030 年	基准年	2030 年	基准年	2030 年	基准年	2030 年	基准年	2030 年
全国	131	156	78	98	142	38	454	384	508	426
松花江区	118	155	58	83	143	40	476	380	539	436
辽河区	134	152	77	80	61	21	376	301	434	365
海河区	95	126	71	80	45	17	267	232	323	276
黄河区	98	124	51	72	89	30	435	361	465	373
淮河区	102	131	71	98	67	24	279	234	316	256

续表

分区	城镇居民生活 [L/（人·d）]		农村居民生活 [L/（人·d）]		工业增加值用水 （m³/万元）		农田灌溉（m³/亩）			
							平水年		中等干旱年	
	基准年	2030年	基准年	2030年	基准年	2030年	基准年	2030年	基准年	2030年
长江区	142	168	81	100	190	56	503	422	581	478
东南诸河区	152	176	119	136	120	42	591	499	685	585
珠江区	174	195	124	126	114	33	781	669	852	732

4.3.2.4 未来水资源需求

（1）基准年需水量预测

基准年需水量是根据 2008 年经济社会的实际发展状况、工农业生产规模等，采用现状节水水平与用水效率的工业、农业和生活合理的用水定额，根据不同的降水情况，确定不同频率的需水量。多年平均需水量是各计算单元按照不同的降水情况，采用 45 年长系列数据计算得到的年需水量均值。需水量与实际用水量是两个不同的概念，实际年用水量受降水的不确定性、区域来水组合、工程供水能力，以及来水频率超过供水保障能力产生的破坏程度等因素的影响较大，因此实际年用水量与计算的基准年需水量数值有一定的差距。

（2）2030 年水资源需求预测

根据预测的经济社会发展指标，按照强化节水方案的用水定额和效率指标测算，2030 年全国多年平均需水量为 7192 亿 m³，较基准年需水量增加 804 亿 m³，年均增长率为 0.5%，若扣除因弥补地下水超采和挤占河道内生态环境用水的需求，全国需水量增长率约为 0.3%。在全国需水量中，农业用水比例由基准年的 65% 降低到 58%，工业及生活用水比例由 32% 调整为 38%。基准年与 2030 年全国用水结构变化如图 4-36 所示，全国各用水行业需水量预测成果如图 4-36 所示，规划水平年全国需水量预测成果见表 4-18，规划水平年全国河道外需水量见表 4-19。

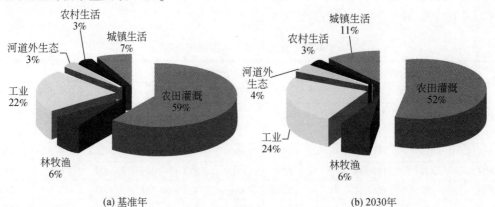

(a) 基准年　　　　　　　　　　　　　　　(b) 2030年

图 4-36　全国需水结构变化示意图

表 4-18　规划水平年全国各用水行业需水量预测成果

用水行业	基准年 （亿 m³）	2020 年 （亿 m³）	2030 年 （亿 m³）	至 2030 年 年均增长率 （%）	1980～2008 年 年均增长率 （%）
生活需水（含城镇公共需水）	633	872	1021	2.2	4.6
其中城镇居民生活	287	435	536	2.9	6.5
农业（多年平均）	4156	4218	4149	0	0
其中农田灌溉（多年平均）	3789	3787	3691	-0.1	0.3
其中畜牧业需水	116	146	282	2.2	—
工业	1397	1605	1718	0.9	4.4
其中火（核）电	400	459	474	0.8	4.1
河道外生态	202	269	304	1.9	—
合计	6388	6964	7192	0.5	1.3
其中城镇需水	1905	2316	2603	1.4	5.1
农村需水	4483	4648	4589	0.1	0.5

表 4-19　规划水平年全国河道外需水量预测成果　　　（单位：亿 m³）

分区	多年平均需水量				平水年需水量		
	基准年	2020 年	2030 年	增量	基准年	2020 年	2030 年
全国	6388	6964	7192	804	6275	6867	7089
松花江区	431	567	604	174	417	548	583
辽河区	230	242	249	19	222	233	240
海河区	462	495	515	53	450	481	502
黄河区	486	521	547	62	486	521	547
淮河区	705	740	762	57	682	721	734
长江区	2108	2296	2351	243	2064	2273	2330
东南诸河区	366	409	431	66	352	396	419
珠江区	871	925	941	70	871	925	941

规划期全国生活需水量（含城镇公共用水）呈缓慢增长态势，到 2030 年，全国生活需水量为 1021 亿 m³，比基准年增加 388 亿 m³，年均增长率为 2.2%，其中城镇居民生活用水量增长 249 亿 m³，年均增长 2.9%，扣除因置换地下水超采和挤占河道内的生态环境用水的需求，全国生活需水量增长率约为 2.0%，其中城镇生活用水年均增长率为 3.0%，较 1980～2008 年平均增长率降低一半以上。

规划期内全国工业需水量呈缓慢增长趋势，到 2030 年全国工业需水量为 1718 亿 m³，比基准年需水量增加 321 亿 m³，年均增长 0.9%，扣除因弥补地下水超采和挤占河道内的生态环境用水的供水需求，全国工业需水量增长率约为 0.6%，较 1980～2008 年全国工业用水量年均增长率降低 80% 以上，较 2000～2008 年的增长率降低 60% 以上。

多年平均的情况下，2030 年全国农业需水量为 4149 亿 m³，与基准年需水量基本持平。其中，农田灌溉需水量为 3691 亿 m³，比基准年减少 98 亿 m³，比 2008 年增加 82 亿 m³。

2030 年畜牧业需水量为 282 亿 m³，比基准年增加 166 亿 m³。

规划期全国河道外生态环境需水量呈持续增长态势，2030 年全国河道外生态环境人工补水需水量为 304 亿 m³，比基准年需水量增加 102 亿 m³，其中城镇生态需水增加 34 亿 m³，农村生态需水增加 68 亿 m³。

由于中国北方地区普遍存在超采地下水和挤占河道内生态环境用水的情况，考虑未来生态环境修复的用水需求，全国未来需水增量中还考虑了退减目前超采的地下水和挤占的河道内生态环境用水需求，以及用于生态环境修复和直接发挥生态功能的水量，约为 435 亿 m³，相当于需水增量的 54%。

4.3.3　未来气候变化情况下水资源需求变化

4.3.3.1　分析气候变化下水资源需求的方法

分析气候变化对水资源需求的影响主要基于全国水资源综合规划对未来水资源需求的预测成果，并利用气候模式预测成果分析未来气候变化导致降水变化的增量（ΔP）对需水的影响，思路如图 4-37 所示。

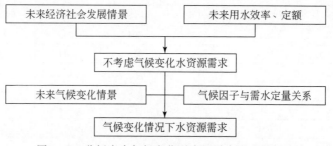

图 4-37　分析未来气候变化对中国需水影响的思路

1）建立不考虑气候变化情况下多年平均状况下水资源需求的基准。在考虑常态气候的情况下，根据未来经济社会发展、用水效率的提高、各行业用水定额，预测 2030 年需水量。这部分工作主要基于全国水资源规划的成果。

2）结合 IPCC 确定气候模式，预测 RCP4.5 情景下的气候变化，确定未来来水情况的变化。对比 1961 ~ 1990 年平均状况，确定 2030 年左右平均来水的绝对状况。

3）根据没有气候变化条件下预测的不同来水状况的需水成果，结合未来 2030 年平均来水的预测成果，计算 2030 年平均来水状况下的水资源需求，进而确定气候变化导致的需水变化的增量。

4.3.3.2　不考虑气候变化情况下不同频率的来水需求

在全国水资源规划阶段，利用过去 1956 ~ 2000 年来水系列，计算 2030 年不同来水频率的需水量，为估算未来气候变化情况下的需水变化奠定基础（表 4-20）。

表 4-20　不同频率降水量与需水量

分区	50% 频率		75% 频率		95% 频率	
	降水量（mm）	需水量（亿 m³）	降水量（mm）	需水量（亿 m³）	降水量（mm）	需水量（亿 m³）
松花江区	502.8	409.1	466.4	523.4	417.0	441.2
辽河区	540.8	222.4	484.1	242.9	410.0	240.4
海河区	528.4	501.7	463.2	550.6	379.3	549.4
黄河区	444.3	471.9	404.6	507.6	351.8	548.6
淮河区	831.4	669.6	774.5	750.2	630.7	840.8
长江区	1085.2	1989.2	1034.7	2354.3	964.9	2419.6
东南诸河区	1657.4	327.7	1505.3	391.3	1303.6	395.1
珠江区	1541.4	845.8	1429.7	934.0	1278.7	949.0

此外，对海河区、黄河区、珠江区相同社会经济情景下，不同年份的降水与需水关系进行分析，将其作为 2030 年降水变化对需水影响分析的参考研究。

从不同一级区和二级区的降水（x 轴）与需水（y 轴）关系来看，呈现倒的 "S" 型，因此在降水较小或较大的区间，仅用线性拟合对需水预测与各一级区过去实际统计存在较大差异。需要根据气候变化背景下降水状况，其处于相对的区间（反映不同丰枯状况）推断需水量。

4.3.3.3　气候变化对水资源需求的影响

为定量评估气候变化对水资源需求的影响，需要分析不同气候要素，如温度、降水变化对需水的影响。温度变化和降水变化对需水的影响分析显示，降水变化对水资源需求的响应更敏感。在全国水资源综合规划阶段，针对不同频率 2030 水平年，利用 1956～2000 年降水系列调算，分析了不同降水情况下的需水量，提出了多年平均来水状况及 50%、75%、95% 来水频率下水资源需求的预测成果。利用这些成果可以确定降水变化与需水的定量变化关系，从而为确定未来气候变化情况下对需水影响的变化提供基础。

（1）气候变化情况

未来的气候变化情景，主要基于 IPCC 第五次评估报告的 7 个气候模式在 RCP4.5 排放情景下集合预估成果。

（2）气候变化情况下需水情况

根据没有气候变化情况下水资源需求与不同降水条件的关系，利用气候模型预测未来 2030 年气候情景成果，估算气候变化条件下不同水资源一级区 2030 年的水资源需求量。对比分析没有考虑气候变化情况下的需水与气候变化情况下的平均需水，确定气候变化导致的需水变化。

温度变化导致需水变化。在多年平均来水情况下，仅考虑气温变化，不考虑降水，分析温度变化对需水量的影响。限于资料条件的限制，根据部分一级区需水量与温度的规律，估算未来温度变化的影响。根据 RCP4.5 排放情景下 2030 年十大水资源区气温较基准期的变化，预估海河区、黄河区、珠江区由于温度升高，需水量分别增加 19.4 亿 m^3、13.5 亿 m^3、2.2 亿 m^3，其分别占 2030 年多年来水情况下需水量的 3.8%、2.5% 和 0.2%。需要指出的是，由于气温与需水呈非线性关系，说明需水变化对降水变化响应不显著，估算结果存在较大的不确定性。

降水变化对需水的影响显著，以 RCP4.5 排放情景下多模式 2020~2040 年的平均气候状况作为 2030 年的气候状况，评估气候变化下的经济社会需水，并与在没有气候变化情况下的经济社会需水进行对比，确定由于降水变化导致的需水量的变化，结果见表 4-21。

表 4-21　气候变化下 2030 年经济社会需水量

分区	有气候变化的需水量（亿 m^3）	无气候变化的需水量（亿 m^3）	有无气候变化对比（亿 m^3）	有无气候变化对比（%）
松花江区	577	604	-27	-4.5
辽河区	219	249	-30	-12.0
海河区	472	515	-43	-8.4
黄河区	520	547	-27	-4.9
淮河区	792	762	30	3.9
长江区	2664	2351	313	13.3
东南诸河区	485	431	54	12.5
珠江区	929	941	-12	-1.3
合计	6658	6400	258	4.0

结果显示，2030 年辽河区、海河区、黄河区、松花江区，由于降水变化导致需水量分别减少 27 亿~43 亿 m^3，分别占其区规划需水量的 12%、8.4%、4.9% 和 4.5%。淮河区、长江区、东南诸河区需水量增加，特别是长江区和东南诸河区，由于降水变化导致的需水量分别增加 313 亿 m^3、54 亿 m^3，占其规划需水量的 13%。珠江区需水量受降水变化的影响不明显，降水变化导致需水量减少 1%

气候变化对需水的影响主要表现在气温、降水的变化，在分析不同气温或降水变化对需水的影响时，需要注意不同气温和降水状况，即使气温和降水要素变化相同幅度，但需水响应的幅度也可能不同。考虑到 1956~2000 年的气温变化波动超过预测的变化幅度，利用过去不同来水条件下需水预测成果，分析气候变化背景下由于降水变化对水资源需求影响的成果应该是可信的。鉴于气温对需水影响估算存在很大的不确定性，如同样温度下需水可能相差 50 亿~100 亿 m^3，同时考虑降水对需水变化影响显著，本书仅把降水变化的影响作为气候变化对水资源需求的影响，以减少估算的不确定性。

总体而言，受气候变化的影响，中国北方松花江区、辽河区、海河区、黄河区水资源一级区的需水将呈现减少趋势；淮河区、长江区、东南诸河区需水呈增加趋势。从八大流域整体情况而言，气候变化（RCP4.5 情景）影响下需水总量比没有气候变化情况下约增加 258 亿 m³，占 8 个一级区规划的水资源需水量的 4%。

4.3.4 没有考虑气候变化情况下水资源的供需态势

4.3.4.1 基准年水资源供需状况

按照水资源综合规划，以 2008 年为基准年。基准年供需分析的目的是摸清水资源开发利用在现状条件下存在的主要问题，分析水资源供需结构、利用效率和工程布局的合理性，提出水资源供需分析中的供水满足程度、余缺水量、缺水程度、缺水性质、缺水原因及其影响、水环境状况等指标。缺水程度可用缺水率（指缺水量与需水量的比值，用百分比表示，以反映供水不足时缺水的严重程度）表示。

基准年供需分析是在现状供用水的基础上，扣除现状供水中不合理开发的水量部分（如地下水超采量、未处理污水直接利用量和不符合水质要求的供水量，以及超过分水指标的引水量等），并按多年平均来水和需水进行供需分析，结果见表 4-22。

表 4-22 基准年水资源供需分析状况

分区	需水量（亿 m³）	供水量（亿 m³）	缺水量（亿 m³）	缺水率（%）
松花江区	431	396	35	8.12
辽河区	230	202	28	12.17
海河区	462	360	102	22.07
黄河区	486	417	69	14.20
淮河区	705	638	67	9.5
长江区	2108	2075	33	1.57
东南诸河区	366	356	10	2.73
珠江区	871	853	18	2.07

基准年的供需分析状况显示，中国北方辽河区、海河区、黄河区供需缺口较大，缺水率都在 10% 以上，表明即使没有气候变化的情况下，经济社会对水资源系统的压力仍然很大，需要供需双向调控，在保障经济社会发展同时，减少水资源系统的压力。

4.3.4.2 不考虑气候变化的未来 2030 年水资源供需状况

在采取强化节水措施、控制需求过快增长，进一步对现有设施挖潜配套和适度开发新水源、合理调配水资源、保障生态环境用水的基础上，2030 年全国多年平均河道外供水量为 7113 亿 m³，在现状超采的地下水和挤占的河道内生态环境用水得到退减，并对长期挤占水量进行弥补的基础上，基本实现供需平衡。强化节水的情况下，多年平均状况下 2030 年供需态势见表 4-23。

表 4-23 2030 年多年平均状况下水资源供需状况

分区	需水量（亿 m³）	供水量（亿 m³）	缺水量（亿 m³）	缺水率（%）
松花江区	604	594	10	1.66
辽河区	249	244	5	2.01
海河区	515	505	10	1.94
黄河区	547	521	27	4.75
淮河区	762	754	8	1.04
长江区	2351	2348	3	0.13
东南诸河区	431	429	2	0.46
珠江区	941	936	5	0.53

2030 年部分水资源一级区多年平均供需状况分述如下。

在多年平均情形下，2030 年松花江区总需水量为 604 亿 m³，可供水量为 594 亿 m³，缺水量为 10 亿 m³，缺水率为 1.66%。在平水年份全区基本不缺水，中等干旱年少量缺水，缺水量为为 7.59 亿 m³，缺水率仅为 1.26%，基本实现了河道外水资源的供需平衡。

2030 年辽河区需水量为 249 亿 m³，多年平均情况下的可供水量为 244 亿 m³，与规划用水量相比，缺水量为 5 亿 m³，缺水率为 2.01%，供需基本平衡。

海河流域多年平均河道外需水量为 515 亿 m³，可供水量为 505 亿 m³，缺水量为 10 亿 m³，缺水率为 1.94%，基本为农业灌溉缺水。

2030 年黄河流域内河道外需水量为 547 亿 m³，规划在南水北调西线一期工程生效后，由于南水北调西线一期工程和引汉济渭等调水工程增加了供水量，2030 年黄河流域内供水量达到 521 亿 m³，流域内缺水量减少了 26 亿 m³，缺水率为 4.75%。

4.3.5 考虑气候变化情况下水资源的供需态势

4.3.5.1 水资源可利用量变化对供水量的影响分析

根据未来气候变化情况下的水资源可利用量、水资源需水量、供水能力，分析 2030 年气候变化情况下的水资源供需态势。2030 年的供水能力仍是没有考虑气候变化情况下的规划供水能力，并以气候变化情况下的可利用量进行约束，分析可供水量的变化。规划供水量与气候变化下的水资源可利用量，见表 4-24。下面仅考虑水资源可利用量减少的一级区。

与没有考虑气候变化情况下相比，气候变化情况下辽河区、海河区、东南诸河区水资源可利用量增加，因此其不影响规划一级区内的供水量。松花江区、长江区、黄河区、珠江区水资源可利用量减少，但其仍然大于规划的供水量，不影响这些一级区内的规划供水量。

表 4-24　规划 2030 年供水量与气候变化下水资源可利用量对比（单位：亿 m³）

分区	无气候变化情况下水资源可利用量	气候变化下水资源可利用量	规划供水量	水资源潜力
松花江区	660	655	594	61
辽河区	240	257	244	13
海河区	237	271	505	−234
黄河区	396	395	521	−126
淮河区	512	487	754	−267
长江区	2827	2677	2348	329
东南诸河区	560	610	429	181
珠江区	1235	1060	936	124

　　只有淮河区水资源可利用量减少 25 亿 m³，且小于规划用水量。考虑到淮河区规划的新增供水量主要来源于外流域（长江流域）调水，不会增加当地供水水源的压力，该区内水资源可利用量能够保障规划的当地供水量，因此规划 2030 年总供水量能够得到满足。

　　在水资源综合规划中，规划供水量超过水资源可利用量的区域，规划供水量除该一级区供水外，还需要跨一级区调水，如海河区、黄河区、淮河区供水可以由长江区提供。考虑气候变化情况下，仍认为规划的跨一级区供水工程能够实现。因此，可以确定气候变化对水资源可利用量的影响，总体不会影响中国总规划的供水量。

4.3.5.2　气候变化下水资源供需的综合情况

　　气候变化对水资源供需综合影响分析，主要基于以上对气候变化影响下供水量、需水量的成果，对规划供水量与气候变化下的需水量进行对比，确定满足需水的情况（表 4-25），并与没有气候变化情况下的供需平衡状况进行对比。

表 4-25　气候变化情况下 2030 年供需状况　　　　（单位：亿 m³）

分区	需水量	供水量	缺水量
松花江区	577	594	0.0
辽河区	219	244	0.0
海河区	472	505	0.0
黄河区	520	521	0.0
淮河区	792	754	38
长江区	2664	2348	316
东南诸河区	485	429	56
珠江区	929	936	0.0

在气候变化影响下，目前水资源综合规划提出的水资源供水量能够满足中国北方一级区松花江区、辽河区、海河区、黄河区及南方珠江区的需水量，且减少缺水量，这将在一定程度上缓解这些地区的缺水状况。而淮河区、长江区、东南诸河区规划的供水量不能满足需水量。由于长江区、东南诸河区水资源丰富，水资源开发潜力大，需要进一步规划加强供水工程能力建设。淮河区需要进一步考虑从长江区调水或进一步抑制水资源需求。

从全国层面，气候变化对中国东部季风区 8 个水资源一级区的供需综合影响来看，气候变化将使中国北方降水增加，一定程度上减缓中国北方供需紧张的局面；由于中国南方水资源相对丰富，存在一定的水资源潜力，气候变化对这些地区水资源供需的影响不会对其水资源系统造成较大影响，这些地区水资源开发利用率仍在可以接受的范围。

仅从气温、降水预估来看，气候变化对中国水资源供需的总体影响是有利的。气候变化对中国水资源供需影响的不利方面主要是极端事件的影响。极端干旱和降水事件增加，将对水资源调控提出更高的需求，当前水资源调控能力不足的地区将面临更大的挑战。

4.3.6 供需态势影响分析的不确定性

气候变化对水资源供需态势影响的评价通过气候情景驱动水文模型的途径，从气候变化情景、评价模型、评价过程等方面，分析产生评价结果不确定性的因素。

4.3.6.1 气候变化预测成果的不确定性

未来气候变化情景一般是用气候模式做数值试验得到的，目前开发的全球气候模型 GCMs 具有一定模拟全球、半球和纬向平均气候条件的能力。尽管不同气候模式可以给出较为一致的未来气候变化的趋势，但不同气候模式输出的气候情景结果存在较大的差异。图 4-38 显示根据不同模式预估海河流域降水的情况，2030 年各模式降水变化为 −2% ~ 20%，存在较大不同。

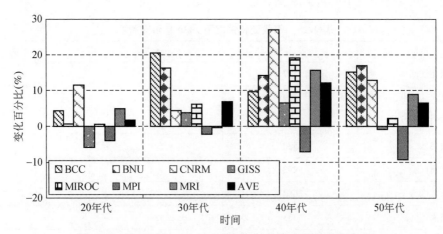

图 4-38 海河区 RCP4.5 21 世纪各年代降水较基准期变化

不同模式模拟的变暖数值差异较大，对一些极端天气事件模拟的能力更差，未来气候变化情景的不确定性是造成影响评估不确定性的主要原因之一。影响气候变化情景不确定的主要因素包括气候模式本身、情景的设置等方面。

1）气候模式本身的不完善。由于影响气候变化的自然因素很多，加之大气–海洋–陆地–冰雪等系统内部的相互作用和反馈，构成了气候变化的复杂性、多样性和计算分析的困难性。在 IPCC 第一次评估报告中采用了不同复杂程度的大气–海洋–陆面耦合模式（CGCM）进行未来气候变化的预测，在以后的评估报告中使用了更为广泛的全球耦合气候模式和改进的更为复杂的海气耦合模式进行未来气候变化预测。尽管气候模式在不断改进，但当前的气候模式所能模拟的气候状况与真实情况还有很大差距。气候模式中最大的缺陷是云反馈，其次预测的不确定性来自与大气和海洋、大气和地表、海洋上层与深层之间的能量交换过程。气候模式对海冰和对流的处理很粗糙，气候模拟中也很少考虑生物反馈和完善的化学过程。一些简单模式要么完全忽视了大气运动，要么对大气动力过程进行了不适当的过分简化。大气环流模式和海气耦合模式对辐射过程的简化处理、对云和气溶胶等物理过程的参数化处理，以及对大气成分变化对水汽分布及云和降水形成过程影响的简化处理都会造成一定误差。因此，要准确预测未来全球或区域气候变化，必须进一步完善气候模式，依靠更复杂的全球海陆气耦合模式和高分辨率的区域气候模式。

2）情景设定的不确定性。温室气体排放预测是气候模式的重要输入条件，其不确定性也必然会对气候模式的输出结果产生一定影响。目前，已制定了多种排放情景，如 IS92 情景和 SRES 情景，其中 IS92 情景用于 IPCC 第二次评价报告。温室气体排放预测的不确定性主要来源于不能准确地描述和预测未来社会经济、环境、土地利用和技术进步等非气候情景的变化。非气候情景对于准确表述系统对气候变化的敏感性、脆弱性及适应能力是非常重要的，但比较准确地预测未来几十年甚至是 100 年的非气候情景是评估气候变化面临的最大挑战。在 IPCC 第三次评价报告中，采用了 SRES 系列的 A1、A2、B1、B2 4 种社会经济情景。IPCC 第四次评价报告设想了多个社会性及经济性的发展前景，制作了 6 个 SRES 排放标志情景（B1 情景、A1T 情景、B2 情景、A1B 情景、A2 情景、A1FI 情景），并以其排放情景为基础进行了气候预测。

IPCC 第五次评价报告中，IPCC 在计算温室气体排放产生的影响之际，新设定了名为代表性浓度路径（RCP）的 4 个情景，分别为高端路径（RCP8.5）、高端稳定路径（RCP6.0）、中间稳定路径（RCP4.5）及缓和型路径（RCP2.6）。而此次的 RCP 情景没有设定社会经济情景等，仅通过排放量变化来预测将来的气候。由于将来采取的排放情景不同，气候变化幅度和分布也明显不同。

4.3.6.2 水资源预测不确定性

本书根据过去降水和水资源资料确定的产水系数，对未来水资源状况进行预测存在不确定性。未来降水–径流关系随着下垫面的改变和降水形式的改变而改变。

在未来，区域内的人类活动，如水利工程的修建、土地利用/土地覆被的变化、用水结构的调整都将对流域的产流、汇流产生一定的影响，即使在气候条件没有发生变化的情况下也会影响未来的水文情势，而目前的预测方法缺乏对人类活动影响的考虑。

4.3.6.3 经济社会发展情景不确定性

预测社会经济需水需要未来经济社会发展情景，经济社会发展情景预测存在不确定性。经济社会发展不仅受国内政策影响，还受国际环境影响。例如国内经济结构调整、货币政策、投资政策、城市化及国际经济环境、发达经济体金融危机后的经济复苏情势。影响经济社会发展的因素复杂，经济社会发展情景预测存在不确定性。

综上，气候变化对水资源供需影响的分析成果存在不确定性，需要科学界加强研究，降低影响评价的不确定性，从而为利用水资源管理政策提供科学依据。

4.4 中国八大流域水资源脆弱性现状评价

4.4.1 1960~2010年及未来东部季风区各流域温度、降水变化

4.4.1.1 1960~2010年东部季风区各流域温度、降水变化

全国可以分为10个水资源一级区，即十大流域，东部季风区包括其中的8个流域，分别为松花江、辽河、海河、黄河、淮河、长江、东南诸河和珠江。八大流域共占全国地表水资源量的73.8%，区域汇聚了国内大部分的社会经济生产及94.6%的人口，国民生产总值（GDP）占全国的96%（2009年中国水资源公报）。考虑到东部季风区在社会经济生产中的重要性，开展该区域内水资源的承载能力及气候变化背景下的响应研究具有现实意义。

根据方法要求，本章计算了二级流域多年平均水资源量、1961~2008年降水量、1961~2006年温度，并计算得到多年平均温度和平均降水量值。二级流域多年平均降水量为46~2377mm，降水量以华南地区最大，西北沙漠地区最小，大体呈由东南向西北逐渐递减的趋势；二级流域多年平均温度为−5.1~24℃，以华南地区最高，青藏高原及东北漠河流域最低，大体呈由南向西向北降低的趋势。中国多年平均水资源量为642mm，多年平均温度为23.5℃左右。

东部季风区各流域多年平均温度、平均降水量及平均径流情况见表4-26，长江流域是中国地表水资源最丰富的区域，其次是珠江流域。海河流域则是东部季风区中地表水资源量最不充足的区域。从各流域降水量来看，东南诸河降水量最大，珠江次之，而黄河流域最小，北方流域降水普遍低于南方流域。从温度分布来看，珠江流域地处亚热带，温度最高，年均温达到19.2℃，松花江流域则最低，南方气温普遍高于北方。从降水量等级来看，珠江、东南诸河、长江降水量大于800mm，是较为湿润的区域；松花江、辽河、海河等为半湿润地区，淮河处于800mm线附近，偏向湿润区域。

表 4-26　多年平均径流、降水及温度

水资源分区	平均温度（℃）	平均降水量（mm）	径流（亿 m³）
松花江	0.71	504.39	1295.8
辽河	6.1	545.08	408.1
海河	9.0	535.74	215.9
黄河	5.5	446.08	611.7
淮河	14.0	838.86	677.3
长江	10.6	1086.52	9855.1
东南诸河	16.7	1659.67	1986.2
珠江	19.2	1548.47	4709.4

4.4.1.2　未来中国东部季风区降水及气温的变化

本书所使用的全球气候模式气候变化预估数据为"WCRP 的耦合模式比较计划——阶段 5 的多模式数据"（CMIP5 数据），之后由国家气候中心研究人员对 IPCC（AR5）数据成果进行整理、分析后产生新数据。原始数据由各模式组提供，由 WGCM（JSC/CLIVAR Working Group on Coupled Modelling）组织 PCMDI（Program for Climate Model Diagnosis and Intercomparison）搜集归类。多模式数据集的维护由美国能源部科学办公室资助。

此前 IPCC 先后发展了两套温室气体和气溶胶排放情景，即 IS92（1992 年）和 SRES（2000 年）排放情景，分别应用于 IPCC 第三次和第四次评估报告。2011 年 *Climatic Change* 出版专刊，详细介绍了新一代的温室气体排放情景。"典型浓度路径"（RCP）主要包括 4 种情景。

RCP 8.5 情景：假定人口最多、技术革新率不高、能源改善缓慢，所以收入增长慢。这将导致长时间高能源需求及高温室气体排放，缺少应对气候变化的政策。2100 年辐射强迫上升至 8.5 W/m²。

RCP 6.0 情景：反映了生存期长的全球温室气体和生存期短的物质的排放，以及土地利用/陆面变化，导致到 2100 年辐射强迫稳定在 3.0W/m²。

RCP 4.5 情景：2100 年辐射强迫稳定在 4.5 W/m²。

RCP 2.6 情景：把全球平均温度上升限制在 2.0℃之内，其中 21 世纪后半叶能源应用为负排放。辐射强迫在 2100 年之前达到峰值，到 2100 年下降至 2.6 W/m²。

通过中国气象局的整理，RCP 2.6、RCP 4.5、RCP 8.5 三个模式的数据被选择用来评估中国的气候变化情景。通过中国气象局的模拟，未来中国降水及温度变化的情况如图 4-39 所示。从图 4-39 可以看出，中国未来降水量变化幅度较小，温度变化幅度较大。在 2050 年前，温度增长在 3℃以内，降水增长在 10% 以内，从均值来看降水增加在 7% 以内。

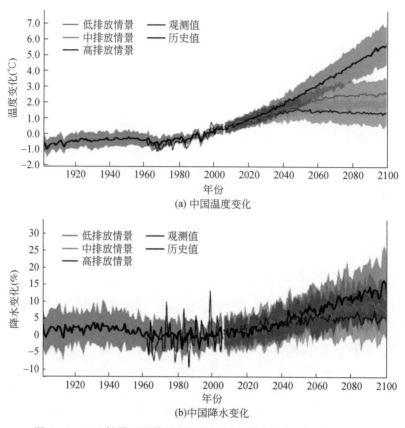

图 4-39　RCP 情景下预估的中国地区温度降水变化（IPCC，2015）

　　在本书中，以1960～2000年为基准期，核算未来相对于基准期的气候变化，东部季风区各流域3个模式下未来40年的气候变化情况见表4-27。结果显示，各模式下，2001～2040年，东部季风区各流域温度上升最高为2.78℃，最低为0.94℃。RCP 2.6模式下，温度增幅最大的为松花江流域，2041～2050年将比基准期上升2.04℃，增幅最小的为珠江流域，2041～2050年将增加1.35℃；RCP 4.5情景下温度增幅最大的为松花江流域，2041～2050年将比基准期上升2.2℃，增幅最小的为珠江流域，2041～2050年将增加1.53℃。如果人口增多、技术革新率不高、能源改善缓慢，收入增长慢，且缺少应对气候变化的政策（RCP 8.5情景），则温度将进一步上升，松花江流域2041～2050年将比基准期上升2.78℃，增幅最小的珠江流域将增加1.9℃。温度随时间而增加，各年代温度均上升。从各流域的降水来看，降水的变化幅度均较小，辽河流域在RCP 4.5情景下2041～2050年降水最大，将增加10.91%，部分流域某些年代降水量将减小，如长江、东南诸河和珠江在一定年份减少。其中，珠江流域2021～2030年的降水量将减少2.45%，达最大减少幅度。

表 4-27 RCPs 情景下未来气温和降水的变化

水资源分区	时间	温度变化（℃）			降水变化（%）		
		RCP2.6	RCP4.5	RCP8.5	RCP2.6	RCP4.5	RCP8.5
松花江	2021～2030 年	1.53	1.51	1.61	2.29	2.93	3.67
	2031～2040 年	1.83	1.81	2.17	5.19	7.10	5.06
	2041～2050 年	2.04	2.20	2.78	6.19	8.33	6.02
辽河	2021～2030 年	1.34	1.37	1.50	4.36	1.31	3.35
	2031～2040 年	1.70	1.73	2.02	5.78	8.52	5.51
	2041～2050 年	1.96	2.07	2.64	7.07	10.91	7.59
海河	2021～2030 年	1.21	1.24	1.42	4.25	1.49	2.89
	2031～2040 年	1.53	1.69	1.90	6.48	7.07	5.75
	2041～2050 年	1.86	1.92	2.47	5.85	10.62	9.07
黄河	2021～2030 年	1.31	1.28	1.44	3.20	2.08	3.27
	2031～2040 年	1.53	1.73	1.93	3.70	4.36	3.55
	2041～2050 年	1.79	2.03	2.49	4.71	5.95	7.68
淮河	2021～2030 年	1.14	1.07	1.24	0.67	1.29	2.00
	2031～2040 年	1.43	1.53	1.74	2.44	3.75	1.86
	2041～2050 年	1.71	1.79	2.30	4.15	5.22	5.91
长江	2021～2030 年	1.14	1.13	1.25	−0.29	−0.20	0.05
	2031～2040 年	1.38	1.53	1.72	1.39	2.35	−0.19
	2041～2050 年	1.64	1.86	2.31	2.79	3.15	2.39
东南诸河	2021～2030 年	1.02	0.99	1.12	−0.54	−0.80	−0.49
	2031～2040 年	1.25	1.36	1.49	−0.82	0.60	−0.18
	2041～2050 年	1.47	1.64	2.04	2.52	1.91	−1.18
珠江	2021～2030 年	0.94	0.96	1.07	−1.99	−1.27	−2.45
	2031～2040 年	1.14	1.27	1.39	−0.15	1.12	−0.54
	2041～2050 年	1.35	1.53	1.90	1.20	2.38	0.68

4.4.2 气候变化对径流的影响

4.4.2.1 东部季风区径流对气候变化的响应

气候变化下，降水、气温的变化都是不确定的，在这种情况下，不同降水与温度变化组合下的径流变化的评价就显得至关重要。一般来说，以下 3 种情况的评价受到较多的考虑：①评价温度不变的情况下径流随降水的变化；②评价温度和降水都变化的情况下径流的变化；③评价降水不变的情况下，径流随温度的变化。计算径流随温度和降水的变化情况如图 4-40 所示。

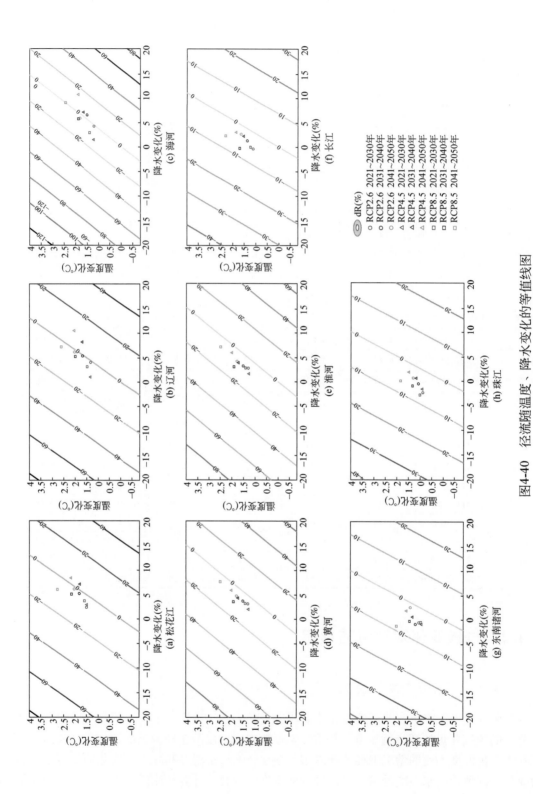

图4-40 径流随温度、降水变化的等值线图

结果显示，温度不变的情况下，东部季风区各流域 10% 的降水增长将导致 13.5%~38.3%（均值 25.9%）径流的增加；10% 的降水增长、温度上升 0.8℃ 将导致径流增加 10.5%~27.0%（均值 18.75%）；降水不变的情况下，温度上升 0.8℃ 将导致径流减少 -11.3%~-2.8%；如果温度和降水都保持不变，径流将保持多年平均水平。然而，如果考虑降水或温度变化两倍的情况下，径流变化幅度在各流域都不一致。例如，各流域均面临降水增加 5% 和温度上升 0.4℃，将导致径流增加 5.3%~13.5%（均值 9.4%）。但是降水增加 5%，温度上升 0.8℃ 时，将导致径流增加 3.8%~7.9%（均值 5.85%）。当降水和温度变化倍数相同时，径流也变化相同的倍数。

各种温度和降水变化组合下径流变化都能从等值线图（图 4-40）中显示出来：①同一流域降水对径流的影响与温度对径流的影响是不一样的，不同流域同一降水、温度变化情景下径流变化的差异也较大；②降水对径流的影响是正向的，降水增加的情况下（温度变化特定值），径流增加；③温度对径流的影响则是负向的；④东部季风区的各流域中，同等温度和降水变化的情况下，海河流域径流变化幅度最大，其余各流域排序为黄河、松花江、辽河、淮河、长江、东南诸河和珠江。

4.4.2.2 RCPs 情景下东部季风区径流变化

基于 CMIP5 数据，径流预测结果见表 4-28，结果显示未来东部季风区各流域径流以减少为多，在北方某个流域径流在一定模式下会有所增加。

表 4-28　RCPs 情景下东部季风区各流域未来径流的变化

水资源分区	时间	径流变化（%）			
		RCP2.6	RCP4.5	RCP8.5	均值
松花江	2021~2030 年	-6.75	-5.02	-3.97	-5.02
	2031~2040 年	-1.91	3.01	-5.03	-1.91
	2041~2050 年	-1.15	2.90	-7.64	-1.15
辽河	2021~2030 年	-0.81	-8.43	-4.61	-4.61
	2031~2040 年	-0.35	5.97	-3.75	-0.35
	2041~2050 年	0.55	8.95	-3.94	0.55
海河	2021~2030 年	-0.77	-11.71	-8.97	-8.97
	2031~2040 年	3.26	3.19	-4.73	3.19
	2041~2050 年	-3.78	13.64	-0.13	-0.13
黄河	2021~2030 年	-4.83	-7.72	-6.03	-6.03
	2031~2040 年	-5.79	-6.08	-10.54	-6.08
	2041~2050 年	-5.65	-4.68	-4.66	-4.68
淮河	2021~2030 年	-7.23	-5.26	-4.94	-5.26
	2031~2040 年	-5.38	-3.16	-9.17	-5.38
	2041~2050 年	-3.58	-1.79	-4.09	-3.58

续表

水资源分区	时间	径流变化（%）			
		RCP2.6	RCP4.5	RCP8.5	均值
长江	2021~2030 年	-5.16	-4.97	-5.12	-5.12
	2031~2040 年	-3.65	-2.83	-7.39	-3.65
	2041~2050 年	-2.65	-3.00	-5.99	-3.00
东南诸河	2021~2030 年	-4.29	-4.53	-4.56	-4.53
	2031~2040 年	-5.49	-3.93	-5.43	-5.43
	2041~2050 年	-1.68	-3.10	-8.73	-3.10
珠江	2021~2030 年	-6.24	-5.35	-7.37	-6.24
	2031~2040 年	-4.50	-3.26	-5.97	-4.50
	2041~2050 年	-3.45	-2.56	-6.24	-3.45

对于松花江流域，RCP2.6 情景下，21 世纪 20~40 年代径流量均减少，但是减少的程度在减小；而对于缺乏气候变化应对措施的 RCP8.5 情景，径流量减少加剧，随着时间的推移，径流量减少幅度更大，到 40 年代减少幅度高达 7.64%；在 RCP4.5 情景下，径流量开始（20 年代）减少量较大，在 30 年代之后随着降水量的增大，径流量有增加的趋势。

对于辽河流域，RCP8.5 情景下，21 世纪 20~40 年代径流量均减少，但是减少的程度较为稳定；在 RCP2.6 情景下，径流量减少减缓，随着时间的推移，40 年代径流量有所增加，但增加程度较小；在 RCP4.5 情景下，径流量开始（20 年代）减少量较大，在 30 年代之后随着降水量的增大，径流量有较大的增加幅度，40 年代增幅高达 8.95%。

对于海河流域，RCP8.5 情景下，21 世纪 20~40 年代径流量均减少，但是减少程度逐渐降低，20 年代减少程度高达 8.97%，到 40 年代减少幅度减少到 0.13%；在 RCP2.6 情景下，径流量在 20 年代和 40 年代都减少，40 年代减少程度更大，30 年代则有明显的增加；在 RCP4.5 情景下，径流量开始（20 年代）减少量较大，在 30 年代之后随着降水量的增大，径流量有较大的增加幅度，40 年代增幅高达 13.46%。

对于黄河流域，RCP2.6、RCP4.5、RCP8.5 情景下 21 世纪 20~40 年代径流量均减少，在 RCP8.5 情景下减少幅度最大。RCP4.5 情景下，随着时间推移，减少幅度逐渐降低，从 20 年代减少 7.72% 降低到 40 年代减少 4.86%。

对于淮河流域，RCP2.6、RCP4.5、RCP8.5 情景下 21 世纪 20~40 年代径流量均减少。在 RCP2.6 情景下，各年代径流量减少幅度逐渐降低，从 20 年代减少 7.23% 降低到 40 年代减少 3.58%。RCP4.5 情景下各年代径流减少幅度也逐渐降低，从 5.26% 减少到 1.79%。

对于长江及珠江流域，RCP2.6、RCP4.5、RCP8.5 情景下 21 世纪 20~40 年代径流量均减少，但是减少幅度差别较大。RCP2.6 情景下，两流域径流量减少幅度在 3 个年代内逐渐降低。珠江流域在 RCP4.5 情景下，径流量减少幅度在 3 个年代内逐渐降低，但长江流域径流减少幅度则先减少然后增大。RCP8.5情景下,两流域3个年代的减少幅度均较大。

对于东南诸河,RCP4.5情景下,径流量减少幅度在3个年代内逐渐降低,RCP8.5情景下3个年代的减少幅度则逐渐增加。

单从各情景来看,平均径流量的减少幅度在同一年代内RCP8.5情景下比其余两个情景更大,这说明在一般情况下高水平CO_2排放(RCP8.5情景)导致较大幅度的径流减少。而在RCP4.5和RCP2.6情景下,径流减少幅度则随年代的推移而减小。RCP2.6情景下,海河流域在21世纪30年代将增加3.26%,辽河流域在40年代则增加0.55%,除此之外,东部季风区其他流域径流量将减少。黄河流域温度上升的影响将大于降水增加的影响,从而导致径流量有微弱的增加,其余各流域在3个年代都将面临幅度减少的情况。在RCP4.5的情景下,松花江、辽河、海河流域在20年代径流量将减少,30年代之后,径流量将增加。其他流域在20~40年代径流量都将下降,下降幅度在减缓。在RCP8.5的情景下,随着温度的急剧增加,各流域平均径流将减少。

4.4.3 气候变化对水资源影响的敏感性分析

径流的敏感性可以通过改进后的双参数弹性系数法计算得到。在不同的降水变化和温度变化的组合下,径流量变化和敏感性变化差异较大。研究表明,选取降水变化较大,温度变化在1℃范围内,将能获得相对稳定的敏感性系数。利用Leonard方法可对气候变化对水资源的影响进行核算,在降水增加10%,温度上升0.8℃的情况下(图4-41),径流

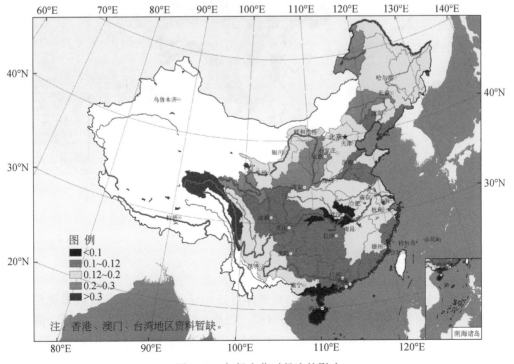

图4-41 气候变化对径流的影响

影响最大的二级流域是金沙江石鼓以上，将导致30%以上的径流变化；次之为河口至龙门镇、龙门至三门峡、龙门峡以上区域及西辽河等，将影响径流程度为20%以上；影响小于10%的区域为粤西桂南沿海诸河、宜昌至湖口等。由图4-41可知，海河、黄河、辽河松花江等流域面临较大的径流变化，而长江、东南诸河和珠江流域面临较小的径流变化。

理论上，弹性系数的取值范围为（−∞，+∞）。为了便于流域间对比，可以将弹性系数值转化为 [0，1]，该公式为

$$S = 1 - \exp\left(-|e_{p,\delta T}|\right) \tag{4-2}$$

式中，S 为水资源相对气候变化的敏感性；$e_{p,\delta T}$ 为水资源对气候变化的弹性系数。

通过计算敏感性后，利用转化函数将气候变化对径流的影响程度转为归一化的敏感性（图4-42），结果显示中国二级流域以海河北系、滦河流域、黄河流域、金沙江石鼓以上等最为敏感，而南方大部分区域水资源对气候变化敏感性较弱。

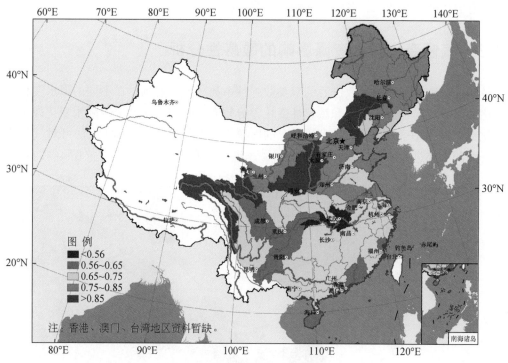

图 4-42　中国东部季风区八大流域敏感性分布

4.4.4　水资源的暴露度分析

根据 IPCC 特别报告，本章构建社会经济体量指标（人口、经济产量）来衡量损害时间发生时各区域面临损害的总体社会经济规模。以社会核心指标，即人口表征可能事件发生时面临的人口伤害，以经济核心指标 GDP 表征经济产值受影响的可能规模。图 4-43 是中国东部季风区各县人口分布图。

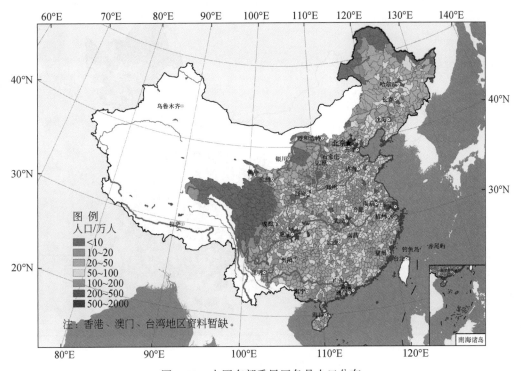

图 4-43　中国东部季风区各县人口分布

因此，以中国县域人口为基础要素，构建人口区域分布图，表征损害事件发生时可能造成的损害分布。城市规划部门一般是按城市人口规模划分城市等级与规模，本章以10万人、20万人、50万人、100万人、200万人和500万人人口数作为划分标准，将东部季风区各县分为超级人口聚集区、特大聚集区、高聚集区、大聚集区、中等聚集区、小聚集区和低密度聚集区7个等级。从图4-43可见，东部季风区县域人口分布以京津冀都市圈、淮河流域、成都-重庆区、华南城市区、湖南湖北区为主要聚集区，其中以北京、天津、上海、广州、南京、重庆、武汉等城市最为集中。而甘肃、宁夏、黑龙江、广西、山西等地人口分布较少，大多数县域人口少于30万人。

不利事件发生时，各区域经济条件将决定受影响的程度，一般来说，经济较发达地区，不利事件造成的损失更大，而经济较不发达地区，因基础设施落后、经济生产较多以农业或林业等为主，经济影响较小。因此，对东部季风区各区域经济水平划分及经济规模的评价将利于暴露度的表征。本章利用县域经济生产产值，在空间上进行展示，确定东部季风区县域经济发展水平及其分布。按照经济规模和发展程度，本章以GDP为2000亿元、1500亿元、1000亿元、500亿元、50亿元和25亿元作为划分标准进行划分，将东部季风区各县划分为6个等级（图4-44）。

与人口分布相类似，东部季风区GDP的分布以京津冀、上海、广州、重庆等城市为中心，围绕着珠江三角洲城市群、长江三角洲城市群、京津冀都市圈和成渝城市圈、武汉

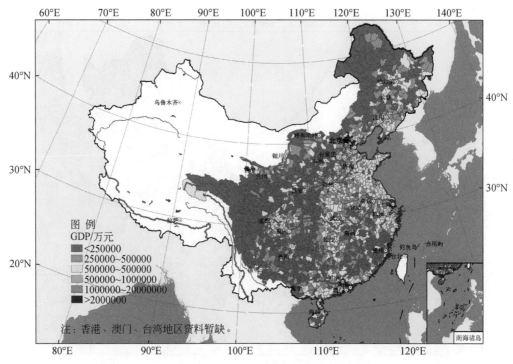

图 4-44　中国东部季风区县 GDP 分布

城市群等重要发展区。

　　将人口与 GDP 作为不利事件造成社会经济影响的核心指标，得到中国东部季风区干旱暴露度分布图（图 4-45）。结果显示，综合考虑县域面积上社会经济情况的暴露度指标，能够较好地表征东部季风区社会经济系统易于受到损害的程度。在同样的灾害情况下，黄淮海平原区、珠江城市区、成渝城市群的损害最大，东北平原区、湖北湖南城市区干旱暴露度次之，而宁夏、甘肃、青海、黑龙江、江西等省份县域干旱暴露度较小。

4.4.5　水资源的旱灾风险分析

　　利用中国 1949～2000 年历史干旱的研究成果（Feng，2009），可以对中国各区域进行旱灾风险的评估，并以此作为影响水资源保障的可能性，结果如图 4-46 所示。结果显示，旱灾高发区主要分布在内蒙古、辽宁、陕西、山西、甘肃、山东等省份，从流域来看，黄河、海河、淮河、辽河流域为旱灾高发的区域，发生概率在 60% 以上，特别是黄河中游及山东半岛等区域尤为严重，发生概率在 70% 以上，发生概率较小的区域则在金沙江石鼓以

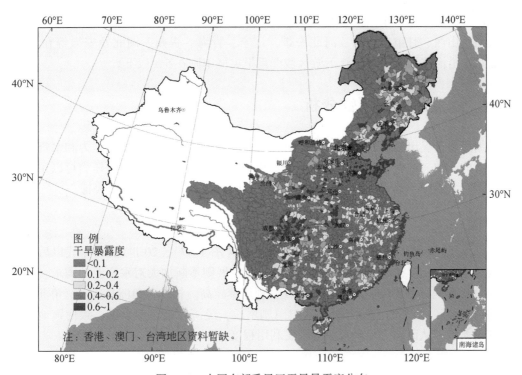

图 4-45　中国东部季风区干旱暴露度分布

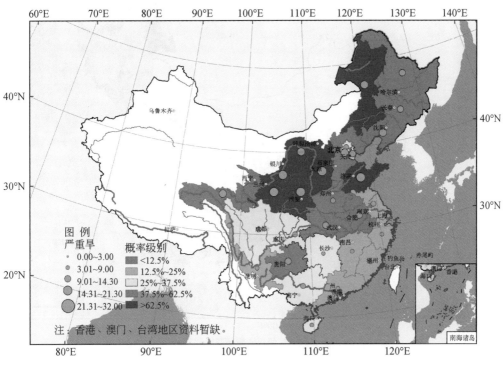

图 4-46　中国东部季风区干旱概率分布

下、岷沱江、嘉陵江、东南沿海诸河等区域。概率在 30% 以上严重旱灾主要发生在内蒙古、陕西、山西、甘肃、山东、河北一带，辽宁、青海、贵州、湖北及安徽等在 15% 以上，而东南沿海诸河省份及珠江下游区域严重旱灾概率则在 5% 以下。

4.4.6 水资源的抗压性分析

根据第 2 章提出的抗压性的公式可知，水资源抗压性是水资源需求压力和水资源承载人口压力的函数。根据 Falkenmark 的水资源压力指数定义，水资源需求压力可以用水资源开发利用率来表征，而水资源承载人口压力可以用百万方水承载人口数表征。

4.4.6.1 水资源开发利用率分析

东部季风区水资源开发利用率分析结果显示（图 4-47），20 世纪 80 年代以后，黄淮海地区进入持续干旱少雨期，而经济社会的飞速发展则不断加大对水资源的需求，这导致 1980～2000 年时段黄淮海流域的水资源开发利用率较高。长江三角洲和珠江三角洲是改革开放的重点地区，20 世纪 80 年代后人口急剧增长，经济社会飞速发展，致使该地区水资源需求量大增，从而加大了水资源的开发利用程度。

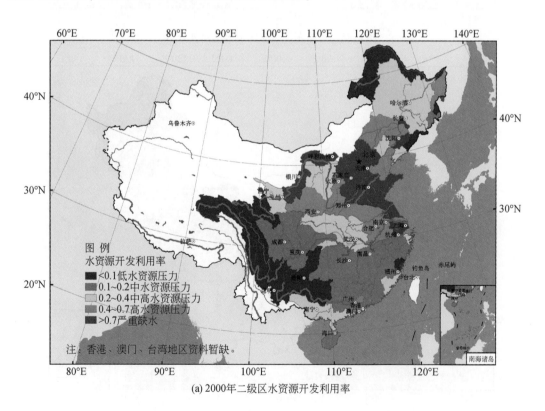

(a) 2000年二级区水资源开发利用率

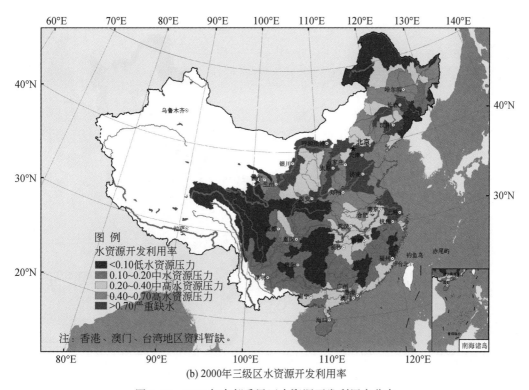

(b) 2000年三级区水资源开发利用率

图 4-47　2000 年东部季风区水资源开发利用率分布

由于水资源开发利用率是用水量与总水资源量的比值，所以水资源开发利用率还反映了经济社会用水与生态环境用水之间的竞争关系。人类生活和生产活动用水越多，水资源的开发利用程度越高，就越挤占生态环境用水。根据国际公认的标准，40%的水资源开发利用率是生态环境用水是否受到挤占的判断标准。评估结果显示，1980～2000 年时段，东部季风区水资源二级分区中生态环境用水短缺的分区为 21 个，且大部分集中在黄淮海流域和辽河流域。

海河流域地跨 8 省（市、自治区），包括北京、天津等几十座城市，具有非常重要的政治、经济、文化地位。但海河流域也是中国水资源短缺问题最严重的地区之一，由于生产、生活长期挤占生态用水，导致流域生态环境出现严重退化。海河流域用占全国水资源总量 1.5% 的水资源支撑着全国 11% 的耕地和 10% 的人口，其面临着河流干涸、入海水量锐减、湿地退化、地下水严重超采、水污染等一系列问题。对海河流域开发利用情况的评估结果显示，在 1980～2000 年时段，经济社会用水挤占生态用水的问题并没有得到解决。

4.4.6.2　百万方水承载人口数分析

承载人口驱动的水资源压力在东部季风区也呈现加重趋势（图 4-48）。在 1980～2000 年时段，"严重缺水"或"极端缺水"的水资源二级分区为 20 个，且大部分集中在黄淮海流域和辽河流域。对海河流域而言，20 世纪 80 年代后海河流域进入一个干旱期，1980～2000 年

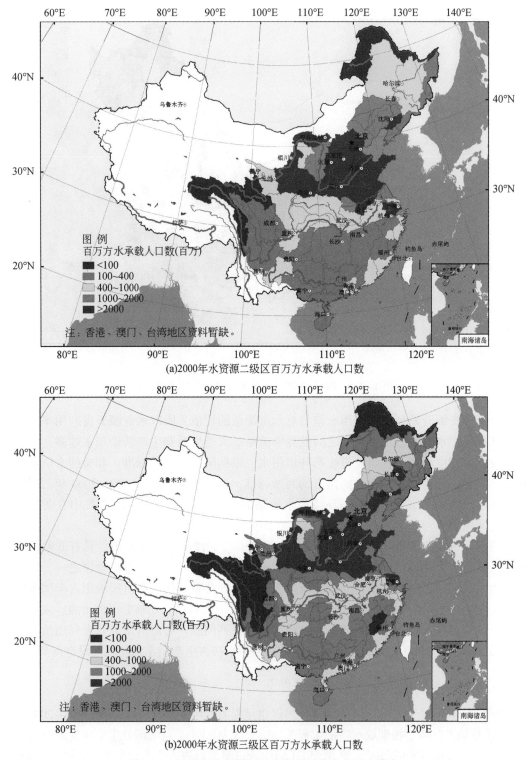

(a)2000年水资源二级区百万方水承载人口数

(b)2000年水资源三级区百万方水承载人口数

图 4-48　2000 年东部季风区水资源承载人口压力分布

时段要在水资源总量减少 25% 的情况下支撑增长了 28.7% 的人口，水资源承载人口的压力进一步加剧。在松花江流域，19.8% 的人口增长所产生的压力可以由 12.2% 的水资源增长率抵消，所以在 1980～2000 年时段该流域的人口承载压力与 20 世纪 80 年代前期相比并没有发生变化。与黄淮海流域的情况相似，1980～2000 年时段，长江流域、珠江流域和东南诸河流域的部分地区，特别是珠江三角洲和长江三角洲地区，水资源承载人口的压力急剧上升。这与改革开放后大量人口涌入这些地区的历史事实相符。

为进一步分析水资源的人口承载压力状况，本章对中国东部季风区 2000 年的水资源承载力（WRCC）进行了计算。通过以下公式可以确定一定社会经济发展水平下区域水资源量能够承载的最大人口数：

$$GDP_c = GDP/W_D \times W_A \tag{4-3}$$

$$P_c = GDP/ \ [GDPP] \tag{4-4}$$

式中，GDP_c 为区域水资源量能够支撑的最大 GDP 规模；GDP、W_D 和 W_A 分别为国内生产总值、总用水量和可利用水资源量；P_c 为一定社会经济发展水平下区域水资源所能支撑的最大人口数；[GDPP] 为区域在某一社会发展水平下人均占有国内生产总值的下限阈值。根据中国经济社会发展现状和战略目标，参考国外有关社会发展的阶段划分，将社会发展水平划分为温饱型、初步小康、中等小康、全面小康、初步富裕和中等富裕 6 个阶段，其相应的人均 GDP 下限分别为 3000 元/人，6300 元/人，13 000 元/人，24 000 元/人，34 000 元/人和 62 000 元/人。通过对中国小康进程的综合分析，至 2000 年 74.84% 的人口已经实现了小康水平，而东部地区超过 90% 的人口已经达到了小康水平，从而确定东部季风区八大流域的人均 GDP 下限（表 4-29）。

表 4-29　2000 年东部季风区的水资源承载力

水资源分区	人口（万人）	GDP（亿元）	用水总量（亿 m³）	承载最大人口数（万人）
松花江流域	6 384.0	5 031.8	407.4	12 678.2
辽河流域	5 432.3	5 238.2	204.0	6 445.9
海河流域	12 515.4	11 632.7	403.3	6 777.9
黄河流域	10 799.0	6 216.4	415.1	8 237.3
淮河流域	19 855.5	13 305.4	587.1	16 020.8
长江流域	42 855.4	31 738.5	1 845.2	67 537.1
东南诸河流域	6 909.0	8 430.0	319.6	17 409.1
珠江流域	15 198.3	13 137.9	825.7	19 189.6

计算的水资源承载力结果与百万方水承载人口数的评价结果具有很好的一致性。黄淮海流域在 2000 年的实际人口超过了区域水资源所能承载的最大人口数，特别是海河流域，其百万方水承载的人口数在东部季风区八大流域中是最高的，水资源承载的人口数已经比可承载最大人口数多了 45.8%；黄河流域和淮河流域实际承载的人口数分别比可承载的最大人口数多了 23.7% 和 19.3%。而在东南诸河流域，百万方水承载的人口数是八大流域中最低的，实际人口也远远低于水资源承载力计算得到的区域水资源所能承载的最大人口

数。此外，松花江流域、长江流域、珠江流域和辽河流域的人口同样处于水资源能承载的范围之内，说明在保证这些地区水资源可持续利用的前提下，其人口还具有继续增长的空间。

4.4.6.3 全国水功能区达标率评价

水功能区是指为满足水资源合理开发和有效保护的需要，根据水资源的自然条件、水体功能要求及开发利用现状，按照流域综合规划、水资源保护规划和经济社会发展要求，在相应水域按其主导功能划定并执行相应质量标准的特定区域。水功能区划采用水功能一、二级两级区划制，其中水功能一级区又被划分为保护区、保留区、开发利用区和缓冲区4类；水功能二级区则将一级区中的开发利用区再细化为饮用水源区、工业用水区、农业用水区、渔业用水区、景观娱乐用水区、过渡区和排污控制区7类。水功能区水体类型分为河流、水库和湖泊3类；其中河流按长度统计，水库和湖泊按水面面积统计。《中国水功能区》区划河长共计 274 970.8km，水库、湖泊水面面积为 51 026.6km²，其中湖泊面积为 43 815.0km²。本次调查评价在地表水水质、污染源和入河排污口调查评价的基础上，对中国地表水体的功能状况进行了评价。

根据中国水功能区水质状况和水质目标要求，对中国东部季风区水资源二级区水功能达标情况进行评价，结果显示（图4-49），中国松辽流域、海河流域、黄河流域达标率最低，低于65%；珠江流域沿海地区也较低；水功能区达标率较高的地区出现在东南诸河流域及长江上、下游区域。

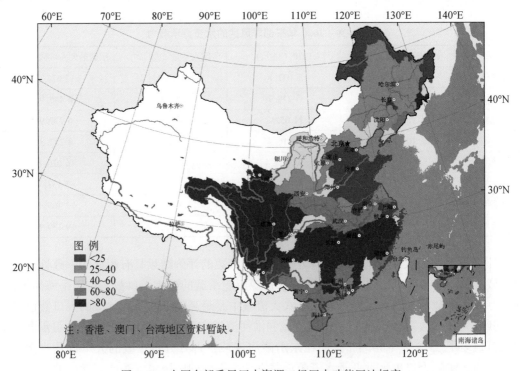

图 4-49　中国东部季风区水资源二级区水功能区达标率

从水功能区一级、二级区综合评估结果（表4-30）来看，全国共评价6834个水功能区，达标数为3753个，达标个数比为54.9%。各流域达标个数超过评价总数60%的流域是长江流域区、东南诸河区、西南诸河区和西北诸河区，以东南诸河区最高，达到82.8%。达标个数最少的是海河区，仅为27.9%。南方3个流域达标率明显高于北方5个流域。

表4-30　水资源一级区水功能区（一级区与二级区合计）全年水质达标状况统计

一级区	水功能区评价个数（个）	水功能区达标个数（个）	水功能区个数达标比（%）	河流			湖泊			水库		
				评价河长（km）	达标河长（km）	达标比（%）	评价面积（km²）	达标面积（km²）	达标比（%）	评价蓄水量（亿m³）	达标蓄水量（亿m³）	达标比（%）
松花江区	615	225	36.6	35 500.4	11 123.1	31.3	2 821.7	0.0	0.0	93.4	12.6	13.5
辽河区	441	163	37.0	15 793.0	6 335.0	40.1	0.0	0.0	—	58.4	52.2	89.4
海河区	527	147	27.9	19 708.5	5 790.8	29.4	440.2	4.2	1.0	223.9	124.9	55.8
黄河区	589	281	47.7	29 649.6	15 960.6	53.8	468.7	293.0	62.5	0.0	0.0	—
淮河区	475	136	28.6	13 705.7	3 189.9	23.3	4 847.2	610.6	12.6	128.9	61.5	47.7
长江区	2 490	1 666	66.9	89 075.5	69 476.3	78.0	12 022.9	7 246.5	60.3	478.3	434.9	90.9
东南诸河区	285	236	82.8	5 980.0	5216.8	87.2	0.0	0.0	—	266.6	266.6	100.0
珠江区	929	549	59.1	32 780.1	19 695.6	60.1	361.6	31.0	8.6	107.0	79.3	74.1
西南诸河区	204	150	73.5	15 631.2	12 505.7	80.0	1 183.3	648.9	54.8	5.1	4.3	84.3
西北诸河区	279	200	71.7	26 259.6	20 425.9	77.8	8 974.3	6 018.3	67.1	0.0	0.0	—
全国	6 834	3 753	54.9	284 084.5	169 719.7	59.7	311 19.9	14 852.5	47.7	1 361.6	1 036.3	76.1

从各流域评价河长来看，全国共评价河长为284 084.5km，达标河长为169 719.7km，达标河长比为59.7%。珠江、东南诸河、长江流域达标率均大于60%，而北方黄河、海河、淮河、辽河及松花江流域均小于60%。东南诸河达标河长比最高，为87.2%，淮河区达标比最低，仅为23.3%；相比达标个数比，辽河和淮河流域达标河长比均有所升高。流域湖泊和水库达标情况见表4-30。

4.4.6.4　水资源的抗压性分析

将水资源需求压力和水资源承载人口压力耦合后，利用抗压性公式对东部季风区水资源二级分区的水资源抗压性进行评估计算（图4-50）。可以看出，1980～2000年时段，在气候变化和人类活动的影响下，东部季风区的水资源抗压能力明显不高，黄淮海流域和辽河流域的水资源应对供需矛盾的抗压能力很差，而南方地区水资源的抗压能力则相对较高。

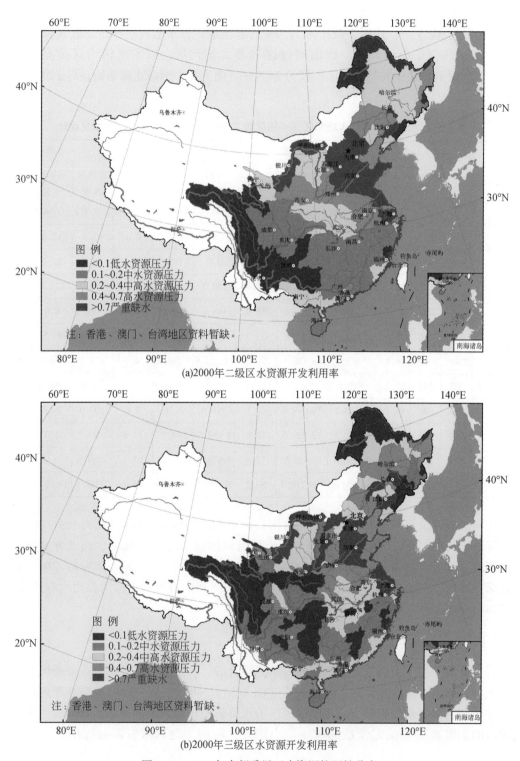

(a)2000年二级区水资源开发利用率

(b)2000年三级区水资源开发利用率

图4-50 2000年东部季风区水资源抗压性分布

对未来气候变化的预测结果显示，中国北方地区干旱缺水的范围将进一步扩大，而南方洪涝灾害则将进一步加剧。因此，随着干旱频率的提高和人口的持续增长，如果不及时提出有效的水资源规划管理策略，北方地区的水资源应对极端缺水的抗压能力将面临更为严峻的挑战。

4.4.7　叠加不同因子后的水资源脆弱性分析

4.4.7.1　考虑气候变化敏感性及抗压性的水资源脆弱性

不考虑暴露度及风险水平下，水资源脆弱区主要集中在海河流域、淮河流域、黄河流域和辽河流域。长江流域、东南诸河流域和珠江流域除个别二级区外，基本处于不脆弱或低脆弱状态。海河、淮河流域水资源最为脆弱，黄河流域兰州至河口镇、龙门峡至三门峡次之，金沙江石鼓以上、龙羊峡以上及额尔古纳河不脆弱。长江中下游、珠江流域及东南沿海诸河的脆弱性较低（图4-51）。

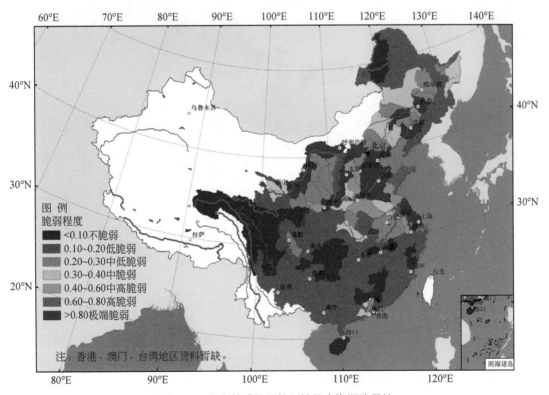

图 4-51　考虑敏感性及抗压性的水资源脆弱性

4.4.7.2 考虑暴露度后的水资源脆弱性

水资源保障不足时，各区域经济条件将决定缺水影响的程度，一般来说，经济较发达地区，缺水的损失更大，而经济较不发达地区，因基础设施落后、经济生产较多以农业或林业等为主，缺水对工业等经济活动影响较小。因此，将考虑人口分布和 GDP 规模的暴露度指标引入脆弱性评价体系中，得到考虑社会经济暴露度的脆弱性评价结果（图 4-52）。相对于水功能区达标率、抗压性及敏感性耦合下的脆弱性，水资源最为脆弱的区域分布不变，而中度脆弱以上程度的区域分布发生了变化，长江中下游、珠江流域及东南沿海诸河的脆弱性上升到中低脆弱，金沙江石鼓以上、龙羊峡以上及额尔古纳河上升为低脆弱。

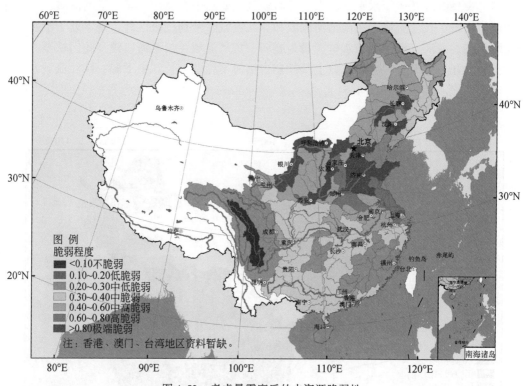

图 4-52 考虑暴露度后的水资源脆弱性

4.4.7.3 考虑旱灾风险的水资源脆弱性

水资源脆弱性不仅要考虑长时间尺度水资源供给保障压力，也要考虑系统在特定时间内的配置要求，一般来说，水利工程缺乏或者水利基础设施脆弱，没有涵养水源，没有顺应洪涝和干旱汛期规律，将导致旱灾洪涝事件。水资源保障中未能做到洪涝时蓄水涵养，干旱期取水调水，遵循自然规律，则水资源动态平衡被打破，旱灾频发。区域旱灾造成水资源脆弱性发生变化，考虑旱灾风险后的水资源脆弱性如图 4-53 所示。

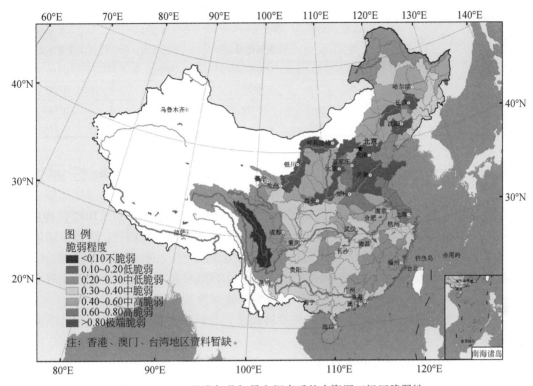

图4-53　2000基准年叠加旱灾概率后的水资源三级区脆弱性

考虑旱灾概率后，大部分区域水资源脆弱性均有不同程度的增加，长江、珠江、东南诸河和松花江均上升到中脆弱或中低脆弱状态，黄河流域绝大部分地区上升为中高脆弱状态。

从表4-31可以看出，考虑干旱暴露度和旱灾概率后，各流域水资源脆弱性均呈增大趋势。从脆弱性评价结果来看，东部季风区水资源脆弱性存在一定的空间分布规律，表现为中国海河、淮河、黄河流域是极度脆弱的核心区域，华北平原尤其严重；长江、珠江、松花江及东南诸河流域脆弱性较低；同一河流，上游地区脆弱性明显低于中下游地区；随着耦合因素的增加，脆弱性有明显增强的趋势，空间上呈现出北方大于南方，由华北平原向北减少、向南减少的分布规律。

表4-31　考虑不同因素的中国主要流域水资源脆弱性现状比较（2000年）

流域	V（考虑敏感性）	V（考虑干旱暴露度）	ΔV（考虑干旱暴露度后）	V（考虑旱灾发生概率）	ΔV（考虑旱灾发生概率后）
松花江	0.18	0.26	0.08	0.37	0.19
辽河	0.47	0.55	0.08	0.61	0.14
海河	0.78	0.79	0.01	0.80	0.02
黄河	0.50	0.52	0.02	0.59	0.09

续表

流域	V（考虑敏感性）	V（考虑干旱暴露度）	ΔV（考虑干旱暴露度后）	V（考虑旱灾发生概率）	ΔV（考虑旱灾发生概率后）
淮河	0.72	0.74	0.02	0.75	0.03
长江	0.19	0.27	0.08	0.36	0.17
东南诸河	0.12	0.21	0.09	0.30	0.18
珠江	0.13	0.24	0.11	0.34	0.21

4.5 未来变化环境下中国八大流域水资源脆弱性评价

根据 IPCC 第五次评估报告提供的未来不同气候变化情景（CMIP5，RCP2.6，RCP4.5，RCP8.5），及其与本书提出和发展的 CLM-DTVGM 模型相耦合，模拟出中国东部季风区八大流域在不同气候变化情境下所对应的河川径流变化及水资源情势过程。结合未来区域社会经济发展需水、用水预测结果，进一步计算出未来气候变化影响下流域水资源供需关系及其联系的未来气候变化影响下的水资源脆弱性及其评估。

未来气候变化影响和人类活动（经济发展模式）导致水资源供需发生变化的不同情景的假设如下。

情景一（SC1）：未来气候系统发生变化，导致水资源的来水变化，但是社会经济和用水状况为基准年 2000 年的水平。

情景二（SC2）：假定未来气候变化保持基准年 2000 年的状况，主要考虑未来社会经济和用水状况的变化，采用全国水资源综合规划对未来需水量的预测成果。

情景三（SC3）：气候变化影响和社会经济、用水状况均发生变化的组合情景。

未来气候变化情景采用"典型浓度路径"（representative concentration pathways）排放情景 RCP2.6（低），RCP4.5（中），RCP8.5（高）。RCP2.6 是把全球平均温度上升限制在 2℃之内的情景。无论从温室气体排放还是从辐射强迫看，这都是最低端的情景。RCP4.5 情景考虑了与全球经济框架相适应的、长期存在的全球温室气体和生存期短的物质排放，以及土地利用/陆面变化。模式的改进包括历史排放及陆面覆被信息，遵循用最低代价达到辐射强迫目标的途径。RCP8.5 是最高温室气体排放情景，该情景假定人口最多、技术革新率不高、能源改善缓慢，收入增长较缓，造成长时间高能源需求和温室气体排放。

未来水资源脆弱性以 21 世纪 20 年代（2020～2029 年）、30 年代（2030～2039 年）和 50 年代（2050～2059 年）为例。

4.5.1 未来气候变化影响下（SC1）的水资源脆弱性评价

只考虑气候变化带来水资源量发生变化而用水不发生变化的情况，以 RCP4.5 情景20 世纪 30 年代为例。可以看出，未来来水对东北的松辽流域和南方的长江流域、珠江流域等影响较大。来水减少后，长江流域大部分的子流域水资源均由低脆弱上升为中脆弱状态，黄淮海流域水资源仍然处于中高脆弱区间（图 4-54）。

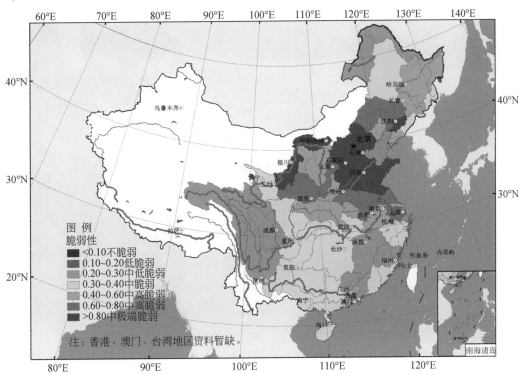

图 4-54　只考虑来水变况下的未来水资源脆弱性（以 RCP4.5 情景 21 世纪 30 年代为例）

4.5.2　未来用水变化影响下（SC2）的水资源脆弱性评价

当水资源量不变，人口增长、社会经济快速发展时，以 21 世纪 30 年代为例，根据上面对未来需水的预测，中国未来需水量总体增加，30 年代中国总体需水量达到 7192 亿 m³，用水量最大的黄淮海地区仍然处于极端脆弱状态（图 4-55）。

4.5.3　未来气候变化和用水均变化影响下（SC3）的水资源脆弱性评价

当气候变化、人口、社会经济状况同时发生变化时，以来水平均状态为例，对不同气候变化情景不同年份的水资源脆弱性结果进行分析。

4.5.3.1　RCP2.6 情景下各年代际水资源脆弱性

（1）RCP2.6 情景 21 世纪 20 年代水资源脆弱性
中国东部季风区未来 2020 年水资源极端脆弱区域仍然分布在黄淮海流域，海河流域是最为严重的区域，长江上游、额尔古纳及黑龙江仍是脆弱性较低的区域。黄河中游、淮河中上游脆弱性加重趋势明显（图 4-56）。

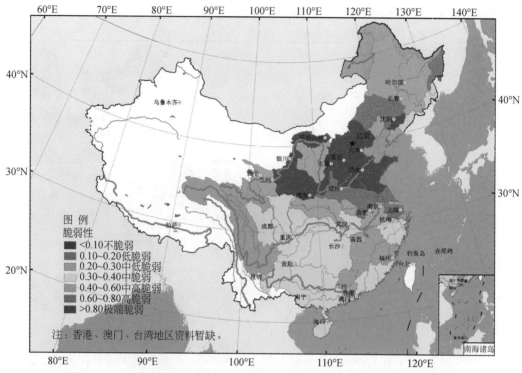

图 4-55　只考虑用水变情况下的未来水资源脆弱性（以 21 世纪 30 年代为例）

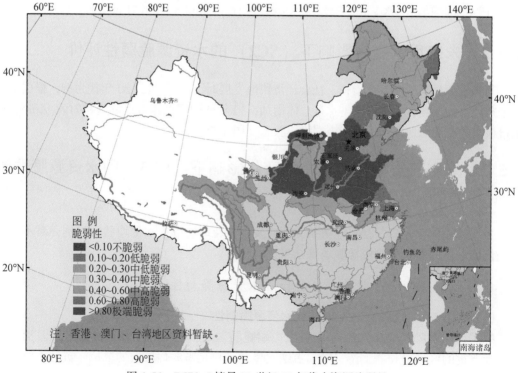

图 4-56　RCP2.6 情景 21 世纪 20 年代水资源脆弱性

与基准年 2000 年相比，以淮河中游、乌苏里江、龙门至三门峡水资源脆弱性增加最为明显；洞庭湖、珠江下游、东南诸河、嫩江及松花江三岔口以下区域普遍增加 4%~10%；海河流域等上升 15%~20%。其余区域增加趋势较小，由此可见，中国除关注传统的黄河、海河、辽河等严重脆弱性区域外，2020~2030 年更需加强对淮河中游、珠江西游、东南沿河等流域脆弱性的重视。

（2）RCP2.6 情景 21 世纪 30 年代水资源脆弱性

中国东部季风区未来 2030 年水资源脆弱性将增加，辽河、黄河、松花江及淮河增加明显。一级水资源分区松花江区、辽河区、海河区、黄河区、淮河区、长江区、东南诸河区和珠江区分别增加约 0.04、0.06、0.16、0.06、0.07、0.02、0.02 和 0.02。

其中，以淮河中游、龙门至三门峡、徒骇马颊河、乌苏里江等分区水资源脆弱性增加最为明显（图 4-57），滦河流域、龙门峡至三门峡区域均由高脆弱变为极端脆弱；辽河流域、洞庭湖、郁江、粤西桂南沿海诸河、闽江、黄河内流区、嫩江及松花江三岔口以下区域普遍增加 4%~10%；海河流域等上升 15%~20%。其余区域增加趋势较小。21 世纪 30 年代，中国东部季风区要防范黄淮海区域水资源脆弱性，并重点关注松花江三岔口以下分区、龙门至三门峡、淮河中游、珠江下游及闽江等区域的脆弱性变化。

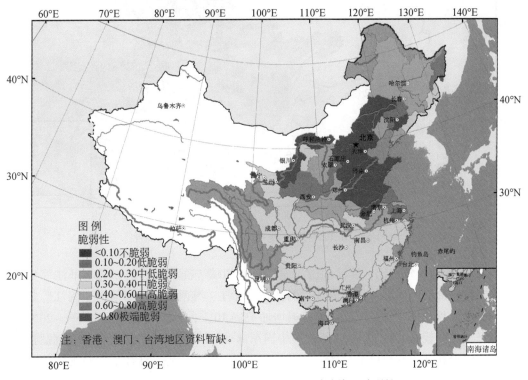

图 4-57　RCP2.6 情景 21 世纪 30 年代水资源脆弱性

21 世纪 30 年代水资源与 20 年代相比，也产生了系列变化，表现为西辽河、辽河干流、浑太河等辽河流域分区，龙羊峡至兰州、河口至龙门、龙门至三门峡、闽江、钱塘江及浙东诸河等分区水资源脆弱性均增加 1% ~ 5%；闽南诸河、滦河、长江上游及中下游水资源脆弱性增加 0 ~ 1%；长江河口以下干流、太湖、珠江流域、韩江及粤东诸河、海河流域、淮河流域除上游外分区、兰州至河口镇、松花江流域等流域水资源脆弱性略微减少。

（3）RCP2.6 情景 21 世纪 50 年代水资源脆弱性

中国东部季风区未来 21 世纪 50 年代水资源脆弱性将增加，松花江、东南诸河等均上升一个等级。一级水资源分区松花江区、辽河区、海河区、黄河区、淮河区、长江区、东南诸河区和珠江区分别增加约 0.08、0.13、0.18、0.10、0.11、0.04、0.04 和 0.04（图 4-58）。

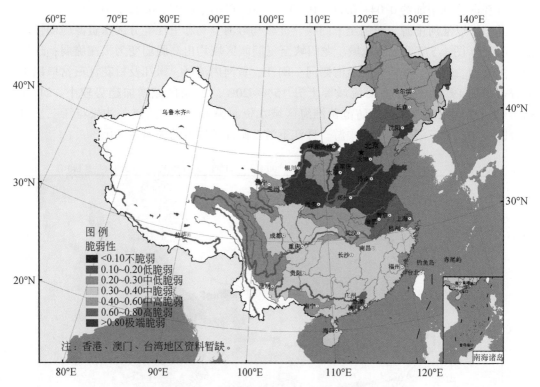

图 4-58　RCP2.6 情景 21 世纪 50 年代水资源脆弱性

与 2000 年基准年相比，淮河中游、龙门至三门峡、徒骇马颊河、乌苏里江等分区水资源脆弱性增加最为明显；辽河流域、洞庭湖、郁江、粤西桂南沿海诸河、闽江、黄河内流区、嫩江及松花江三岔口以下区域普遍增加 4% ~ 10%；海河流域等上升 15% ~ 20%。其余区域增加趋势较小。21 世纪 50 年代，中国东部季风区要防范黄淮海区域水资源脆弱性，并重点关注松花江三岔口以下分区、龙门至三门峡、淮河中游、珠江下游及闽江等区域脆弱性变化。

21 世纪 50 年代水资源与 20 年代相比，产生了系列变化，表现为西辽河、辽河干流、浑太河等辽河流域分区，淮河中游、三门峡至花园口、珠江三角洲等分区增加 10% 以上；太湖水系、松花江三岔口以下、乌苏里江、第二松花江等分区水资源脆弱性均增加 5% ~

10%；海河南系、海河北系、徒骇马颊河、山东半岛、淮河下游、沂沭泗河区、兰州至河口镇等流域水资源脆弱性略微减少。

4.5.3.2 RCP4.5 情景下各年代际水资源脆弱性

（1）RCP4.5 情景 21 世纪 20 年代水资源脆弱性

RCP4.5 情景下，21 世纪 20 年代中国东部季风区的水资源脆弱性分布格局并没彻底发生变化。黄河流域、海河流域、淮河流域等流域仍是极端脆弱区域，而长江上游、北江、闽江、黑龙江及额尔古纳河仍是脆弱性较低的区域。与基准年相比，20 年代滦河流域、东辽河、龙门至三门峡变为极端脆弱区域；乌苏里江、三门峡至花园口、淮河中游（王家坝至洪泽湖出口）等增加为高脆弱区域。洞庭湖、闽沱江、东江等中低脆弱区域升为中度脆弱区域（图 4-59）。

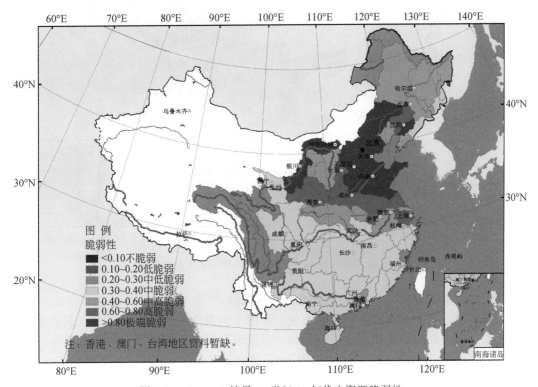

图 4-59　RCP4.5 情景 21 世纪 20 年代水资源脆弱性

（2）RCP4.5 情景 21 世纪 30 年代水资源脆弱性

相比基准年，21 世纪 30 年代乌苏里江、滦河及冀东沿海、海河北系、海河南系、徒骇马颊河、龙门至三门峡、三门峡至花园口、淮河中游（王家坝至洪泽湖出口）、沂沭泗河等流域分区水资源脆弱性增加较快，增加值为 0.1～0.25，增加最快的是徒骇马颊河，增加了 0.24，龙门至三门峡次之，达 0.21；额尔古纳河、黑龙江干流、绥芬河、图们江、鸭绿江、东北沿黄渤海诸河、龙羊峡以上、兰州至河口镇、花园口以下、金沙江石鼓以上、金沙江石鼓以下、岷沱江、嘉陵江、乌江、宜宾至宜昌、洞庭湖水系、鄱阳湖水系、太湖水系、钱塘江、浙南诸河、闽东诸河、闽江、南北盘江、红柳江、郁江、西江、北江、东江、韩江及粤东诸河、粤西桂南沿海诸河、海南岛及南海各岛诸河等区域水资源变化微弱（图4-60）。

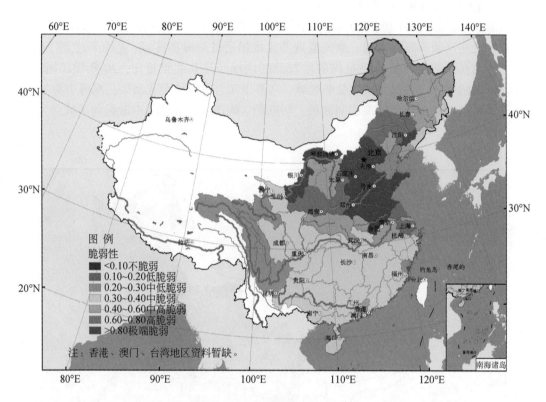

图 4-60　RCP4.5 情景 21 世纪 30 年代水资源脆弱性

（3）RCP4.5 情景 21 世纪 50 年代水资源脆弱性

滦河流域、龙门至三门峡、辽河干流及淮河中游升为最为脆弱的区域，洞庭湖、东江、北江、岷沱江等中低脆弱性区域变为中度脆弱区域。各流域分区相比基准年的变化如下：第二松花江、松花江（三岔口以下）、乌苏里江、西辽河、东辽河、辽河干流、滦河及冀东沿海、海河北系、海河南系、徒骇马颊河、龙门至三门峡、三门峡至花园口、内流区、淮河中游（王家坝至洪泽湖出口）、沂沭泗河、湖口以下干流、珠江三角洲等区域脆弱性增长在0.1以上，最高的是龙门至三门峡，达到0.25；额尔古纳河、黑龙江干流、绥芬河、鸭绿江、龙羊峡以上、兰州至河口镇、花园口以下、金沙江石鼓以上、金沙江石鼓以下、岷沱江、乌江、宜宾至宜昌、鄱阳湖水系太湖水系、闽东诸河、南北盘江、红柳江、北江、东江、海南岛及南海各岛诸河等流域分区脆弱性几乎没有变化（图4-61）。

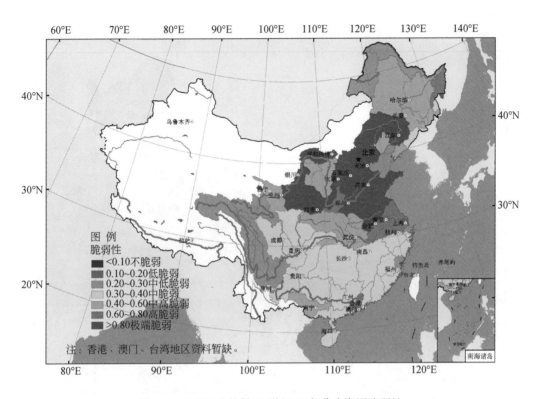

图 4-61 RCP4.5 情景 21 世纪 50 年代水资源脆弱性

4.5.3.3 RCP8.5 情景下各年代际水资源脆弱性

（1）RCP8.5 情景 21 世纪 20 年代水资源脆弱性

RCP8.5 情景下，21 世纪 20 年代中国东部季风区松花江、辽河、海河、黄河、淮河、长江、东南诸河及珠江流域水资源比基准年分别增加 0.04、0.06、0.17、0.05、0.07、0.02、0.02 和 0.02。海河流域变得更为脆弱，淮河脆弱性增加也较多，长江、珠江及东南诸河增加较少，各分区的脆弱性分布如图 4-62 所示。增加量最大的是龙门至三门峡区间，增加了 0.24，增加量在 0.1 以上的分别为乌苏里江、滦河及冀东沿海、海河北系、海河南系、徒骇马颊河、龙门至三门峡、淮河中游及沂沭泗河分区；部分区域变化较小，如额尔古纳河、黑龙江干流、绥芬河、图们江、鸭绿江、龙羊峡以上、兰州至河口镇、花园口以下、金沙江石鼓以上、金沙江石鼓以下、岷沱江、嘉陵江、乌江、宜宾至宜昌、洞庭湖水系、鄱阳湖水系、太湖水系、钱塘江、浙南诸河、闽东诸河、闽江、闽南诸河、南北盘江、红柳江、郁江、西江、北江、东江、韩江及粤东诸河、粤西桂南沿海诸河和海南岛及南海各岛诸河分区。

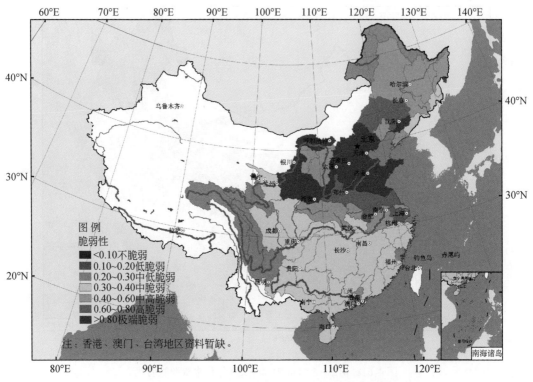

图 4-62 RCP8.5 情景 21 世纪 20 年代水资源脆弱性

（2）RCP8.5 情景 21 世纪 30 年代水资源脆弱性

RCP8.5 情景下，21 世纪 30 年代中国东部季风区松花江、辽河、海河、黄河、淮河、长江、东南诸河及珠江流域水资源比基准年分别增加 0.05、0.07、0.17、0.07、0.08、0.02、0.02 和 0.02。海河流域和淮河流域增加最大，海河流域中以徒骇马颊河增加最大为 0.24，淮河流域中以中游增加最大，为 0.17（图 4-63）。其中，额尔古纳河、黑龙江干流、绥芬河、鸭绿江、龙羊峡以上、兰州至河口镇、花园口以下、金沙江石鼓以上、金沙江石鼓以下、岷沱江、嘉陵江、乌江、宜宾至宜昌、洞庭湖水系、鄱阳湖水系、太湖水系、钱塘江、浙南诸河、闽东诸河、闽江、南北盘江、红柳江、郁江、西江、北江、东江、韩江及粤东诸河、粤西桂南沿海诸河和海南岛及南海各岛诸河增加均在 0.02 以下，几乎没有变化；增加在 0.1 以上的区域有乌苏里江、东辽河、辽河干流、滦河及冀东沿海、海河北系、海河南系、徒骇马颊河、龙门至三门峡、三门峡至花园口、淮河中游、沂沭泗河等分区，其中龙门至三门峡增加最大，为 0.25。

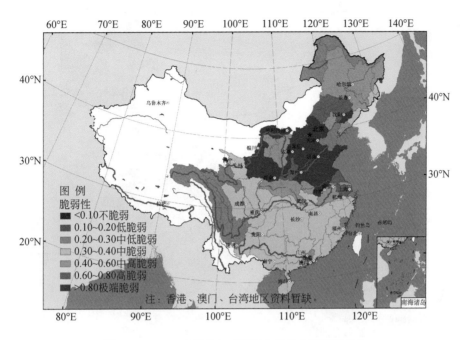

图 4-63　RCP8.5 情景 21 世纪 30 年代水资源脆弱性

与 21 世纪 20 年代相比，30 年代的水资源脆弱性变化较小，仅龙门至三门峡和三门峡至花园口变化量在 0.04 以上，分别为 0.04、0.08；从级别上升来看，东辽河由高脆弱变为极端脆弱。

（3）RCP8.5 情景 21 世纪 50 年代水资源脆弱性

RCP8.5 情景下，21 世纪 50 年代中国东部季风区松花江、辽河、海河、黄河、淮河、长江、东南诸河及珠江流域水资源比基准年分别增加 0.09、0.15、0.18、0.09、0.11、0.04、0.04 和 0.04。海河和淮河流域增加最多，西辽河、东辽河、辽河干流、滦河及冀东沿海、海河北系、海河南系和徒骇马颊河增加 0.13 以上，分别增加 0.22、0.23、0.25、0.19、0.13、0.14 和 0.24，而浑太河、鸭绿江、东北沿黄渤海诸河则增加较小，分别为 0.07、0.01、0.09；额尔古纳河、黑龙江干流、绥芬河、鸭绿江、龙羊峡以上、兰州至河口镇、花园口以下、金沙江石鼓以上、金沙江石鼓以下、岷沱江、乌江、太湖水系、闽东诸河、南北盘江、红柳江、北江、东江和海南岛及南海各岛诸河增加在 0.02 以下，几乎没有变化（图 4-64）。

与 21 世纪 30 年代相比，水资源脆弱性均有不同程度的增加，嫩江、第二松花江、松花江（三岔口以下）、乌苏里江、图们江、东北沿黄渤海诸河、龙羊峡至兰州、河口镇至龙门、三门峡至花园口、内流区、淮河上游（王家坝以上）、汉江、宜昌至湖口、湖口以下干流、浙东诸河、闽南诸河和郁江分区增加 0.02~0.1，而西辽河、东辽河、辽河干流、淮河中游和珠江三角洲增加 0.13 以上，淮河中游增加最大，为 0.16。

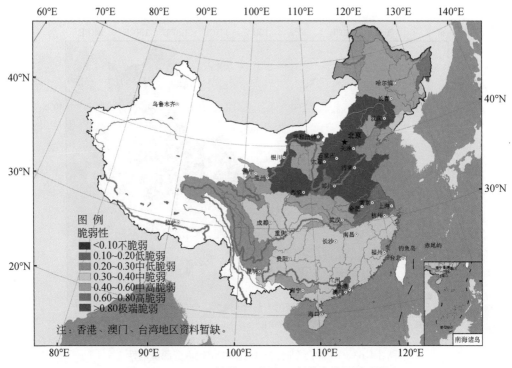

图 4-64　RCP8.5 情景 21 世纪 50 年代水资源脆弱性

4.6　水资源脆弱性评估模型在重点流域的应用

4.6.1　海河流域水资源脆弱性评价

4.6.1.1　海河流域现状水资源脆弱性评估

（1）海河流域水资源概况

1）降水量。本章根据两次全国水资源调查评价结果对海河流域降水的时空分布特点进行分析。海河流域 1956～2000 年的平均降水量为 535mm，其中山区为 523mm，平原区为 552mm；1964 年降水量最大，为 800mm，1965 年降水量最小，为 357mm。

海河流域的降水主要受季风进退和地形等因素的影响，时空差异比较大。在空间上，沿太行山、燕山迎风坡有一条 600mm 的多雨带，背风坡和海河平原降水则明显减少，其中背风坡多年平均降水为 450～550mm，海河平原为 500～550mm。

在时间上，海河流域降水的年际变化较大，常出现连续的枯水年。丰、枯年降水量相差可达到一倍以上。根据调查资料统计，1956～2000 年，海河流域的丰水段包括 1956～1964 年、1973～1979 年，枯水段包括 1965～1972 年、1980～2000 年。在年内分布上，全年降水量80%集中在汛期，即6~9月，11~2月和12~3月降水量仅占3%~10%，春旱严重（图4-65）。

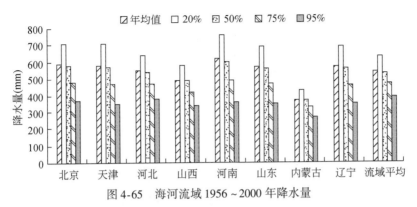

图4-65 海河流域1956~2000年降水量

2）径流量。以两次全国水资源调查评价结果为依据，对海河流域三级水资源分区的径流变化趋势进行分析，同时对海河流域15个水资源三级分区1956~2000年的径流资料进行突变检验，参考径流随时间的变化趋势，最终得到径流突变点检验的结果（图4-66）。

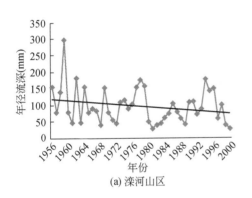

(a) 滦河山区

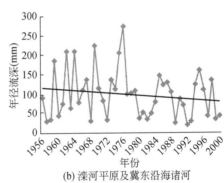

(b) 滦河平原及冀东沿海诸河

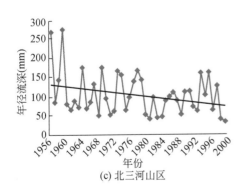

(c) 北三河山区

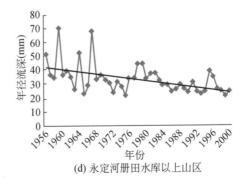

(d) 永定河册田水库以上山区

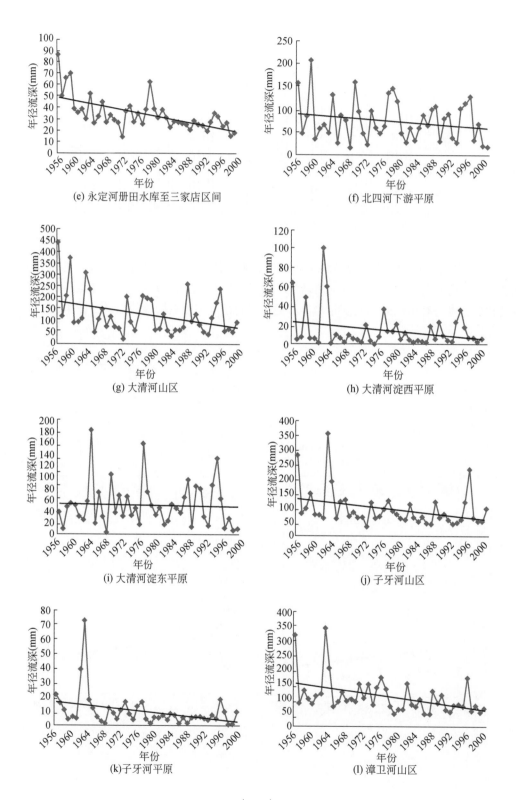

(e) 永定河册田水库至三家店区间

(f) 北四河下游平原

(g) 大清河山区

(h) 大清河淀西平原

(i) 大清河淀东平原

(j) 子牙河山区

(k)子牙河平原

(l) 漳卫河山区

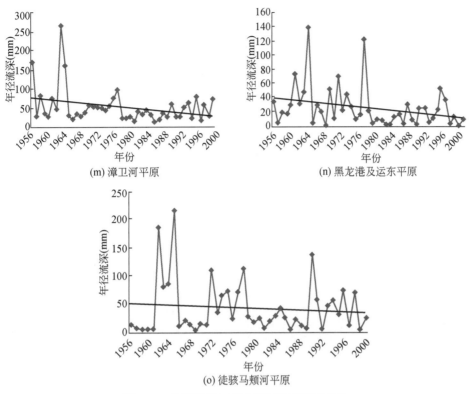

(m) 漳卫河平原

(n) 黑龙港及运东平原

(o) 徒骇马颊河平原

图 4-66　海河流域三级水资源分区径流变化

结果显示，1956~2000 年时段，海河流域径流量大致呈现减少趋势。各水资源分区径流量的突变点在时间上存在不一致性。其中，突变点较多的分区有滦河山区、滦河平原及冀东沿海诸河、北三河山区和北四河下游平原，突变时间主要在 1957 年、1960~1961 年、1969 年、1977~1978年、1997~1998 年。突变点较少的分区则包括子牙河山区和漳卫河山区，突变时间主要集中在 1958 年、1971 年、1974~1975 年、1984 年、1996~1997 年等。总体来说，海河流域各区域年径流量突变点主要集中在 1956~1958 年、1961~ 1963 年和 1997~1999 年。

3）降水与径流量对比。海河流域 1956~2000 年的径流量总体呈减少趋势，但很多地区在波动中保持基本稳定，没有大的变化趋势。流域径流变化的原因主要包括自然因素和人为因素，其中自然因素是指气候的变化直接导致降水量、气温的变化，从而引发径流改变；人为因素则主要指人类活动对集水流域下垫面的改变和在河道取用水量的变化，引起径流的改变。由于本书使用的水资源调查评价数据是径流还原之后的资料，已经排除了人类取用水的影响，所以人为因素主要是指下垫面改变导致产汇流。

进一步对海河流域 15 个水资源三级分区的降水–径流序列进行对比（图 4-67），分析发现，总体上海河流域的年径流量与年降水量的变化趋势有较好的一致性，说明气候变化对海河流域径流的改变具有一定的影响。但在部分分区两者的相关性并不大，说明人为因素对这些分区径流变化所起的作用更大。根据这一结论，未来气候变化引起降水量的改变，将会对海河流域的径流量产生很大的影响。而根据国家气候变化研究报告的研究成果，中国未来南涝北旱的格局可能会进一步加重，以海河流域为代表的北方地区降水可能继续减少。所以未来海河流域的径流量可能进一步下降，从而使海河流域的供需矛盾进一步突出，加剧流域水资源的脆弱性。

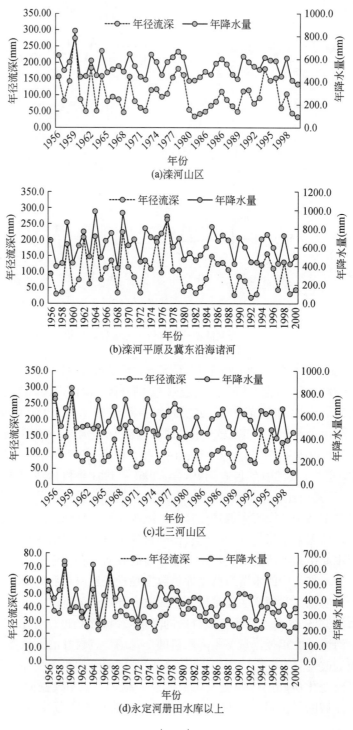

(a)滦河山区

(b)滦河平原及冀东沿海诸河

(c)北三河山区

(d)永定河册田水库以上

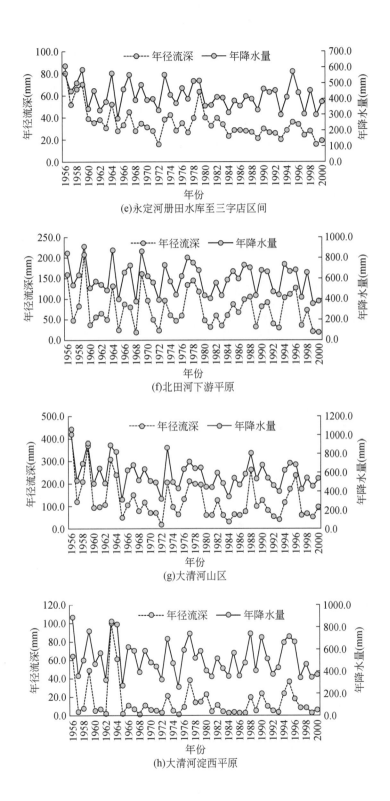

(e)永定河册田水库至三字店区间

(f)北田河下游平原

(g)大清河山区

(h)大清河淀西平原

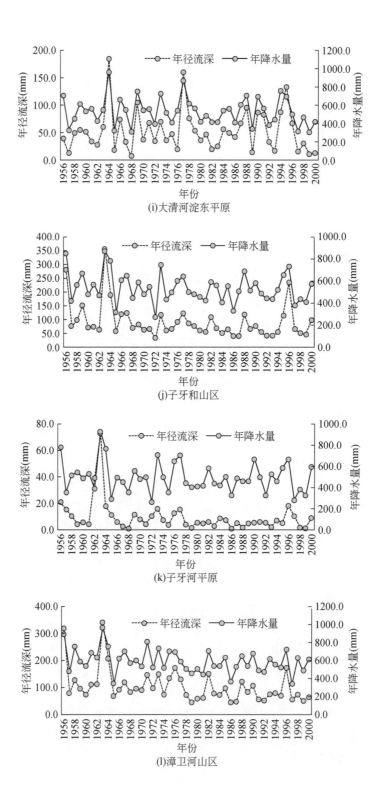

(i)大清河淀东平原

(j)子牙和山区

(k)子牙河平原

(l)漳卫河山区

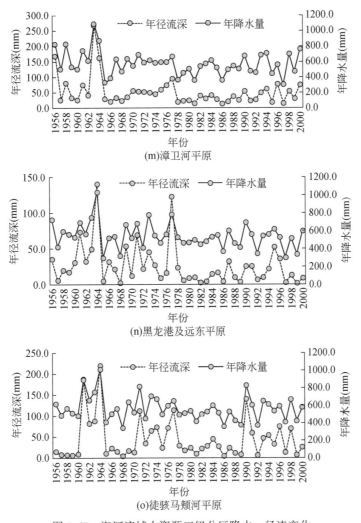

图4-67　海河流域水资源三级分区降水—径流变化

4）地下水与水资源总量。根据全国水资源调查评价结果，1956～2000年海河流域淡水区（矿化度小于2g/L）平均地下水资源量为160亿m³，其中平原区远远高于山间盆地区，接近山区的10倍。由于地下水超采，海河平原和山间盆地浅层地下水1980～2000年的累计亏损量达409亿m³，年平均近20亿m³。其中，平原区累计亏损量为392亿m³，山间盆地累计亏损量为17亿m³。

海河流域1956～2000年的多年平均水资源总量为370亿m³，1964年水资源量最大，为734亿m³，1999年水资源量最小，为189亿m³，与多年平均降水量相比，产水系数为0.217。

图4-68是海河流域15个水资源三级分区1956～2000年多年平均水资源总量、地表水资源量。由图4-68可以看出，整体而言海河流域山区水资源总量以地表水为主，平原区水资源总量中地下水的比重较大。其中，滦河山区地表水资源在水资源总量中所占比重超

过 90%。子牙河山区、北三河山区（蓟运河、潮白河、北运河）、漳卫河山区和大清河山区地表水也都超过 70%。而在子牙河平原，地表水所占的比重不足 10%，还有大清河淀西平原不足 15%。

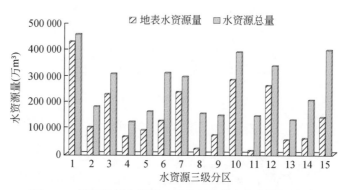

图 4-68　海河流域水资源三级分区地表水与水资源总量

注：1. 滦河山区；2. 北三河山区；3. 永定河册田水库到三家店区间；4. 永定河册田水库以上；5. 北四河下游平原；6. 滦河平原及冀东沿海诸河；7. 大清河山区；8. 黑龙港及运东平原；9. 大清河淀东平原；10. 子牙河山区；11. 大清河淀西平原；12. 子牙河平原；13. 徒骇马颊河；14. 漳卫河山区；15. 漳卫河平原。编号代表三级分区，后同。

5）用水量。据统计，海河流域 2008 年总用水量为 372 亿 m³，其中城镇用水量（生活、工业、城市河湖）为 92 亿 m³，占总用水量的 25%，农村用水量（生活和牲畜、灌溉、林牧渔业、农村生态）为 280 亿 m³，占总用水量的 75%。

图 4-69 统计的是海河流域 2008 年各行业的用水比重，结果显示，从各行政区来看，海河流域除北京外，各省级行政区的用水中，农业用水比重最大，远远超过工业、生活和生态用水。从流域平均情况来看，生活用水略高于工业用水，与工业用水大致相同，农业依然是海河流域中的用水大户。北京用水中生活用水所占比重较大，其次是农业用水，两者都远远超出工业用水的比重。生态用水仅占总用水极小的一部分，总体上不超过 10%。

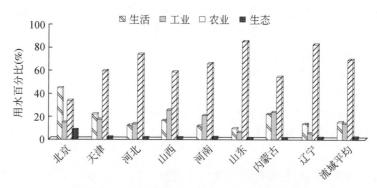

图 4-69　海河流域省级行政区行业用水比重

6）水资源开发利用。根据水资源开发利用率是一定时期内当地水源实际供水量与同期当地水资源总量之比，利用实际资料的获取情况，以水资源二级分区为单元，对海河流域水资源开发利用率进行评价（图4-70）。对2000~2008年共计9年的资料进行计算，结果显示，海河流域水资源二级区地表水资源开发利用率均超过40%，处于有压力状态；地下水资源开发利用率均超过80%，而水资源总开发利用率超过100%，属于水资源严重过度开发、缺水问题极为突出的地区。

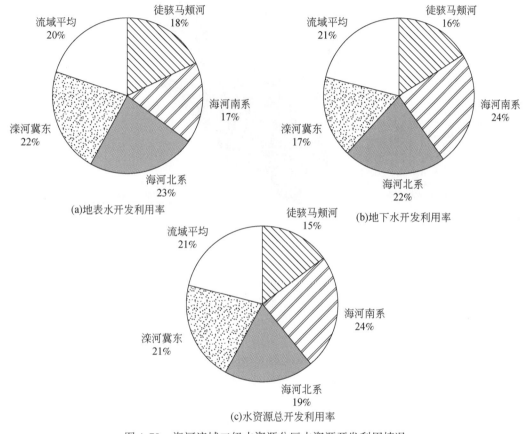

图4-70　海河流域二级水资源分区水资源开发利用情况

（2）海河流域现状水资源脆弱性评估

利用建立的海河流域水资源脆弱性评价模型，对海河流域水资源三级分区的水资源敏感性、抗压性与水资源脆弱性状况进行评估。考虑资料的权威性，本书利用全国水资源调查评价的结果，将1980~2000年时段的平均值作为现状基准年的情况，进行水资源脆弱性评估（图4-71）。评估结果如下：总体上海河流域水资源脆弱性程度较为严重，且大致呈现平原高山区低的状态。其中，滦河山区、北三河山区、大清河山区、子牙河山区和漳卫河山区水资源脆弱性程度属于中度脆弱区；其余9个三级区降水量少、蒸发量大，却需要供养高密度的人口，并承载大面积的农田灌溉和社会经济的高速发展，其水资源开发利用率远远超过世界粮农组织规定的70%的"物理性缺水"线，所以其水资源处于严重脆弱的状态。

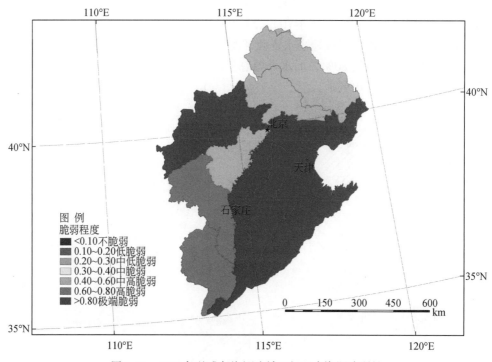

图 4-71　2000 年基准年海河流域三级区水资源脆弱性

4.6.1.2　海河流域未来水资源脆弱性预估

（1）海河流域未来降水变化分析

图 4-72 是贝叶斯多模式统计降尺度模型对 AR5 环流模式年降水量的降尺度结果相对基准期年降水量的变化率。由图 4-72 可以看出，总体上海河流域水资源三级分区 2020 年和 2030 年的降水较基准期都呈现减少趋势，大致上北部分区的降幅比南部分区略大，且除了滦河平原及冀东沿海诸河（分区编号为 6）和大清河淀西平原（分区编号为 8）2030 年的降幅超过 2020 年外，大部分分区 2030 年降水减少幅度较 2020 年略小。与基准期相比，2020 年海河流域 15 个水资源分区的年降水量均呈现降低趋势，其中永定河册田水库以上山区（分区编号为 4）、北四河下游平原（分区编号为 5）、滦河平原及冀东沿海诸河（分区编号为 6）、漳卫河山区（分区编号为 14）、滦河山区（分区编号为 1）和北三河山区（分区编号为 2）年降水量的降幅较大，减少率超过 20%，特别是永定河册田水库以上山区（分区编号为 4）的减少百分率达到 33%。大清河山区（分区编号为 7）、子牙河山区（分区编号为 10）和大清河淀东平原（分区编号为 9）的减少率超过 10%。

2030 年，滦河平原及冀东沿海诸河（分区编号为 6）、大清河淀西平原（分区编号为 8）、永定河册田水库以上山区（分区编号为 4）和北四河下游平原（分区编号为 5）的年降水量降幅最大，均超过 20%，特别是滦河平原及冀东沿海诸河（分区编号为 6）降幅达

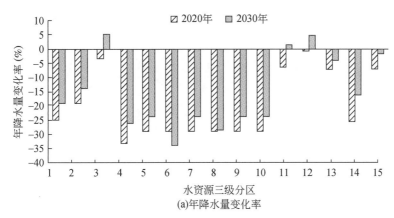

(a)年降水量变化率

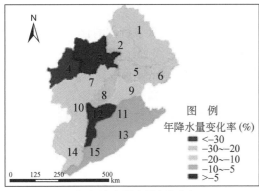

(b)2020年年降水量变化分布

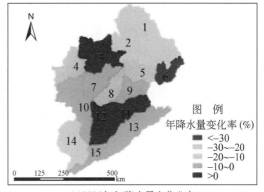

(c)2030年年降水量变化分布

图4-72　海河流域水资源三级分区年降水量变化率及其分布（编号同图4-68）

到33%。滦河山区（分区编号为1）、漳卫河山区（分区编号为14）和北三河山区（分区编号为2）年降水量减少幅度超过10%。而黑龙港及运东平原（分区编号为11）、子牙河平原（分区编号为12）和永定河册田水库至三家店区间（分区编号为3）的年降水量与基准期相比略有增加，增长率为1%~5%。

（2）海河流域未来水资源量模拟

1）未来地表径流变化。大部分分区未来径流量较基准期都呈现减少趋势，且2020~2030年，流域的年径流量变化不大。总体上，2030年的径流量相对2020年出现轻微增长态势（图4-73）。其中，与基准期相比，年径流变化降幅最大的为永定河册田水库以上山区（分区编号为4）和大清河淀西平原（分区编号为8），2020年和2030年的年径流减少量均超过60%。其余地区2020年降幅为20%~58%，2030年降幅为14%~49%。与大部分分区不同，永定河册田水库至三家店区间（分区编号为3）的年径流深与基准期相比呈现上升趋势（增幅约16%），这与该水资源分区未来的潜在蒸散发相对基准期而言呈现减少趋势相一致，且在永定河册田水库至三家店区间（分区编号为3），2020年降水量与基准期相比降幅较小，而2030年降水量更呈现增加趋势，这也解释了径流增加的原因。将径流深和区域面积换算之后可以得到分区的地表水资源量。

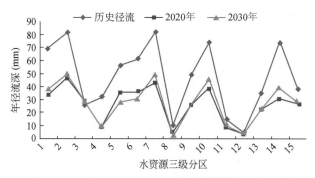

图 4-73 海河流域水资源三级分区未来径流模拟值（编号同图 4-68）

2）未来地下水资源量变化。水资源总量是地表水资源与地下水资源之和扣除地表水与地下水重复计算量后的部分，也可以表达为地表水资源量与"地表水和地下水不重复计算量"之和。地下水在海河流域，特别是在平原区的水资源总量中所占的比重较大，由于数据获取的局限性，本书通过第二种途径，对 15 个水资源三级分区的长序列"地下水扣除与地表水的重复量"数据（即不重复计算量）进行分析，根据不重复计算量随时间的变化趋势大致估算 2020 年和 2030 年地下水扣除重复计算量的大小。对于地表水与地下水不重复计算量随时间在一定范围内上下波动的，取波动相对稳定时段的平均值；对于其随时间呈现一定统计规律的，根据其统计规律同时综合考虑将地表水、水资源总量的变化和范围作为约束条件，估算未来时段地下水不重复计算量。与地表水资源量相加后，得到 2020 年和 2030 年各个水资源分区的水资源总量（图 4-74）。

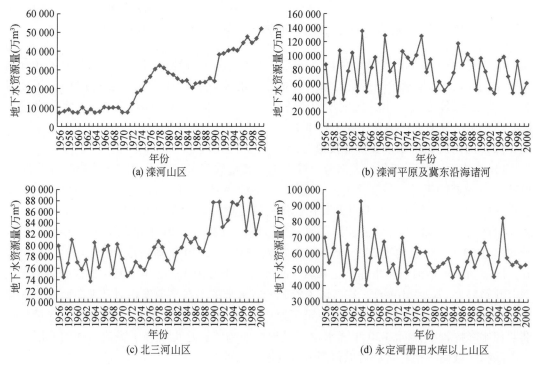

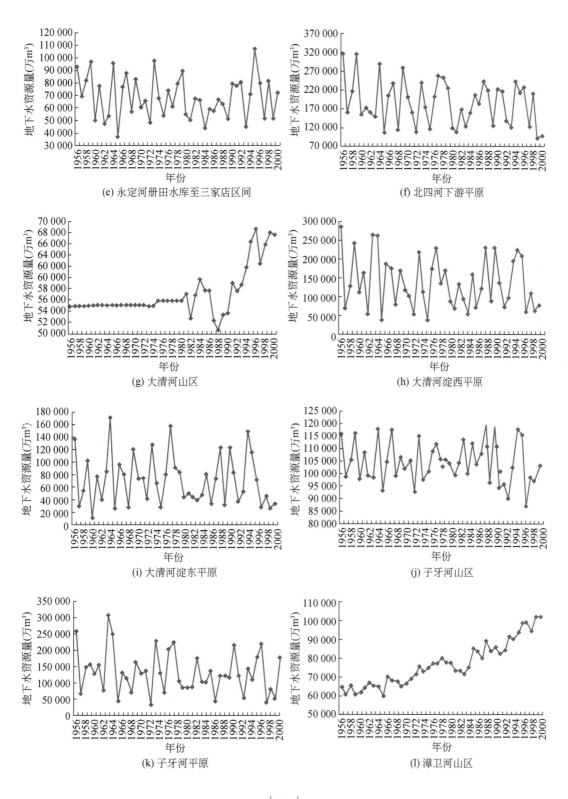

(e) 永定河册田水库至三家店区间

(f) 北四河下游平原

(g) 大清河山区

(h) 大清河淀西平原

(i) 大清河淀东平原

(j) 子牙河山区

(k) 子牙河平原

(l) 漳卫河山区

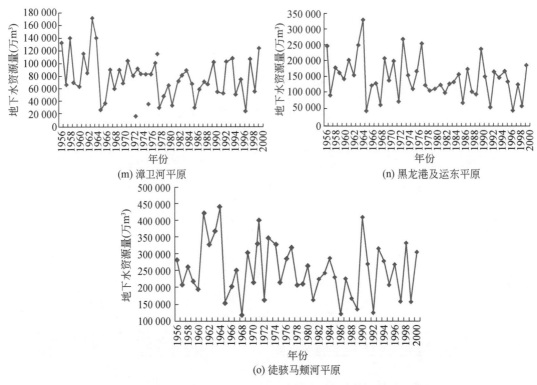

(m) 漳卫河平原　　　　　　　　　　　(n) 黑龙港及运东平原

(o) 徒骇马颊河平原

图 4-74　海河流域水资源三级分区地下水扣除重复计算量随时间变化趋势

3）未来水资源总量变化。图 4-75 是对海河流域水资源三级分区 2020 年和 2030 年的水资源总量计算的结果。由图 4-75 可以看出，除少数地区外，海河流域 2020 年和 2030 年的水资源总量基本低于历史基准时期，且 2020 年的水资源总量与 2030 年的水资源总量差别不是很大。

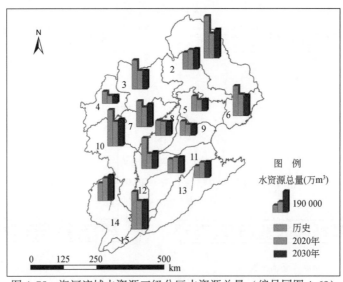

图 4-75　海河流域水资源三级分区水资源总量（编号同图 4-68）

相对于 1980~2000 年基准期而言，子牙河平原（分区编号为 12）和滦河山区（分区编号为 1）2020 年的水资源总量降幅最大，超过 40%。永定河册田水库至三家店区间（分区编号为 3）、永定河册田水库以上山区（分区编号为 4）和子牙河山区（分区编号为 10）的水资源总量减少超过 30%。漳卫河平原（分区编号为 15）、大清河淀东平原（分区编号为 9）、滦河平原及冀东沿海诸河（分区编号为 6）及大清河山区（分区编号为 7）水资源总量减少超过 20%。其次是北四河下游平原（分区编号为 5）水资源总量减少约 10%。而黑龙港及运东平原（分区编号为 8）、北三河山区（分区编号为 2）、漳卫河山区（分区编号为 14）和徒骇马颊河平原（分区编号为 13）的水资源量增幅为 10%~30%。

相对于 2020 年而言，2030 年水资源总量呈现略微增加或基本不变的趋势，只有极少数地区略微减少（图 4-76）。2030 年较 2020 年水资源增加较为明显的地区基本都位于流域内的山区部分。其中，滦河山区（分区编号为 1）、大清河山区（分区编号为 7）、漳卫河山区（分区编号为 14）、子牙河山区（分区编号为 10）和子牙河平原（分区编号为 12）水资源总量在 2030 年增幅最明显。漳卫河山区（分区编号为 14）水资源量增长率由 29.59% 增加到 43.43%；大清河山区（分区编号为 7），水资源量减少率由 -24.19% 降低到 -12.39%；滦河山区（分区编号为 1）水资源量减少率由 -41.49% 减少到 -32.22%，变化幅度均在 10% 左右。子牙河山区（分区编号为 10）水资源量减少率由 -32.30% 降低到 -26.09%；子牙河平原（分区编号为 12）水资源量减少率由 -51.57% 降低到 -46.27%。其次，漳卫河平原（分区编号为 15）水资源量减少率由 -16% 增加到 -23%；北三河山区（分区编号为 2）水资源量增加率由 15.57% 增加到 20.24%。而北四河下游平原（分区编号为 5）的水资源总量降幅最明显，也接近 10%。其余水资源分区 2020~2030 年的水资源总量变化幅度大致在 5% 以内。

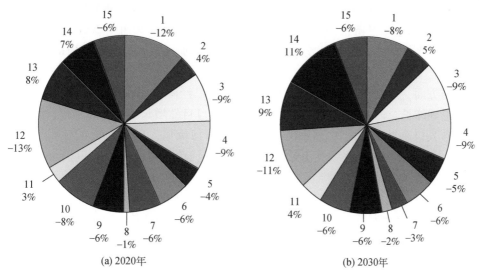

图 4-76　海河流域水资源三级分区 2020 年和 2030 年水资源总量变化幅度（编号同图 4-68）

注：分别相对于 1980~2000 年基准年。

（3）海河流域未来水资源脆弱性预估

由于气候变化使水文循环过程发生改变，导致海河流域天然来水发生变化，从而使流域的水资源条件发生改变；另外，随着经济社会的进一步发展，人口规模不断增大，城市化进程不断加快，这就使需水量不断加大，从而使得流域水资源供需矛盾、水环境问题、与水相关的生态问题等进一步凸显，而经济结构调整、水资源管理制度的改变又会使得用水效率提高、用水总量得到控制，所以在正向因素与负向因素的共同作用下，海河流域未来的水资源脆弱性状况将发生相应的改变。

1）海河流域未来经济社会发展概况。参考《海河流域综合规划》等相关研究，本书对海河流域经济社会发展的历史、现状进行分析，并预估未来的变化趋势。最终实现对2020年和2030年需水的预估。《海河流域综合规划》是将2008年作为现状水平年，鉴于资料获取的局限性，同时考虑这一改动对流域水资源脆弱性的预估影响不大，所以本书在分析经济社会发展趋势时参考这一做法将2008年作为现状水平年。

自20世纪80年代以来，海河流域人口呈持续增长趋势。1980～2008年，流域总人口的年平均增长率达到12.2‰，截至2008年增加到1.38亿人。其中，城镇人口增加较快，1980年城镇人口为2289万人，2008年增加到6940万人，增加了2倍；城镇化率由24%上升至50%。随着城镇化进程的加快，大量农村人口向城镇转移，农村人口减少。

1980～2008年，海河流域的GDP年均增长率达到10.9%，到2008年增加至3.21万亿元，共增加了20倍。人均GDP从1638元增加至2.32万元，翻了三番。与此同时，海河流域的产业结构也发生了深刻的变化。第一产业（农业）所占比重不断下降，第三产业所占比重不断上升。GDP中"三产"所占比例由26%、45%、29%分别变为7%、50%和43%。经济增长方式由粗放式向集约式转变，传统产业逐步向高新技术产业过渡，农业生产效率也不断提高，实现了经济发展的同时流域水资源消耗量没有明显增加。

2）海河流域未来经济社会发展趋势预估。对海河流域2020年、2030年的人口、三大产业发展及需水的预估，通过参考《海河流域综合规划》对海河流域经济社会发展趋势的分析来确定。

在人口方面，近年来海河流域人口自然增长率已经降至比较低的水平。其中，北京、天津已接近零增长，河北、山西、河南、山东的人口自然增长率为6‰左右，但外来人口入迁等导致人口总量增长较快。1980～2008年，海河流域人口增长了42%，年均增长率为12.2‰。预计未来随着流域经济社会的发展，海河流域对流域外人口仍有较强的吸引力。根据各个省级行政区有关部门的预测，海河流域2020年总人口将达到1.52亿人，2030年将达到1.58亿人。海河流域2030年总人口比2008年增加14%，年平均增长率为6‰，总人口增长速度呈降低态势，并于2030年左右接近零增长。海河流域未来人口分布趋势是继续由山区向平原、农村向城镇集中。

根据流域内各省、自治区、直辖市发展改革部门的预测，到2020年海河流域GDP总量将超过7万亿元（按2000年不变价计算），2030年将达到13.4万亿元。2030年GDP将比2008年翻两番，2008～2030年GDP年均增长率预计可达到6.7%。与此同时，海河流域的产业结构也将发生调整，第一、第二产业所占比重下降，第三产业上升，预计到2030年，

"三产"占 GDP 的比重将从 2008 年的 7：50：43 调整为 4：43：53，这将对流域用水效率的提高有很大影响。

根据农业部门的预测，未来海河平原仍将是中国主要粮食生产基地之一，作为小麦主产区的地位不会发生较大变化，这标志着海河流域农业用水作为用水大户的情况不会有大的改变。根据《全国粮食生产发展规划（2004～2020 年）》，中国国内粮食年产量达到 5 亿t 以上才能保证国家粮食安全，所以以在全国所占份额不下降为控制目标，海河流域 2030 年粮食产量要比 2008 年增多，稳定维持在 5500t 以上的水平。根据各省、自治区、直辖市的预测，到 2030 年，海河流域有效灌溉面积总体维持在目前的 1.12 亿亩，比现状年减少 34 万亩。

3）海河流域未来水资源需求预测。根据流域未来经济社会和人口发展需求，对流域经济社会在采取强化节水措施条件下规划水平年的蓄水量做出预测。生活需水包括城镇居民生活需水和农村居民生活需水两部分。生活需水预测是在现状用水的基础上，依据人口预测成果，考虑强化节水措施及人民居住条件改善、生活水平提高等因素，参考国内外类比区域用水水平的基础上完成的。

预计到 2020 年海河流域城乡居民生活需水量为 53.87 亿 m³。考虑生活水平提高等因素，城镇居民生活用水平均定额按 118L/（d·人）计，农村居民生活用水平均定额按 70L/（d·人）计。预计到 2030 年海河流域城乡居民生活需水量为 63.75 亿 m³。考虑生活水平提高因素，城镇居民生活用水平均定额按 126L/（d·人）计，需水量为 47.93 亿 m³。农村居民生活用水平均定额按 80L/（d·人）计，需水量为 15.32 亿 m³。

考虑到海河流域现状的产业结构、消费结构，以及它们对流域未来工业格局的影响，预计近期海河流域工业用水仍将呈增长趋势，但涨幅不断减慢。随着第二产业占 GDP 比例的不断下降，工业需水将在 2030 年前后趋近零增长。在采取强化节水措施的条件下，海河流域 2030 年工业需水量将达到 93.69 亿 m³。万元工业增加值的工业用水定额将降为 2020 年的 29m³ 和 2030 年的 17m³。

海河流域现状年多年平均灌溉需水量为 305 亿 m³，平均定额为 276m³/亩。采取强化节水措施后，未来灌溉需水量将有所下降。2020 年多年平均灌溉需水为 280.13 亿 m³，平均定额为 251m³/亩；2030 年多年平均灌溉需水量为 273.24 亿 m³，平均定额为 232m³/亩。

4）海河流域未来水资源脆弱性。根据海河流域未来水资源量预测结果，同时参考海河流域综合规划对流域未来经济社会的发展趋势和需水预测的结果，利用构建的水资源脆弱性评估模型对海河流域 2020 年和 2030 年的水资源脆弱性进行预估。

图 4-77 是海河流域 2020 年和 2030 年水资源脆弱性预估结果。由图 4-77 可以看出，在气候变化与人类活动的双重作用下，海河流域未来的水资源脆弱性有增有减，但总体上海河流域在未来仍然属于水资源严重脆弱区，且 2030 年的水资源脆弱性略低于 2020 年，这可能是由于 2030 年大部分地区水资源的轻度增加在一定程度上抵消了用水增加所带来的压力。相对于基准期而言，徒骇马颊河和海河南系两大分区的水资源脆弱性呈现减少趋势，且减少幅度较大，这与南水北调工程和非常规水源有效缓解两大分区的水资源压力有关。滦河及冀东沿海与海河北系相对于基准期水资源脆弱性在未来呈现明显的增加趋势，涨幅为 30%

~40%，这可能是由两大分区需水量增加而外调水与非常规水利用程度低造成的。

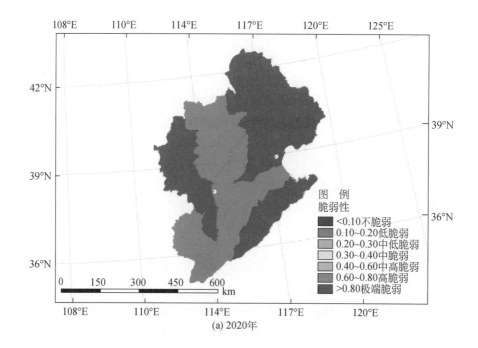

(a) 2020年

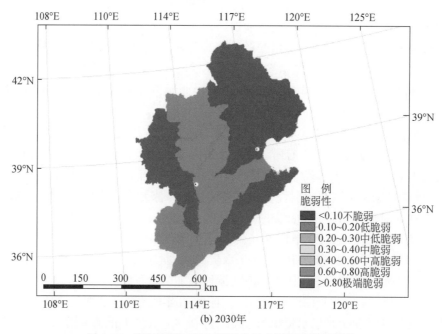

(b) 2030年

图 4-77　海河流域三级水资源分区水资源脆弱性预估

4.6.2 基于水功能区达标的淮河流域水资源脆弱性评价

4.6.2.1 淮河流域水功能区达标评价

(1) 淮河流域水功能区现状

淮河流域水质较差，从淮河流域水功能区水质现状图（图4-78）可以看出，淮河支流沙颍河、涡河、沱河、沂沭泗河等水质较差，大部分河段为劣Ⅴ类水；淮河干流下游为Ⅴ类水，中游大多为Ⅲ类，上游则较好，达到Ⅱ~Ⅲ类；淮河南部山区河流水质较少，大部分达到Ⅲ类，而里下河区水质较差，大部分河道为Ⅴ类水；日赣区部分河道水质较好。

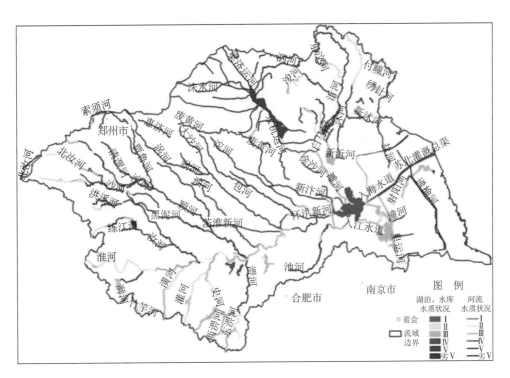

图4-78 淮河流域水功能区现状

从水功能一级及二级分区来看，淮河流域评价水功能区有427个，包括湖泊、水库和河流水功能区，全年水质达到Ⅰ类的功能区有2个，占0.5%；水质达到Ⅱ类的功能区有45个，占10.5%；水质达到Ⅲ类的功能区有72个，占16.9%；水质为Ⅳ类的功能区有68个，占15.9%；水质为Ⅴ类的功能区有34个，占8.0%；水质为劣Ⅴ类的功能区有206个，占48.2%。从较大面积湖泊水质来看，高邮湖、白马湖及骆马湖等水质较好，达到Ⅲ类及以上水质，而洪泽湖、南四湖、瓦埠湖、女山湖等水质较差，为Ⅳ类及以下水质。从水库来看，白龟山、南湾水库等水质较好，而宿鸭湖、石梁河水库等水质较差。

（2）淮河流域水功能区规划目标

根据社会经济发展和国家对淮河流域水污染防治规划的要求，以及现状年的水质现状，确定本次淮河流域水功能区划的水质目标。根据《淮河流域纳污能力及限制排污总量研究》报告，规划水平年 2020 年淮河流域各功能区的水质目标一般为Ⅱ～Ⅲ类，最低水质目标为Ⅳ类，见表 4-32。由此确定淮河流域各级水功能区达标目标。

表 4-32 远期规划水平年各功能区水质目标

功能区类型		淮河流域
保护区		Ⅱ～Ⅲ
保留区		Ⅱ～Ⅲ
开发利用区	集中饮用水源区	Ⅱ～Ⅲ
	工业用水区	Ⅲ～Ⅳ
	农业用水区	Ⅲ～Ⅳ
	渔业用水区	Ⅱ～Ⅲ
	景观娱乐用水区	Ⅲ～Ⅳ
	过渡区	Ⅲ～Ⅳ
	排污控制区	—
缓冲区		Ⅲ

根据远期规划水平年各类功能区水质目标，可以确定淮河流域 427 个水功能区的各自目标，结果如图 4-79 所示。淮河流域水质较差的沙颍河、涡河、沱河、沂沭泗河等河流河段大多要控制在Ⅲ类标准；淮河干流大部分河段控制在Ⅲ类标准；沙颍河下游、沱河下游为Ⅳ类控制标准；里下河、徐沙河、东汶河等控制在Ⅲ类。从较大面积湖泊水质来看，洪泽湖、南四湖、瓦埠湖、女山湖等水质较差，未来控制目标为Ⅲ类，高邮湖、白马湖、骆马湖等也维持在Ⅲ类；宿鸭湖、石梁河水库等控制在Ⅲ类。

（3）淮河水功能区达标评价

淮河流域 427 个水功能区现状水质状况如图 4-80 所示。水功能区中达标个数为 122 个，达标率为 28.6%。水质达标的河长为 2766.6km，占评价河长的 23.1%；湖泊达标面积为 610.6km², 达标率为 12.6%；水库达标率为 43.1%，达标水量为 45.92km³。保留区水质达标率最大，为 63.6%，饮用水源区次之为 47.1%，保护区及工业用水区分别为 45.3% 和 40.9%，其他水功能区都在 20% 以下。汛期及非汛期，河流、湖泊和水库的水功能区达标率存在差异，汛期对河流水功能区达标率影响较大（表 4-33）。

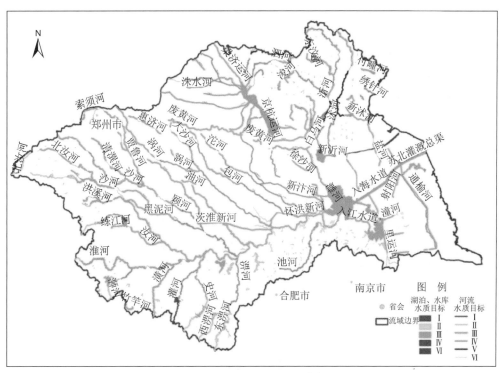

图 4-79　淮河流域河流、湖泊、水库水质目标

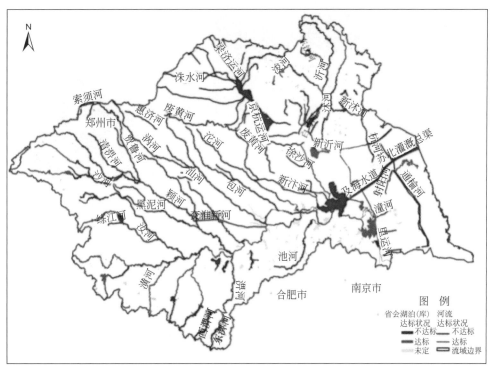

图 4-80　淮河水功能区达标状况

表 4-33 淮河流域 2000 年各功能区水质达标情况

时段	水功能区个数（个）	达标率（%）	评价河长（km）	达标率（%）	评价面积（km²）	达标率（%）	评价库容（km³）	达标率（%）
全年	427	28.6	11 975	23.1	4847	12.6	106.4	43.1
汛期	427	37.7	11 975	30.8	4847	12.6	106.4	52
非汛期	427	28.3	11 975	24.1	4847	10.6	106.4	43.1

4.6.2.2 考虑水功能区水质达标的淮河流域水资源脆弱性评价

从淮河流域三级分区的水资源脆弱性状况（图 4-81）可以看出，水资源脆弱性平均仍遵循淮河上游<淮河中游<沂沭泗<淮河下游，结果显示各分区水资源因水质不达标而变得更脆弱。从分布情况来看，淮河上游、南部山区水系是脆弱性低值区；沂沭泗、沙颍河、涡河、洪汝河、里下河区水系是水资源严重脆弱的汇聚区，脆弱性增加程度最大的是沂沭泗、沙颍河、涡河水系。

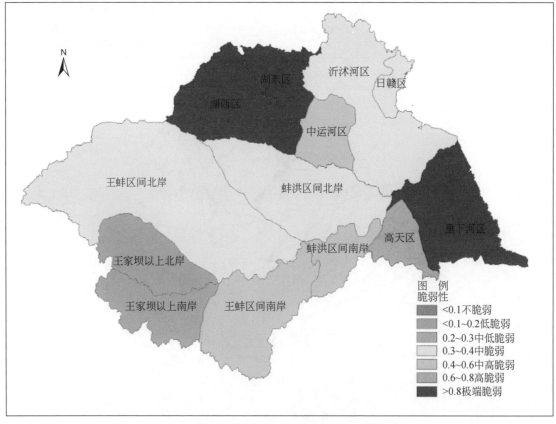

图 4-81 淮河流域水资源三级分区水资源脆弱性分布

三级分区的水资源脆弱性表现出明显的空间差异性，主要是单个子流域的水资源脆弱性更为多样，脆弱性级别增加到 5 类；三级分区分级跨度更大，山区脆弱性较低的区域可以分离开来；平原区用水矛盾更为严重，水资源脆弱性程度更高，三级尺度的脆弱性能够较好地反映出平原区的这种性质。

4.7　本章小结

本章主要对构建的水资源脆弱性评估模型展开应用研究，以中国东部季风区和典型流域为研究区域进行模型参数识别和水资源脆弱性的现状评估，分析模型的适用性及模型中同时考虑气候变化与人类活动双重因素的必要性。

1）本章揭示了降水和温度对中国东部季风区不同径流的影响。不同流域对气候变化的响应不同，海河流域对气候变化最为敏感，其次是黄河流域，其余各流域排序为淮河、辽河、松花江、珠江、长江和东南诸河。

2）水资源脆弱性评估模型应用于中国东部季风区评价，能够客观地反映该区域水资源供需矛盾、水功能区水质状况、社会经济暴露度和旱灾风险水平，科学表征水资源的脆弱性状况。耦合抗压性、敏感性、暴露度及风险后，水资源脆弱性分化程度更为明显。传统的脆弱性区域主要在淮河、海河、黄河流域，考虑水功能区达标后辽河流域极度脆弱性得到体现，珠江流域等因水质造成的脆弱性得到加强，而考虑暴露度后，人口分布广、社会生产活动剧烈地方的脆弱性得到体现，如淮河流域、成-渝城市区、珠江下游区域等。脆弱性空间分布表现为华北平原脆弱性最高、南方弱于北方，耦合多因素后，呈现由华北向南和向北增强的趋势。

3）不同的 RCPs 情景下，未来水资源脆弱性呈增加趋势。未来东部季风区各流域径流大部分呈现减少趋势，在北方某个流域径流在一定模式下会有所增加，未来 20~40 年内需水量增加明显，水资源脆弱性在不同气候模式下都有所增加。东部季风区要防范黄淮海区域水资源脆弱性，应重点关注松花江三岔口以下分区、龙门至三门峡、淮河中游、珠江下游及闽江等区域的脆弱性变化。

第5章 气候变化对南水北调重大调水工程的影响研究

5.1 南水北调中线工程概况

5.1.1 工程简介

中国水资源时空分布不均匀，华北地区的水资源短缺问题在某种程度上已成为国家战略安全的重中之重，南水北调中线工程是中国为解决华北地区水资源短缺的一项规模宏大的跨流域水资源配置工程（刘昌明和王光谦，2011）。南水北调中线工程从丹江口水库陶岔闸引水，近期年均调水量约为 95 亿 m^3，多年平均调水量为 130 亿～140 亿 m^3。中线输水干渠总长达 1277km，向天津输水干渠长为 154km。为了满足调水的要求，丹江口水库坝顶高程从 162m 加高至 176.6m，水库正常蓄水位由 157m 抬高到 170m，相应库容由 175 亿 m^3 增加到 290.5 亿 m^3。南水北调中线丹江口大坝因加高需搬迁移民 34.5 万人。

南水北调中线工程的前期研究工作始于 20 世纪 50 年代初，长江水利委员会与有关省市、部门进行了大量的勘测、规划、设计和科研工作。1987 年提出了《南水北调中线工程规划报告》，1992 年提出了《南水北调中线工程可行性研究报告》。1994 年水利部审查通过了长江水利委员会编制的《南水北调中线工程可行性研究报告》，并上报国家计划委员会建议兴建此工程。1995 年国家环保局审查并批准了《南水北调中线工程环境影响报告书》。1995～1998 年，水利部和国家计划委员会分别组织专家对南水北调工程进行了论证和审查。南水北调中线工程于 2003 年 12 月 30 日开工，于 2014 年汛后正式通水，为保障源头丹江口库区水质稳定达 II 类标准，国务院出台了《丹江口库区及上游水污染防治和水土保持"十二五"规划》，总投资约 120 亿元，将在丹江口库区及上游实施污水处理、垃圾处理、水土保持等十大类项目。

工程分为两个阶段，规划第一阶段年均调水量为 95 亿 m^3，2014 年 10 月通水；后期进一步扩大引汉规模，年均调水量达到 130 亿 m^3，工程预计在 2030 年完成。南水北调中线的顺利运行对于缓解中国京津华北平原水资源短缺的严峻形势具有非常重要的意义。

5.1.2 工程水源区与受水区概况

南水北调中线工程水源区主要是指丹江口库区及其上游地区，涉及陕西安康、商洛、汉中、河南南阳、三门峡、洛阳及湖北十堰 7 个地（市）40 个县。丹江口库区及上游总集水面积为 9.52 万 km²，水系发达，有大小河流 5896 条，流域面积在 100km² 以上的河流有 215 条，多年平均降水量为 923.1mm，入库径流量为 387.8 亿 m³。受季风气候的影响，降水及径流年际与年内变化明显。汉江径流量的年内分配不均，夏季、秋季干流的径流量相近，各占 37%~40%，春季径流量占 16.6%~17.5%，冬季只占 5%~6.7%。支流一般以秋季径流量为最高，通常占年径流量的 34%~40%，最高可达 47%；夏季径流量略低于秋季，春季径流量占 20% 左右，冬季径流量最小，只占 5%~7.7%，最大月径流量一般出现在 9 月，月径流量约占年径流量的 20%，最高占 26.4%，最小也有 16.9%。7 月径流量一般低于 9 月而大于 8 月，因此，汉江汛期径流量具有双峰型的特点。最小月径流量一般出现在 2 月，各河最小月径流量均低于年径流量的 2%。

南水北调中线工程受水区主要是指海河流域河南、河北、天津、北京 4 个省（市），工程重点解决这 4 个省（市）沿线 20 多座大中城市生活和生产用水，并兼顾沿线地区的生态环境和农业用水（图 5-1）。海河流域属于温带大陆性季风气候区。冬季受西伯利亚大陆性气团控制，盛行偏北风，寒冷少雨雪；春季受蒙古大陆性气团影响，盛行偏北或偏西北风，气温回升快，蒸发量大，往往形成干旱天气；夏季受海洋性气团影响，多东南风，气温比较暖、湿，降水量多，但历年该气团的进退时间、影响范围及强度极不一致，因此降水量的变差很大，旱、涝时有发生；秋季为夏、冬的过渡季节，秋高气爽，降水较

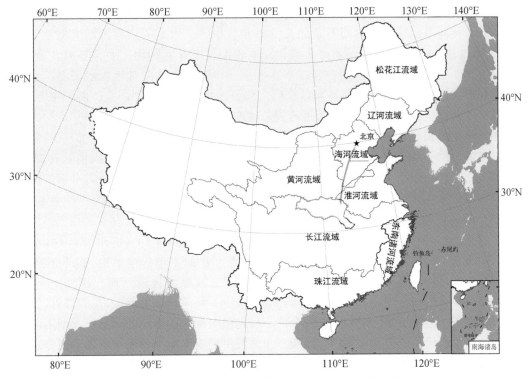

图 5-1　南水北调中线工程主体工程区域位置示意图

少。海河流域的降水时空分布很不均匀，而且流域年降水量变差（C_v）较大，经常出现连续枯水年。流域年平均气温为 1.5～14℃，年平均相对湿度为 50%～70%，年平均无霜期为 150～220d，年平均日照时数为 2500～3000h。年平均陆面蒸发量为 470mm，水面蒸发量为 1100mm。年内四季分明，寒暖适中，日照充足，适宜许多植物生长。

根据 1957～2008 年降水系列计算，海河流域多年平均降水量为 521mm，降水年内集中、年际变化大，降水丰枯变差系数位于全国八大流域之首。流域多年平均地表径流量为 216 亿 m³，地下水资源多年平均为 235 亿 m³（可接受地面补给每年更新的水量），海河流域多年平均水资源总量为 370 亿 m³（地表径流和地下水资源量之和扣除两者重复的部分）。海河流域具有濒临黄河的地理优势，沿黄灌区每年从黄河引水 30 亿～40 亿 m³。据 2000 年统计，海河流域人口为 1.26 亿人，全流域供水量为 402 亿 m³，其中地下水为 261 亿 m³，占 65%，地表水为 136 亿 m³（包括引黄水 37 亿 m³），另外利用的海水、微咸水和经过处理的污水为 5 亿 m³。在 402 亿 m³ 的总供水量中，供给城镇居民生活和工业的有 100 亿 m³，约占 25%，供给农村的有 300 亿 m³，约占 75%，其中灌溉用水为 265 亿 m³，农村人畜用水为 20 亿 m³，养殖业用水为 16 亿 m³。灌溉用水占流域总用水量的 66%，供水量远远超过可利用量，地下水被严重超采。为了满足人口的不断增加、经济的快速发展和人们生活水准的提高对水资源的需要，海河流域水资源被过度开发利用，存在的主要问题如下。

（1）河道断流和湿地萎缩

海河流域山区已建大中型水库 1700 余座，地表径流被层层拦蓄，致使海河平原河道均成了季节性河道，且断流时间不断加长，70 年代以来，永定河卢沟桥以下每年干涸天数均在 300d 以上，河流生态环境严重恶化。地表水过度开发利用，平原湿地大量减少，70 年代以来，被誉为华北明珠的白洋淀多次干淀，1984～1988 年淀区彻底干涸，水生动植物遭到毁灭性的破坏。1988 年重新蓄水后，部分水生动植物得到恢复，由于水源不足、水位偏低、水质恶化、面积缩小，大批珍贵鱼种难以恢复。

在气候变暖和人类活动的影响下，近 50 年来中国八大江河实测径流量都呈下降趋势，下降幅度最大的是海河流域，全流域 1980 年以来的径流量与 1980 年以前相比减少了40%～70%，地下水位也明显下降，海河流域朝干旱化发展，在经济发展需水量增大的情况下，降水量却在减小，治理海河流域河道断流和湿地萎缩变得更加困难。

（2）河口环境恶化

河道断流，入海水量急剧减少，20 世纪 60 年代海河流域年均入海水量为 161 亿 m³，80 年代枯水期，年均入海水量降至 22 亿 m³。入海水量最少年份在 1981 年只有 3.23 亿 m³，河口生态环境不断恶化。1963 年大水后，海河流域经大规模治理，各河分流入海，较好地解决了防洪安全问题，但随着入海径流的减少，各河缺少下泄动力，河口区发生严重的海相淤积，尾闾不畅已成为防洪安全的心腹之患。在气候变暖的背景下，湖泊和河流水温上升，对水热力结构和水质产生影响，加之河川径流量减小，使水中化学成分浓度增加，在水温升高和径流减小的双重影响下，海河流域水质受到严重影响。

（3）地下水超采，引起一系列环境地质问题

浅层地下水超采，造成大面积地下水位下降，以至部分含水层被疏干，据统计，第一含水层疏干面积已达 2100km²,不仅影响供水,而且造成树木枯死,植被退化,以致出现沙化现象。深层地下水超采,部分城市集中开采井水位的埋深已超过 100m,咸水进入淡水含水层,地下水质恶化,最为严重的后果是造成地面下沉,海河流域东部平原地面普遍沉降,累计下沉量大于 1m 的面积已达 755km²,天津地面最大沉降区累计下沉已超过 3 个月,对于本来地势较低的天津,其防洪排涝将更加困难。气候变化和人类活动的双重影响使得海河流域径流量变小,加之水质变差,这意味着可供直接利用的地表水资源量减小,而要满足经济和社会发展的水资源需求,需要加大地下水资源开发利用程度,而地下水资源的补给和更新周期较长,因此海河流域地下水问题将面临更大的挑战。

5.1.3 工程近年来面临的挑战

近年来,南水北调中线工程面临了一系列问题和挑战。

(1) 区域水资源供需矛盾比较突出

受气候变化影响,水源区和受水区的降水和径流可能在时空上重新分布。水源区实测径流量资料显示,水库坝下游黄家港水文站 1999～2009 年年均径流量较 1954～1998 年(工程论证采用的水文数据截至 1998 年)减少 71.8 亿 m³。水源区水量的时空分布极不均匀,枯水年份非汛期半年(11 月～翌年 4 月)径流量最小值仅为 53 亿 m³。2011 年 5 月 4 日 8 时,丹江口水库水位为 135.18m,比 139m 死水位线低近 4m,大坝下游一些地方的河床已裸露,2011 年全年丹江口水库在死水位下运行 92d。水源区径流的减小会对中线调水水量安全保障产生负面影响,同时也会加剧区域经济社会发展与水源地保护之间的矛盾,并对该地区社会经济发展产生负面影响。

(2) 区域经济发展与水源地保护矛盾问题

中线工程水源区土地资源贫乏,农业基础薄弱,工业产业结构单一,经济增长方式比较粗放,发展资金不足,面临着发展压力和环境压力,扶贫开发任务艰巨。水源地水资源保护和管理工作复杂,基础工作相对薄弱。为了保护南水北调中线工程水源地水质,水源区人民付出了很大的努力,对丹江口库区及上游地区的产业结构、产业布局进行了调整,保护了水源区良好的生态环境,但区域经济社会发展与水源地保护之间的矛盾依然比较突出。

(3) 区域水环境安全潜在风险仍然存在

近年来,水源区在控源截污等方面取得了明显成效,但受入河污染的影响,部分支流,如入神定河、老灌河仍存在氨氮、总磷、化学需氧量等超标问题,河流水环境没有得到根本性改善。这些支流河流生态系统结构遭到破坏,部分河段甚至呈现功能性紊乱的态势。随着水源地生态环境承载负荷的增加,与水土流失密切相关的面源污染进一步加剧。丹江口水源地水污染防治更多地关注对点污染源的控制,但对面源防治技术体系重视不够。更为值得关注的是丹江口水库消落带将由高程 149～157m 上升至 160～170m 的库周地段,已适应消落带生境条件的植物种质资源将被淹没消亡,群落结构也可能破坏与毁灭,而这些已趋于稳定的生态系统是将来进行库区植被重建的重要依据。新形成的消落带植被因生境改变进入了新一轮的演替过程，过程漫长且生态效益有限。

5.2 全球变化对南水北调中线工程水源区与受水区水循环的影响机理

2013 年以来，南水北调中线工程正从"建设为主"向"建管并重和管理为主"转变（刘昌明和王光谦，2011）。分析全球变化对南水北调中线工程水源区与受水区水循环的影响是认识水源区和受水区水资源演变规律的基础，同时为中线调水工程适应性对策的制定提供了科学参考。因此，分析全球变化对中线水循环的影响非常重要。

河川径流是气候条件与流域下垫面综合作用的产物，径流变化中同时包含了气候变化和人类活动的影响。近 50 年来，水源区和受水区的气候条件在一定程度上发生了变化，气温、降水、蒸散发等在年代际间都有变化或波动。同时，随着改革开放和西部大开发等区域经济发展政策的实施，汉中—安康—十堰—襄樊组成的汉水上中游沿岸城市群迅速发展，城市化进程加快，汉中、安康和十堰 3 个城市的人口由 1964 年第二次人口普查的 610 万人增加到 2006 年的 1020 万人。经济发展、人口增长和城市化等势必使水源区土地利用等下垫面条件发生改变，同时也会增加用水需求，进而影响径流。此外，由于陕西水资源总量不足，"引汉济渭"工程规划从汉江向渭河关中地区调水。该工程已于 2011 年 11 月正式开工建设，计划在 2020 年、2025 年调水量分别达到 5 亿 m^3、10 亿 m^3，2030 年调水量达到最终调水规模 15 亿 m^3，未来汉江流域的水资源形势不容乐观。

本章将基于气象站点（图 5-2）和水文站点的观测数据，分析 1960～2010 水源区（汉江流域）和受水区（海河流域）主要水文气象要素：气温、降水和主要水文站径流的时空变化情况。趋势检验和变点分析均采用 Mann-Kendall 秩次相关检验法进行气象要素变化趋势的判别及显著性检验。

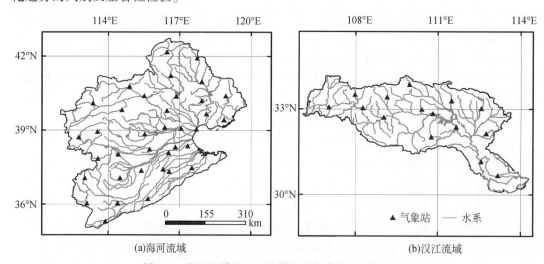

(a)海河流域　　　　　　　　　　　(b)汉江流域

图 5-2　海河流域和汉江流域主要气象台站空间分布

Mann-Kendall 趋势检验方法是一种非参数检验方法，其优点是不需要样本遵从一定的分布，也不受少数异常值的干扰，是目前比较常用的趋势诊断方法（Yue and Wang，2002；Zheng et al.，2007）。

另外，本章引入气候趋势系数和气候倾向率来研究气象要素等的气候变化特征。气候趋势系数 r_{xt} 的计算方法（施能等，1995；曾燕等，2007）为

$$r_{xt} = \frac{\sum_{i=1}^{n}(x_i - \bar{x})(i - \bar{t})}{\sqrt{\sum_{i=1}^{n}(x_i - \bar{x})^2 \sum_{i=1}^{n}(i - \bar{t})^2}} \tag{5-1}$$

式中，r_{xt} 为 n 个时刻（年）的要素序列与自然数列 1，2，3，…，n 的相关系数，其中 n 为年数；x_i 为第 i 年要素值；$\bar{x}$ 为其样本均值；$\bar{t} = (n+1)/2$。r_{xt} 为正（负）时表示该要素在所计算的 n 年内呈线性增（降）的趋势。将由式（5-1）计算所得要素的气候趋势系数并进行 t 检验，判断其变化的可信度，对通过 0.05 显著性水平检验的台站采用最小二乘法进行线性趋势拟合，将要素 x 的趋势变化用一次线性方程表示，即

$$\bar{x} = a_0 + a_1 t \qquad (t = 1, 2, \cdots, n) \tag{5-2}$$

$a_1 \cdot 10$ 称为气候倾向率，表示要素 x 每 10 年的变化率。

5.2.1 气温变化

1960~2010 年，调水区（汉江流域）和受水区（海河流域）的气温均呈显著上升的趋势（$P<0.05$），海河流域和汉江流域的上升趋势分别为 0.33℃/10a 和 0.17℃/10a，海河流域的上升趋势更明显（图 5-3 和表 5-1）。由图 5-3 可以看出，海河流域和汉江流域的气温变化都有突变点。海河流域的气温在 1990 年发生突变，1960~1989 年平均温度为 9.83℃，1990~2010年平均温度为 10.80℃，上升了 0.97℃。汉江流域的气温在 1996 年发生突变，1960~1995 年平均温度为 14.74℃，1996~2010 年平均温度为 15.41℃，上升了 0.67℃。

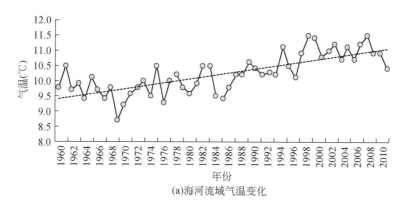

(a)海河流域气温变化

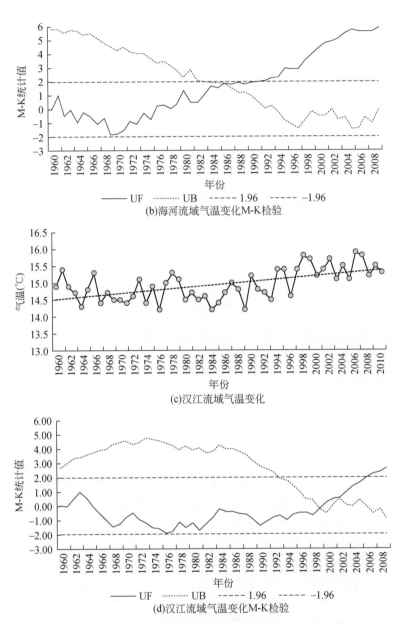

(b)海河流域气温变化M-K检验

(c)汉江流域气温变化

(d)汉江流域气温变化M-K检验

图 5-3　1960~2010 年海河流域和汉江流域气温变化趋势

表 5-1　海河流域与汉江流域气温和降水变化趋势及 M-K 检验

流域	海河流域		汉江流域	
	气温（℃/10a）	降水（mm/10a）	气温（℃/10a）	降水（mm/10a）
趋势	0.33	-16.81	0.17	-7.95
Z 值	5.61*	-1.60	3.81	-0.30

* 表示变化趋势通过了 $P = 0.05$ 的显著性检验。

从空间上看，海河流域气温增加幅度较大的区域主要分布在流域东北部的高海拔地区，流域南部和冀东沿海地区相比流域北部地区气温增加趋势没有那么明显；汉江流域上游相比流域下游气温上升趋势更明显，海河流域西部的山区相比中部和东部的平原区气温上升趋势更明显（图5-4）。

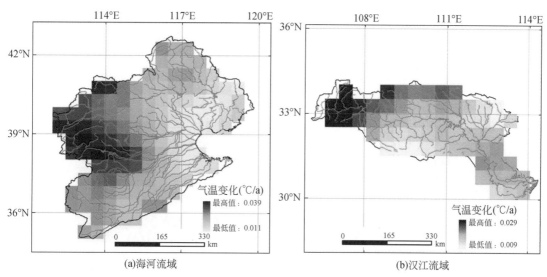

图 5-4 1960～2010 年海河流域和汉江流域气温变化的空间分布

5.2.2 降水变化

1960～2010 年，海河流域和汉江流域的平均降水均呈不显著（$P>0.1$）的下降趋势，下降趋势分别为-16.81mm/10a 和-7.95mm/10a，海河流域下降趋势相对明显（表5-1 和图5-5）。由图5-5 可以看出，海河流域的降水变化有突变点。海河流域的降水在 1980 年左右发生突变，1960～1979 年平均降水为 575.08mm/a，1980～2010 年平均降水为 515.71mm/a，下降了 10.32%。汉江流域的降水变化没有突变情况的发生。

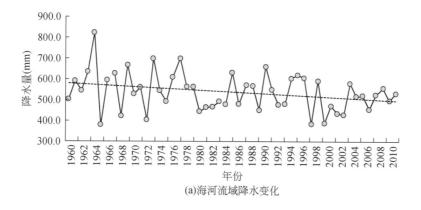

(a)海河流域降水变化

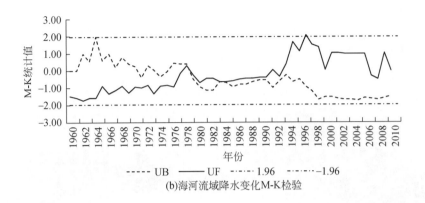

(b)海河流域降水变化M-K检验

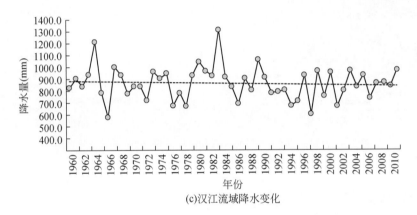

(c)汉江流域降水变化

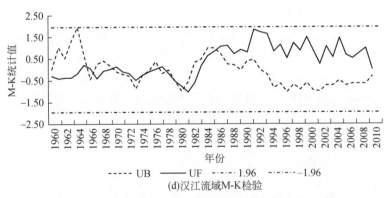

(d)汉江流域M-K检验

图5-5 1960~2010年海河流域和汉江流域降水变化趋势

从空间上来看，海河流域西部降水下降趋势更为明显，东部的冀东沿海地区下降趋势相对不明显。汉江流域的上游降水呈下降趋势而下游降水呈上升趋势（图5-6）。

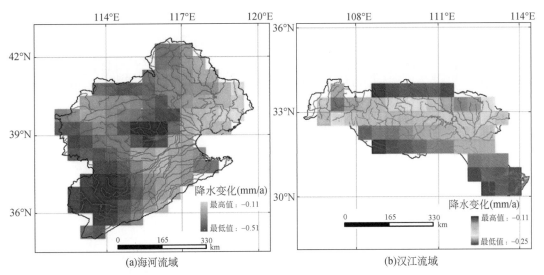

图 5-6　1960 ~ 2010 年海河流域和汉江流域降水变化的空间分布

5.2.3　地表辐射（能量）变化

水循环的粗略定义为太阳辐射和重力作用驱动水分在地球表面周而复始的运动。气候变化包括物质（降水等）和能量（辐射等）的变化，气候变化对水循环的影响应该从物质和能量两个方面进行。半个世纪以来，地表太阳辐射经历了"由暗变亮"（from dimming to brightening）的变化过程，即在 20 世纪 50 ~ 80 年代末，太阳辐射呈下降趋势（dimming）；从 90 年代初开始，太阳辐射呈上升趋势（brightening）（Wild et al., 2007）。与之对应的是，部分地区观测的蒸发皿蒸发量在 20 世纪 50 ~ 80 年代末呈下降趋势；从 90 年代初开始呈上升趋势。因此，在气候变化对径流影响的研究中，有必要重点关注辐射变化的模拟，更好地从能量变化方面来反映气候变化对径流的影响。

中国大概有 125 个持续观测辐射资料的气象站点，其中海河流域有 7 个，汉江流域有 1 个，考虑到站点分布的代表性，本节主要从受水区海河流域的辐射收支出发，分析受水区地表能量平衡的变化。

太阳辐射通过大气一部分到达地面，称为直接太阳辐射；另一部分为大气的分子、大气中的微尘和水汽等吸收、散射和反射，被散射的太阳辐射一部分返回宇宙空间，另一部分到达地面，到达地面的这部分称为散射太阳辐射。到达地面的散射太阳辐射和直接太阳辐射之和称为总辐射。分析 20 世纪 50 年代末到 2008 年海河流域 6 个有实测辐射资料的台站地面太阳总辐射的变化（由于乐亭站辐射资料时间序列较短，本书不对其做趋势分析），由图 5-7 和表 5-2 可以看出，这 6 个测站太阳辐射均呈减小趋势，且减小趋势均通过了 $P = 0.05$ 的 Mann 05 显著性检验，其中减小最明显的是太原站，变化率为 $-5.31\%/10a$，减小趋势最不明显的是大同站，变化率为 $-1.55\%/10a$。

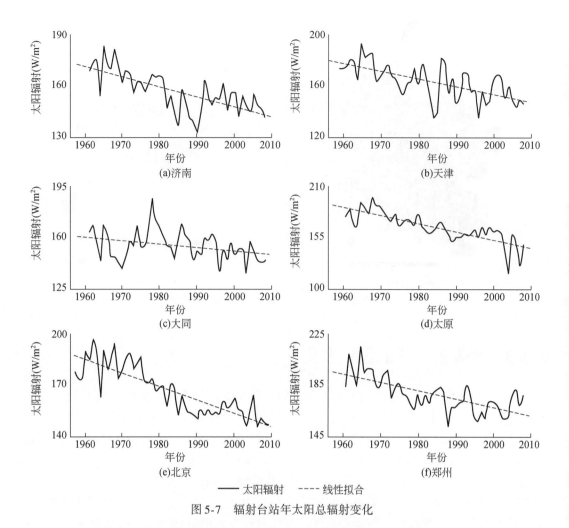

图 5-7　辐射台站年太阳总辐射变化

表 5-2　辐射台站太阳总辐射、散射辐射和直接辐射变化统计

测站	平均值	总辐射变化率	Z 值	平均值	散射辐射变化率	Z 值	平均值	直接辐射变化率	Z 值
天津	161.78	-3.69	-4.28*	73.3	0.97	1.00	94.01	-8.30	-3.42*
济南	155.76	-3.82	-4.85*	69.65	5.70	3.08*	89.22	-17.48	-5.46*
太原	165.08	-5.31	-6.05*	75.67	4.09	1.99*	96.24	-13.13	-5.18*
大同	154.13	-1.55	-2.16*	81.69	5.24	4.41*	72.44	-9.20	-5.85*
郑州	177.67	-3.70	-4.65*	71.82	1.27	1.31	110.44	-10.65	-4.50*
北京	167.38	-4.68	-6.13*	76.34	-0.87	-1.45	91.02	-7.88	-6.64*

注: Z 值为 Mann48 总辐射、散射统计量;辐射平均值的单位: W/m²;辐射变化率的单位:%/10a。* 为变化趋势通过 P= 0.05 的 Mann05 显著性检验。

　　分析这6个台站年太阳总辐射、直接辐射和散射辐射的变化趋势可以看出（图5-7，图5-8，表5-2），散射辐射除了北京站呈减小趋势外（且减小趋势没有通过 $P = 0.05$ 的显著性检验），其他5个台站均呈增加趋势，增加幅度最大的是济南站，变化率为5.70%/10a。分析太阳直接辐射可以看出，这6个台站的太阳直接辐射均呈明显减小的趋势，且都通过了 $P = 0.05$ 的显著性检验，其中减小幅度最大的是济南站，变化率为–17.48%/10a，减小幅度最小的是北京站，变化率为–7.88%/10a。

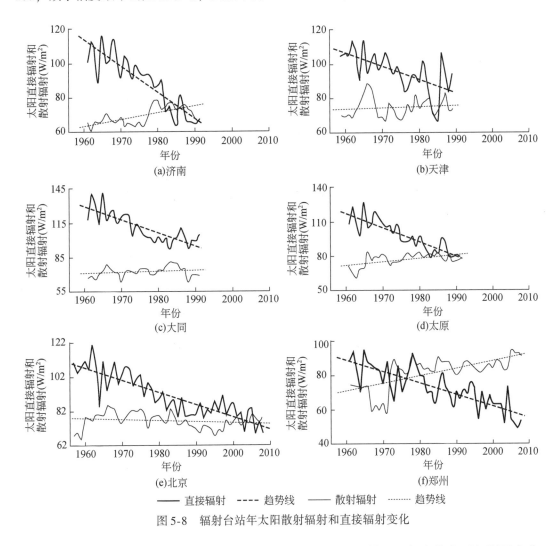

图5-8　辐射台站年太阳散射辐射和直接辐射变化

　　图5-9（a）和图5-9（b）给出了海河流域年均太阳辐射的逐年变化和逐年距平变化，由趋势线和5年滑动平均线可以看出，1957～2008年海河流域太阳辐射呈明显下降趋势，为该趋势线通过了 $P = 0.05$ 的Mann 05显著性检验（表5-3）。由图5-9（b）可以看出1988年为转折年，1988～2008年年均太阳辐射值基本低于多年平均水平。

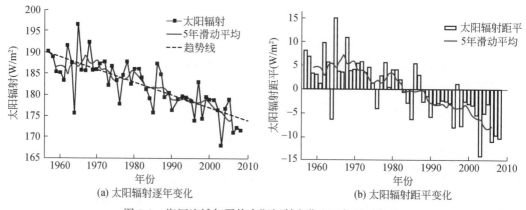

图 5-9　海河流域年平均太阳辐射变化和逐年距平变化

表 5-3　海河流域辐射平衡要素变化趋势及检验

辐射平衡分量	日照时数（h）	太阳辐射 （W/m²）	向上长波辐射 （W/m²）	向下长波辐射 （W/m²）	净长波辐射 （W/m²）	净辐射 （W/m²）
趋势（/10a）	-78.2	-3.13	1.24	2.64	-1.4	-0.97
变化率（%/10a）	-3.02	-2.37	0.33	0.88	-1.74	-2.1
Z 值	-6.23*	-5.94*	3.98*	6.39*	-4.85*	-5.15*

*为变化趋势通过 $P=0.05$ 的 Mann05 的显著性检验。

由海河流域太阳辐射变化率空间分布图 5-10（a）可以看出，流域南部和冀东沿海人口高密度区太阳辐射减小的趋势相比流域北部的燕山和太行山人口低密度区更为明显。其中，太阳辐射变化率最小是五台山站，变化率为-0.12%/10a；太阳辐射减小趋势最明显的是安阳站，太阳辐射变化率为-5.67%/10a。由海河流域日照时数变化率空间分布图 5-10（b）可以看出，海河流域日照时数变化率空间分布与太阳辐射变化率空间分布基本一致，也就是流域南部和冀东沿海的人口高密度区日照时数减小的趋势相比流域北部的燕山和太行山人口低密度区更为明显。

R_a 是天文辐射，它对每个测站来说在年际间是不变的，只有日照时数是变化的，这说明日照时数的变化会造成太阳辐射的变化。图 5-11 给出了海河流域年日照时数的逐年变化和逐年距平变化，由趋势线和 5 年滑动平均线可以看出，1957~2008 年海河流域年日照时数呈明显下降趋势，该趋势线通过了 $P=0.05$ 的显著性检验，由图 5-11（b）可以看出 1988 年为转折年，1988~2008 年日照时数基本低于多年平均水平，这与太阳辐射的变化趋势相一致。

辐射为地气系统能量交换和物质交换提供能源，辐射平衡直接影响地气系统能量交换和物质交换，因此辐射平衡研究的重要性不言而喻。太阳辐射是地表最基本、最重要的能量来源，是植物光合作用、蒸腾作用和土壤蒸发等陆面过程的主要驱动因子，它是气候系统形成和演变过程中重要的驱动力（Roberto and Renzo，1995），太阳辐射的变化会改变温度、湿度、降水、大气环流和水文循环等过程。影响太阳辐射状况的因子主要有四大类：

天文因子、地表因子、大气因子和人类活动（Ertekin and Yaldiz, 1999）。天文因子对太阳辐射的影响主要是通过改变太阳倾角、高度角、太阳黑子运动等多方面体现的，天文因子在本书 50 年左右的时间尺度中基本不会对太阳辐射造成大的影响。地表因子主要是下垫面的变化对太阳辐射造成的影响，从图 5-10 可以看出，海河地区太阳辐射和日照时数变化较大的地区主要集中在低海拔的平坦地区，已有研究表明平坦地区地形因素对太阳辐射的影响可忽略不计（曾燕等，2008）。海河流域土地利用／土地覆被的变化在 1960～2010 年是显著的，这会对太阳辐射造成影响，而下垫面对太阳辐射的影响往往伴随着人类活动，这一复杂问题需要深入研究。大气因子和人类活动的影响主要包括太阳辐射在大气传播时受到空气分子、水汽、云以及气溶胶粒子的散射和吸收作用而削弱。作者主要从大气因子，如总云量、低云量、降水、相对湿度、水汽压和人类活动产生的气溶胶出发，来分析这些因子对太阳辐射的影响。

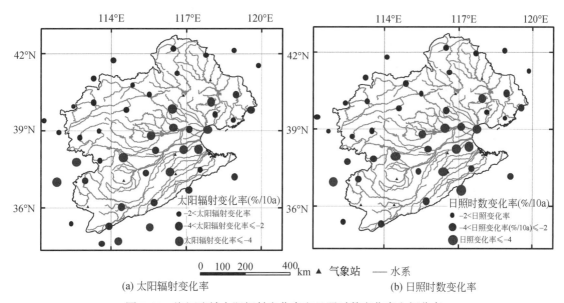

图 5-10 海河流域太阳辐射变化率和日照时数变化率空间分布

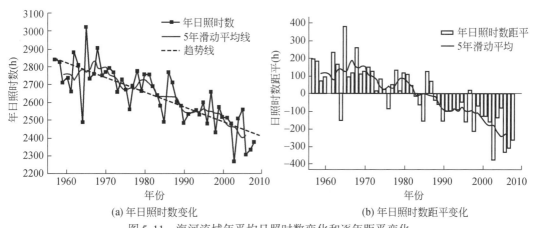

图 5-11 海河流域年平均日照时数变化和逐年距平变化

一般认为，云能吸收和散射太阳辐射，云量减小能使太阳辐射增加和长波辐射（向下方向）减小。从总云量和低云量的年变化趋势来看，1957～2008年总云量和低云量总体上呈减小趋势（图5-12和表5-4），云量的减少并没有反映在太阳总辐射的增大和长波辐射（向下方向）的减小上，说明太阳辐射的减少和长波辐射（向下方向）的增加可能不是由云量的变化引起的。此外，降水、水汽压、相对湿度与日照时数的相关系数均较小，并且这3个要素的变化趋势均不显著，没有通过 $P=0.05$ 的显著性检验（图5-12和表5-4），因此可以认为这3个要素的变化对太阳辐射和长波辐射造成的影响可能不是很大，太阳辐射和长波辐射的变化会另有原因。

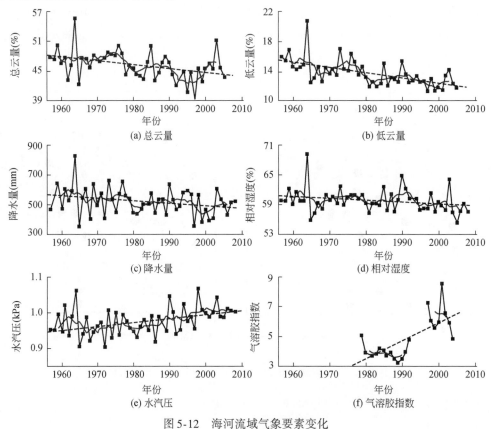

图5-12　海河流域气象要素变化

表5-4　海河流域气象要素与 TOMS 气溶胶指数变化趋势及检验

气象要素	总云量	低云量	降水	相对湿度	水汽压	气溶胶指数
趋势（/10a）	-0.79	-0.72	-15.8	-0.37	0.01	1.21
变化率（%/10a）	-1.74	-5.53	-3.10	-0.63	1.19	25.36
Z 值	-2.28*	-4.64*	-1.91	-1.71	1.92	5.12*
R	-0.18	0.02	-0.19	-0.23	-0.27	-0.39**

注：R 为大气因子与日照时数的相关系数；* 要素变化趋势通过 $P=0.05$ 的 Mann 0.5 显著性检验；** 相关性通过了 0.05 的显著性检验。

大气气溶胶会散射或吸收太阳辐射，从而减少地表太阳辐射和日照时数，同时气溶胶在吸收太阳辐射后，会以长波辐射的形式将能量散发出来。海河流域气溶胶指数与日照时数的相关性通过了 $P = 0.05$ 的显著性检验，并且气溶胶指数在 1979～2004 年显著增加，说明气溶胶的变化和太阳辐射、日照时数的减小有显著的相关性。由图 5-11 可知，太阳辐射和日照时数在 1988 年之后基本低于多年平均水平，这与气溶胶指数从 1989 年开始急剧上升相吻合。从图 5-11 和表 5-5 的分析可知，太阳辐射的减小主要是直接辐射的减小，而散射辐射却呈增加趋势，这可能是由于气溶胶的散射效应造成的。另外，从气溶胶指数变化趋势的空间分布图（图 5-13）来看，从北部燕山和太行山的人口低密度区到流域南部和冀东沿海的人口高密度区，气溶胶指数增加趋势越来越明显，变化率从 23.0%/10a 增加至 28.7%/10a，这与海河流域太阳辐射变化和长波辐射变化的空间分布比较一致。太阳辐射减小幅度、长波辐射（向下方向）增加幅度和气溶胶增加幅度较大的区域都集中在流域南部和冀东沿海人口高密度地区，这些地区工业较发达，污染现象较流域北部燕山和太行山人口低密度地区严重，说明人类活动对大气的污染造成气溶胶增加可能是太阳辐射减小的重要原因。

表 5-5　海河流域气温和辐射变化趋势及变化空间分布区域统计

要素	气溶胶指数	太阳辐射	向下长波辐射	净辐射
趋势	增加	下降	增加	下降
转折点	1989 年	1988 年	1989 年	1989 年
显著变化区域	南部和冀东沿海	南部和冀东沿海	南部和冀东沿海	南部和冀东沿海

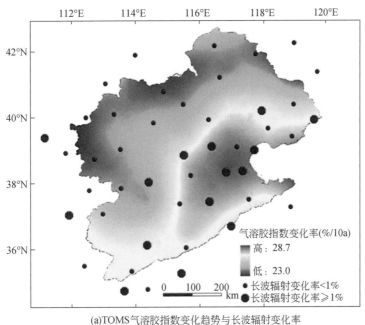

(a)TOMS气溶胶指数变化趋势与长波辐射变化率

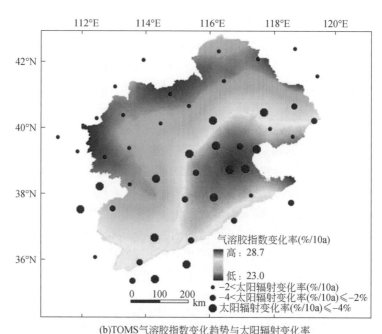

(b)TOMS气溶胶指数变化趋势与太阳辐射变化率

图 5-13 海河流域 TOMS 气溶胶指数变化趋势与长波辐射（向下方向）变化趋势、
太阳辐射变化趋势空间分布

大气气溶胶对辐射收支和气候的影响是毫无疑问的，但是要评估气溶胶的气候效应却非常困难，这不但取决于它们在大气中的浓度，还取决于其粒子尺度的谱分布、化学成分等物理化学性质及下垫面的光学特征等（《气候变化国家评估报告》编委会，2007）。此外，气溶胶对辐射的影响分为直接影响和间接影响，直接影响是气溶胶粒子可以散射和吸收太阳辐射，从而直接造成大气吸收的太阳辐射和到达地面的太阳辐射的变化；间接影响是大气气溶胶粒子还可以作为云凝结核或冰核改变云的微物理和光学特性及降水率，从而间接地影响气候（《气候变化国家评估报告》编委会，2007）。此外，不同类型气溶胶的辐射强迫效应也不一样，中国气溶胶的成分中，硫酸盐气溶胶占主要成分（Streets et al.，2006）。硫酸盐气溶胶几乎不吸收太阳辐射，只对太阳辐射起散射作用。大气中硫酸盐气溶胶的增多会增加太阳辐射的散射辐射量，这与观测的海河流域 5 个台站的散射辐射显著增加趋势相符合。当然，海河流域空气中沙尘对散射辐射的影响也较大，沙尘气溶胶既能吸收又能反射太阳辐射，尤其是春季的沙尘暴时期，沙尘气溶胶会增加散射辐射量。

由于气溶胶的时空多变性、化学成分的复杂性，以及气溶胶-云-辐射之间复杂的非线性关系，气溶胶对气候的间接强迫作用仍是全球气候变化数值模拟和预测中最不确定的因子，本书由于资料的限制，没有分析不同类型的云对太阳辐射的影响，关于气溶胶-云-辐射之间的响应和反馈需要进行进一步深入的研究。

5.2.4 潜在蒸散发变化

潜在蒸散发在一定程度上是地表能量的直接体现。一般认为，在全球变暖的背景下，全球水循环会加速，预期大气会变干，地表和水体蒸发会增加，但目前通过对世界范围蒸发皿蒸发量变化的分析，发现许多地方平均的蒸发皿蒸发量存在持续下降的趋势。在北半球，如印度（Chattopadhyay and Hulme，1997）、中国（Thomas，2000）、意大利（Moonen et al.，2002）、加拿大（Burn，2006）、美国（Hobbins，2004）、以色列（Cohen and Stanhill，2002）、泰国（Tebakari et al.，2005）及日本（Xu and Singh，2005），在南半球，如澳大利亚（Roderick and Farquhar，2004）、新西兰（Roderick and Farquhar，2005）及委内瑞拉（Quintana-Gomez，1999）等都有伴随气候变暖蒸发皿蒸发量呈减小趋势的情况。很多学者对于这种现象有不同的解释，通过不同分析方法得出了不同的结论。

关于蒸发皿蒸发量变化的研究最早始于 1995 年，Peterson 等（1995）分析美国和原苏联地区 1950～1990 年蒸发皿蒸发量资料，发现蒸发皿蒸发量呈持续下降的趋势，并且认为陆面蒸发是下降的，并将蒸发皿蒸发量的变化趋势与气温日较差的变化趋势进行对比分析，发现气温日较差也呈下降趋势且两者之间具有很好的线性相关关系，从而推测云量的增加，尤其是低云量的增加会使气温日较差减小，但是蒸发皿蒸发量与云量呈负相关关系，得出了云量的增加使气温日较差减小，从而使蒸发皿蒸发量下降的结论。Chattopadhyay 和 Hulme（1997）在印度也发现了蒸发皿蒸发量下降的现象，通过回归分析，结果表明相对湿度的增加与蒸发皿蒸发量下降之间有高度的相关性。1997 年 Quintana 在委内瑞拉也发现了蒸发皿蒸发量下降的现象，通过回归分析发现，相对湿度的增加与蒸发皿蒸发量下降之间有高度的相关性，温度变化不能唯一解释蒸发皿蒸发量的变化。1998 年 Brutsaert 和 Parlange 发现，蒸发皿蒸发量的下降与全球降水的增加、云量的增加相互矛盾，考虑到蒸发是大气中水蒸气的唯一来源，两者之间相互矛盾，为了解释这种矛盾，Brutsaert 和 Parlange 区分了蒸发皿蒸发量与陆地蒸发，蒸发皿蒸发量反映陆面蒸发能力，其取决于利用蒸发皿测量蒸发量时周围环境因子的影响，并认为蒸发皿蒸发量的减少是陆地蒸发量增加的结果，蒸发皿蒸发量与陆面蒸发量是一种互补关系，即蒸发皿蒸发量与陆地蒸发的趋势相反。2002 年 Roderick 和 Farquhar 认为，云量和气溶胶的增加导致太阳总辐射下降，从而使蒸发皿蒸发量下降，并从全球日较差变小的事实出发，在理论上解释了近年来蒸发皿蒸发量的下降主要是由于太阳辐射量的减少造成的。Cohen 和 Stanhill（2002）通过分析同样认为云量和气溶胶的增加是近年来全球太阳辐射下降的主要原因。2004 年 Hobbins 等根据 Bouchet 理论认为蒸发皿蒸发量与陆地蒸发量是一种互补关系，即蒸发皿蒸发量与陆地蒸发的趋势相反来解释这种"蒸发悖论"现象。2007 年 Rayner 分析澳大利亚的蒸发皿蒸发量减小的原因，发现风速的显著减小是其主要原因。

国内关于蒸发皿蒸发量变化的研究最早始于 2003 年，邱新法等（2003）研究黄河流域 1961～2000 年蒸发皿蒸发量的气候变化特征时发现蒸发皿蒸发量呈下降趋势，初步认为太阳辐射和日照时数的减小是导致蒸发皿蒸发量呈下降趋势的主要原因。Liu 等（2004）对中国蒸发皿蒸发空间特征的分析发现，除了东北区，蒸发皿蒸发量都表现出明显下降的趋势，并认为太阳总辐射的下降是引起这种变化的主要原因，同时发现在中国云量和降水并不是显著升高的，因此认为水分条件的差异影响了蒸发皿蒸发的敏感性，这是导致蒸发皿蒸发空间变化的另一个重要原因。刘波（2005）研究发现，蒸发皿蒸发在过去的41年中，无论是中国整体还是各个子区域都表现出明显下降的趋势，并认为对于中国整体来讲，风速、日较差、总辐射和日照时数是导致蒸发皿蒸发量下降的最主要的4个原因，对于中国大部分区域风速的减小可以看作是导致蒸发皿蒸发量下降的最重要的原因。盛琼（2006）利用全国468个气象站1957~2001年蒸发皿蒸发量及相对应的温度、风速、日照等气象因子的实测资料，分析得出近45年来，中国年及各季节蒸发皿蒸发量均呈显著下降的趋势，夏季降幅最大，春季略低，秋冬最小，引起蒸发皿蒸发量下降的主要因子为辐射、气温日较差、风速。Xu等（2006）研究得出，长江流域的蒸发皿蒸发量呈明显下降的趋势，通过敏感性分析认为净辐射的显著下降是蒸发皿蒸发量下降的主要原因。王艳君等（2006）研究长江流域的蒸发皿蒸发量也得出了相同的结论。任国玉和郭军（2006）研究全国水面蒸发量的变化时发现水面蒸发量呈减小趋势，东部、南部和西北地区下降更多，并且认为太阳总辐射和净辐射减少是造成观测的蒸发量减少的主要原因；全国多数地区日照时数、平均风速和温度日较差同水面蒸发量具有显著的正相关性，并与水面蒸发量呈同步减少，是引起大范围蒸发量趋向减少的主要气候因子，日照时数减少表明太阳辐射下降，气溶胶含量或烟雾日数增多很可能是造成中国东部地区大范围日照时数和太阳辐射下降的主要原因。曾燕等（2007）分析了中国蒸发皿蒸发量的气候变化趋势，结果表明1960~2000年中国蒸发皿蒸发量呈明显下降趋势，且蒸发皿蒸发量的下降主要表现在春季、夏季和冬季，秋季不明显；对蒸发皿蒸发量气候变化的空间分析表明，年蒸发皿蒸发量的下降主要表现在华东和中南地区；对蒸发皿蒸发量下降的原因分析表明，日照百分率下降从而导致太阳总辐射的下降，这可能是近年来蒸发皿蒸发量下降的主要原因。Zhang等（2007）分析青藏高原蒸发皿蒸发量的变化时发现，1966~2001年蒸发皿蒸发量呈明显下降趋势，通过去趋势法分析得出风速下降是蒸发皿蒸发量下降的主要原因。Zhang等（2009）通过分析青藏高原75个国家台站的参考作物蒸发量的变化趋势发现，1971~2004年青藏高原参考作物蒸发量呈明显下降趋势，风速和日照时数的下降是参考作物蒸发量明显下降的主要原因。

在蒸发皿蒸发量变化归因分析的方法方面，目前主要有相关分析（correlation）和偏相关分析法（partial correlation）、敏感系数和弹性系数法、去趋势波动分析法等。相关分析法，即将长序列的蒸发皿蒸发量与气象要素资料做相关分析，在气象要素中找出与蒸发皿蒸发量相关系数最大的要素，该要素即为导致蒸发皿蒸发量变化的最主要要素。偏相关分析法是为了要确切地表示两个变量的相关关系就必须在消除其他变量影响（即使与这两个变量有联系的其他变量都保持不变）的情况下来计算它们的相关系数，偏相关分析法在相关分析方法的基础上更进一步，这两种方法主要是定性地分析气象要素对蒸发皿蒸发量的影响（Chattopadhyay and Hulme，1997；Zhang et al.，2007；Gao et al.，2006；贾文雄等，2009）。敏感系数（sensitivity coefficient）和弹性系数法（elasticity coefficient）通过确定蒸发皿蒸发量对气象要素的敏感程度，从而确定气象要素对蒸发皿蒸发量的影响（Gong et al.，2006；梁丽乔等，2008；刘小莽等，2009）。去趋势波动分析法（detrend fluctuation）是采用统计方法轮流去掉单个或几个气象要素的波动趋势，计算蒸发皿蒸发量的变化，从而确定各气象要素对蒸发皿蒸发量的影响（Rayner，2007；Zhang et al.，

2007；Xu et al. ，2006）。

本节介绍基于全微分和 Penman-Monteith 公式，定量评估气候因子对潜在蒸散发变化的贡献率的新方法。潜在蒸散发量是指在一定气象条件下水分供应不受限制时，陆面可能达到的最大蒸发量（Allen et al. ，1998）。其估算方法有很多种，本书采用 FAO 1998 年给出的修正 Penman-Monteith 方程估算海河流域和汉江流域的潜在蒸散发，计算公式如下（Allen et al. ，1998）：

$$\mathrm{ET}_0 = \frac{0.408\Delta\ (R_n-G)\ +\gamma\ \dfrac{900}{T_{\mathrm{mean}}+273}U_2\ (\mathrm{VP}_s-\mathrm{VP})}{\Delta+\gamma\ (1+0.34U_2)} \tag{5-3}$$

式中，ET_0 为潜在蒸散发（mm/d）；R_n 为净辐射［MJ/（m²·J）］；G 为土壤热通量［MJ/（m²·J）］；γ 为干湿常数（kPa/℃）；Δ 为饱和水汽压曲线斜率（kPa/℃）；U_2 为 2m 高处的风速（m/s）；VP_s 为平均饱和水汽压（kPa）；VP 为实际水汽压（kPa）；T_{mean} 为平均气温（℃）。净辐射为太阳短波辐射与地面长波辐射之差。其中，太阳辐射可按式（5-4）估算：

$$R_s = \left(a_s+b_s\ \frac{n}{N}\right)R_a \tag{5-4}$$

式中，R_s 为太阳辐射（W/m²）；R_a 为宇宙辐射（W/m²）；a_s，b_s 为经验常数；n 为实际日照时数（h）；N 为日照时数（h）。

$$R_a = \frac{12\ (60)}{\pi}G_{sc}d_r\ \{\ (\omega_2-\omega_1)\ \sin\ (\phi)\ \sin\ (\delta)\ +\cos\ (\phi)\ \cos\ (\delta)\ [\sin\ (\omega_2)\ -\sin\ (\omega_1)]\} \tag{5-5}$$

式中，G_{sc} 为太阳常数，取值为 0.0820［MJ/（m·min）］；d_r 日地相对距离的倒数；ω_1 和 ω_2 分别为计算初始和结束时刻的日照时间角；δ 为日倾角（rad）；ϕ 为地理纬度（rad）。

统计学上，对于一个函数 $y=f\ (x_1,\ x_2)$，因变量 y 的变化可以用偏导方程描述为

$$\mathrm{d}y = \sum \frac{\partial f}{\partial x_i}\mathrm{d}x_i = \sum f'_i\mathrm{d}x_i \tag{5-6}$$

式中，x_i 为第 i 个自变量，$f'=\partial f/\partial x_i$。由式（5-6）可以推导出 y 随时间 t 的变化为

$$\frac{\mathrm{d}y}{\mathrm{d}t} = \sum \frac{\partial f}{\partial x_i}\frac{\mathrm{d}x_i}{\mathrm{d}t} = \sum f'_i\frac{\mathrm{d}x_i}{\mathrm{d}t} \tag{5-7}$$

如果令 $\mathrm{TR}_y=\mathrm{d}y/\mathrm{d}t$ 和 $\mathrm{TR}_i=\mathrm{d}x_i/\mathrm{d}t$ 分别为 y 和 x_i 序列随时间的变化趋势，则式（5-7）可以改写为

$$\mathrm{TR}_y = \sum f'_i\mathrm{TR}_i = \sum C(x_i) \tag{5-8}$$

如果把 TR_y 和 TR_i 看成为 y 和 x_i 序列随时间的变化趋势，则 $C\ (x_i)$ 可用来估算自变量 x_i 的变化导致因变量 y 的变化值。

因此，根据式（5-7）可将 Penman-Monteith 方程式（5-3）推导为

$$\frac{\mathrm{dET}_{\mathrm{ref}}}{\mathrm{d}t} = \frac{\partial\mathrm{ET}_{\mathrm{ref}}}{\partial R_s}\frac{\mathrm{d}R_s}{\mathrm{d}t} + \frac{\partial\mathrm{ET}_{\mathrm{ref}}}{\partial T_{\mathrm{mean}}}\frac{\mathrm{d}T_{\mathrm{mean}}}{\mathrm{d}t} + \frac{\partial\mathrm{ET}_{\mathrm{ref}}}{\partial U_2}\frac{\mathrm{d}U_2}{\mathrm{d}t} + \frac{\partial\mathrm{ET}_{\mathrm{ref}}}{\partial\mathrm{VP}}\frac{\mathrm{d}\mathrm{VP}}{\mathrm{d}t} + \delta \tag{5-9}$$

或

$$TR_{ref} = dET_{ref}/dt = C(R_s) + C(T_{mean}) + C(U_2) + C(VP) + \delta \qquad (5\text{-}10)$$

式中，TR_{ref} 为潜在蒸散发的变化趋势；ET_{ref} 为潜在蒸散发；δ 为系统误差项；$C(R_s)$、$C(T_{mean})$、$C(U_2)$ 和 $C(VP)$ 分别为太阳辐射、温度、风速和水汽压的变化对潜在蒸散发变化趋势的贡献值。

蒸发皿蒸发量与潜在蒸散发有很好的线性相关关系，可以用以下线性方程来估算蒸发皿蒸发量：

$$E_{pan} = K_p ET_{ref} + K_c \qquad (5\text{-}11)$$

式中，K_p 和 K_c 为回归系数和系统误差项；E_{pan} 为蒸发皿蒸发量（mm/d）。式（5-11）关于时间求导可以得出：

$$dE_{pan}/dt = K_p \times dET_{ref}/dt \qquad (5\text{-}12)$$

根据式（5-11）和式（5-12），可以估算各气象要素对蒸发皿蒸发量 E_{pan} 变化趋势的贡献值：

$$dE_{pan}/dt = K_p C(R_s) + K_p C(T_{mean}) + K_p C(U_2) + K_p C(VP) + \varepsilon \qquad (5\text{-}13)$$

式中，ε 为误差。

图 5-14 表示汉江流域和海河流域蒸发皿蒸发量的变化，可以看出 1960 年到 20 世纪 90 年代初期，蒸发皿蒸发量呈下降趋势，而从 90 年代初开始，蒸发皿蒸发量呈上升趋势。通过基于全微分和 Penman-Monteith 公式的定量评估方法的计算发现，1960 年到 90 年代初

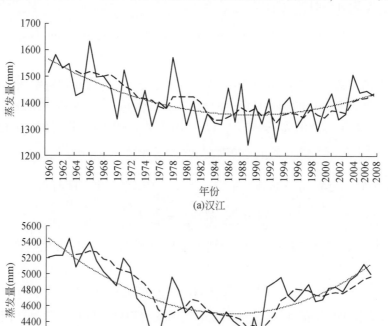

图 5-14　1960～2008 年汉江流域和海河流域蒸发皿蒸发量的变化

期风速和辐射的下降（stilling and dimming）掩盖了气温上升的正反馈，导致了 1960 年到 90 年代初期蒸发皿蒸发量的下降；90 年代初开始，气温急剧上升，气温的正反馈掩盖了其他要素的负反馈，导致了蒸发皿蒸发量的上升。

5.2.5　实际蒸散发变化

从水循环来看，气温升高会加快水循环的速度，必然导致实际蒸散发的增加；但从水量平衡来看，降水量呈下降趋势，可供蒸发的水量减少，必然会导致实际蒸散发的下降。因此，关于气候变暖对实际蒸散发的影响结果似乎相互矛盾，再加上人类活动对水文循环的深刻影响，使得水文循环对气候变化的响应问题变得更加复杂。蒸散发作为水文循环的关键过程，研究蒸散发对气候变化和人类活动的响应，对理解气候变化和人类活动对水文循环的影响至关重要。对于陆面蒸散（发）量的研究，一直是国内外地学、水文学关心的焦点问题之一。中线调水主要对受水区的蒸散发影响较大，本节主要讨论受水区海河流域蒸散发的历史变化。

对海河流域来说，人类水资源开发活动，如超采地下水、灌溉土地等会影响流域水量平衡，增加蒸散发量。20 世纪 80 年代以来，海河流域经济社会一直保持持续发展，1980 ~ 2005 年，流域总人口从 9721 万人增加到 1.34 亿人，增长了 38%，GDP 从 1980 年的 1638 元增长至 2005 年的 1.92 万元，2005 年有效灌溉面积为 11 314 万亩，实际灌溉面积为 9543 万亩，灌溉率为 60%。地下水严重超采，水环境不断恶化，水资源供需矛盾越来越尖锐，需要超采地下水和引黄调水来维持供需平衡。外流域调水和地下水的超采相当于增加降水量，这对海河流域的蒸散发带来了影响。根据水量平衡分析海河流域不同年代际蒸散发的变化可以看出（表 5-6），20 世纪 60 ~ 70 年代引黄调水量比较小，地下水超采没有形成规模，蒸散发主要取决于降水的变化，60 ~ 70 年代的蒸散发值分别为 505.7mm 和 506.8mm。80 年代后降水量呈下降趋势，尤其是 80 年代和 2000 年后流域极端干旱，但由于引黄调水和不断超采地下水，流域的实际蒸散发相对于 60 ~ 70 年代反而升高了，80 年代和 2000 年后的蒸散发值分别为 511.6mm 和 514.6mm。90 年代的相对丰水和严重超采地下水，使年均蒸散发值达到 526.6mm。80 年代后年均蒸散发值为 517.8mm，相比 80 年代前的年均 506.3mm 增加了 11.5mm。分析 1980 ~ 2008 年的蒸发量序列变化趋势，如图 5-15，可以发现蒸散发量呈增加趋势，变化趋势大约为 0.14 mm/a。

表 5-6　年代际间降水及蒸散发量变化

时间	降水量		调水量	地下水储	入海水量	蒸散发量	
	（亿 m³）	（mm）	（亿 m³）	变（亿 m³）	（亿 m³）	（亿 m³）	（mm）
20 世纪 60 年代	1769.6	553.6	10.0	0.0	163.0	1616.6	505.7
20 世纪 70 年代	1691.9	529.3	30.0	−14.0	116.0	1619.9	506.8
20 世纪 80 年代	1577.5	493.5	51.7	−38.8	33.1	1635.4	511.6
20 世纪 90 年代	1658.7	518.9	54.8	−33.3	63.5	1683.2	526.6
2000 年后	1568.2	490.6	41.5	−51.1	16.2	1644.8	514.6

续表

时间	降水量		调水量	地下水储	入海水量	蒸散发量	
	（亿 m³）	（mm）	（亿 m³）	变（亿 m³）	（亿 m³）	（亿 m³）	（mm）
1960～1979 年	1730.8	541.5	20.0	-7.0	139.5	1618.3	506.3
1980～2008 年	1603.8	501.7	49.9	-40.4	38.3	1655.2	517.8
变化值	-127.0	-39.8	29.9	-33.4	-101.2	36.9	11.5
变化率（%）	-7.3	-7.3	149.5	477.1	-72.5	2.3	2.3

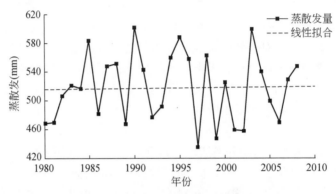

图 5-15　1980～2008 年蒸散发量变化

5.2.6　主要控制站径流变化

图 5-16 给出了 1954～2012 年丹江口水库年入库径流量的变化情况，可以看出 20 世纪 80 年代后期丹江口水库入库径流量明显减小，进入枯水期，最枯年份发生在 1999 年，年入库径流量为 174.6 亿 m³。2000 年后，丹江口水库入库径流有所恢复。总体上 1954～

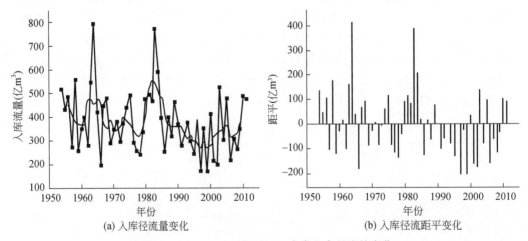

(a) 入库径流量变化　　　　　　　　　　　(b) 入库径流距平变化

图 5-16　1954～2012 年丹江口水库入库径流的变化

1989 年丹江口水库平均入库径流量为 411.6 亿 m³；1990～2012 年平均入库径流量为 327.4 亿 m³，约为 1954～1989 年平均入库径流量的 78.5%。

表 5-7 给出了 1956～2008 年海河流域入海径流量的变化情况。海河流域的径流量呈显著减小的趋势。2000 年后的年均入海径流量为 1.6 亿 m³，而 20 世纪 60 年代的年均入海径流量为 16.1 亿 m³，前者只是后者的 10% 左右。

表 5-7　1956～2008 年海河流域入海流量的变化　　　（单位：亿 m³）

时间	20 世纪 60 年代	20 世纪 70 年代	20 世纪 80 年代	20 世纪 90 年代	2000～2008 年
年均入海径流量	16.1	11.6	3.1	6.2	1.6

图 5-17 和图 5-18 给出了 1960～2002 年海河流域不同水系主要水文站年径流量的变化情况，其径流量均呈显著减小的趋势。20 世纪 80 年代以来，海河流域经济社会飞速发展，社会经济发展对水资源需求日益增加，水资源供需矛盾越来越尖锐。

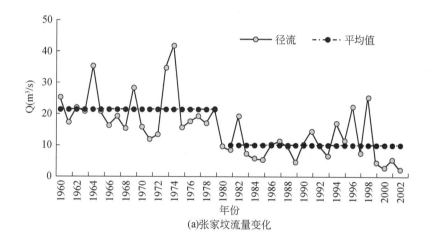
(a)张家坟流量变化

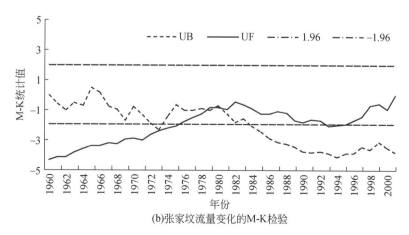
(b)张家坟流量变化的M-K检验

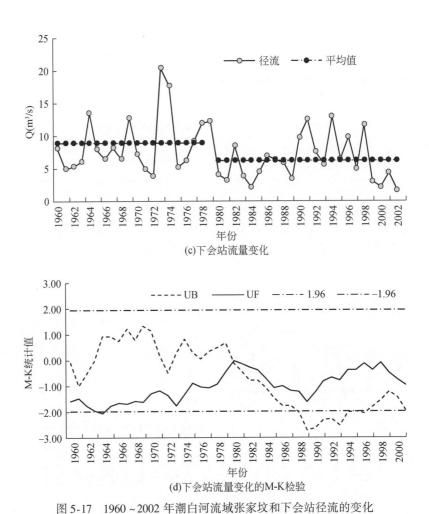

(c)下会站流量变化

(d)下会站流量变化的M-K检验

图 5-17　1960~2002 年潮白河流域张家坟和下会站径流的变化

(a) 石匣里(永定河)

(b) 中唐梅(唐河)

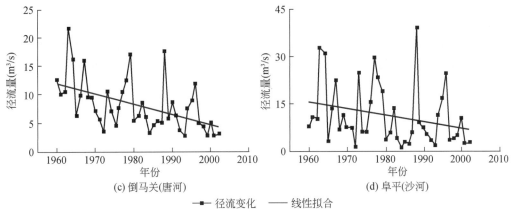

图 5-18　1960～2002 年海河流域不同水系主要水文站径流的变化

5.2.7　径流变化原因分析

　　流域水文模拟是量化气候变化和人类活动对河川径流影响的重要手段。受人类活动和气候变化的显著影响后，水文序列的天然平稳性会遭到干扰或破坏。该归因方法首先推估人类活动影响下水文气象序列的显著转折点（水文变异点），并以此点为界将水文序列划分为"近似天然阶段"和"人类活动影响显著阶段"。利用"人类活动影响显著前"的实测水文、气象资料率定水文模型的参数，并认为这些参数近似反映流域的天然产流状况。然后，保持模型参数不变，将人类活动影响显著期间的气象要素输入到水文模型，延展计算相应时期的"近似天然径流量"。通过对比"人类活动影响显著期"的实测径流量和延展的"近似天然径流量"，分离出人类活动对流域径流变化的影响。其中，对水文要素变异点的识别方法主要集中在一些统计方法上，如序列滑动平均法、有序聚类法、时序累积值相关曲线法、Mann-Kendall、Pettis 突变分析法等。此外，部分学者综合考虑研究流域内人类活动的发展变化特点，从物理成因角度推估流域的水文变异点，这种考虑相对比单纯的统计方法更加合理。

　　水文模型被广泛用来模拟环境变化下的径流过程，选用水文模型时主要考虑以下几个因素：模型内在的精度、模型结构及参数、模型的灵活性与地域适应性、模型对资料的要求和模型的可用性。目前，用于模拟区域水循环对环境变化响应的水文模型主要有三大类：经验统计模型、概念性水文模型和分布式水文模型。经验统计模型主要根据径流、降水与气温的观测资料，建立三者之间的相关关系，模拟和评价径流的变化。概念性水文模型建立在水量平衡的基础上，描述降水，经过蒸发、入渗、产流等过程在流域出口断面产生的径流量。目前，具有代表性概念性水文模型主要有：API、SCS、SWM、Sacramento、Tank、SMAR 模型等，国内有新安江模型、两参数水量平衡模型等。分布式水文模型按流域地形、植被、土壤、土地利用和降水等的不同，将流域划分为若干个水文响应单元，在不同单元用不同参数反映该单元的流域特性，目前具有代表性的分布式水文模型有

TOPMODEL、SWAT、Mike-SHE、DHSVM 及 VIC 模型等，不同学者采用不同的分布式水文模型，该模型在国内外流域均有应用。总结以上模型可以发现，传统的水文模型一般主要模拟降水和气温变化对径流的影响，对能量（辐射）变化对径流的影响重视不够，而（太阳）辐射是水循环的重要驱动力。VIC 水文模型重点模拟了陆-气间的辐射平衡，因此 VIC 水文模型可以很好地用来模拟气候变化和人类活动对河川径流的影响。需要指出的是，气候变化和人类活动对径流变化影响的量化精度依赖于水文模型的精度，水文模型对径流模拟的误差是所有水文模型都面临的事实。本书考虑到水文模型的误差，量化的结果是一个范围值：计算得到的量化值加（减）水文模型的误差值。

传统的弹性系数方法也可以区分气候变化和人类活动对径流的影响，但是该方法在计算过程中假设降水和潜在蒸散发是两个独立的变量，即两者相互之间没有联系，一方的变化不会影响另外一方。本书采用改善传统的弹性系数方法，引入表征区域气候的重要指标——干燥指数，通过计算径流对干燥指数（降水与潜在蒸散发的比值）的敏感性，从而估算气候变化对径流的贡献。

通过径流对干燥指数的敏感性分析发现，丹江口水库径流对干燥指数的敏感性为 1. 91 ~ 2. 22，海河流域为 2. 47 ~ 3. 45。海河流域对气候变化更为敏感。结合水文模型和干燥指数敏感性分析结果，从丹江口水库径流变化来看，干燥指数变化对径流变化的贡献度为 65% ~ 76%，气候波动（降水下降）是丹江口水库径流减小的主要原因。从海河流域控制站点径流变化来看，干燥指数变化对径流变化的贡献度为 23% ~ 36%。人类活动是海河流域主要控制站点径流下降的主要原因。

5.3　气候变化对南水北调中线工程三个关键问题的影响分析

5.3.1　气候变化对中线工程水源区和受水区径流影响

(1) 径流变化的模拟与预估

可变下渗能力（variable infiltration capacity，VIC）水文模型是美国华盛顿大学、加利福尼亚大学伯克利分校以及曾林斯顿大学共同研制的陆面水文模型，是一个基于空间分布网格化的分布式水文模型（Liang et al.，1994）。VIC 模型在不同气候条件下应用，从小流域到大陆尺度再到全球尺度。作为 SVATS 的一种，VIC 模型可同时进行陆-气间能量平衡和水量平衡的模拟，也可只进行水量平衡的计算，输出每个网格上的径流深和蒸发，再通过汇流模型将网格上的径流深转化成流域出口断面的流量过程，从而弥补了传统水文模型对能量过程描述的不足。

VIC 模型主要考虑了大气-植被-土壤之间的物理交换过程，反映了土壤、植被、大气中水热状态变化和水热传输。模型最初由 Wood 等（1992）提出，仅包括一层土壤。Liang 等（1994）在原模型的基础上，发展为两层土壤的 VIC-2L 模型，后经改进在模式中又增加了一个薄土层（通常取为 100mm），在一个计算网格内分别考虑裸土及不同的植被覆盖类型，同时考虑陆–气间水分收支和能量收支过程，称为 VIC-3L。Liang 和 Xie（2003）同时考虑了蓄满产流和超渗产流机制，以及土壤性质的次网格非均匀性对产流的影响，并用于 VIC-3L，在此基础上，建立了气候变化对中国径流影响评估模型，将地下水位的动态表示问题归结为运动边界问题，并利用有限元集中质量法数值计算方案，建立了地下水动态表示方法。

构建海河流域和汉江流域的 VIC 模型。土地覆被资料采用美国马里兰大学研制的全球 1km 土地覆被资料。土壤质地分类采用 FAO 发布的全球土壤数据，FAO 土壤数据对两种深度的土壤特性进行了描述，其中 0～30cm 为上层，30～100cm 为下层。VIC 模型中考虑了植被的蒸发蒸腾和冠层截留，对每种植被类型需要标定的参数有结构阻抗、最小气孔阻抗、叶面积指数、反照率、粗糙率、零平面位移等。汉江流域选取（110.30，32.750）为流域中心点，海河流域选取（115.69，39.309）为流域中心点，构建覆盖整个海河流域和汉江流域的网格（图 5-19 和图 5-20）。由于网格数量庞大，现有的水文资料较少及计算机运行能力有限，目前无法做到将所有网格进行一次率定。模型率定主要是先将海河流域划分为 223 个子流域，汉江流域划分为 34 个子流域，每个子流域作为一个参数区，利用流域出口控制站的日流量资料逐个对每个子流域进行参数率定。对网格进行编号，记录各水文控制站所在的网格，然后根据网格流向搜寻各网格最终可首先到达哪个水文控制站所在的网格，从而确定该网格属于哪个子流域，再采用该子流域的参数进行计算。

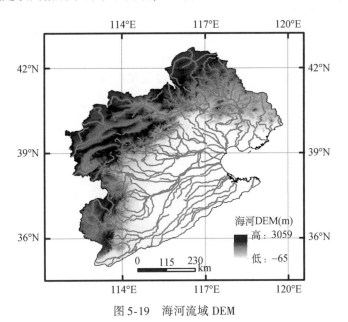

图 5-19　海河流域 DEM

模型采用 Nash 效率系数（NSE）作为目标函数进行参数校正，相关系数（R^2）用于进行评价模型。各指标计算公式如下：

$$\text{NSE} = 1 - \frac{\sum (Q_{\text{obs},\,i} - Q_{\text{sim},\,i})^2}{\sum (Q_{\text{obs},\,i} - Q_{\text{obs}})^2} \tag{5-14}$$

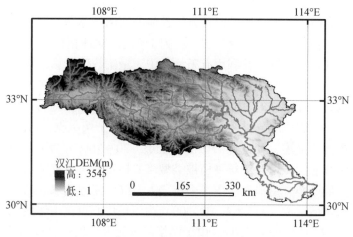

图 5-20　汉江流域 DEM

$$R^2 = \frac{\left[\sum (Q_{\text{sim},i} - \overline{Q}_{\text{sim},i})^2 \sum (Q_{\text{obs},i} - \overline{Q}_{\text{obs}}) \right]^2}{\sum (Q_{\text{sim},i} - \overline{Q}_{\text{sim}})^2 \sum (Q_{\text{obs},i} - \overline{Q}_{\text{obs}})^2} \tag{5-15}$$

式中，$Q_{\text{obs},i}$ 和 $Q_{\text{sim},i}$ 分别为观测和模拟的径流量；$\overline{Q}_{\text{obs}}$ 和 $\overline{Q}_{\text{sim}}$ 分别为它们的平均值。

（2）径流模拟效果分析

汉江流域 1980 ~ 1985 年为模型率定期，1986 ~ 1990 年为模型检验期。海河流域 1995 ~ 2000 年为模型率定期，2001 ~ 2004 年为模型检验期。表 5-8、图 5-21 和图 5-22 给出了 VIC 分布式模型在海河流域和汉江流域月径流量的模拟效果。

表 5-8　汉江流域干流控制站模拟结果

流域	水文站	率定期		检验期	
		R^2	NS	R^2	NS
海河流域	张坊	0.85	0.84	0.85	0.83
	石匣里	0.66	0.64	0.63	0.64
	下会	0.83	0.84	0.85	0.83
	中唐梅	0.75	0.74	0.71	0.69
	滦县	0.78	0.77	0.77	0.77
	平均	0.77	0.77	0.76	0.75
汉江流域	石泉	0.89	0.89	0.87	0.88
	安康	0.89	0.89	0.85	0.86
	白河	0.88	0.87	0.84	0.85
	丹江口	0.87	0.85	0.85	0.86
	平均	0.88	0.88	0.85	0.86

汉江流域 1980 ~ 1985 年为模型率定期，1986 ~ 1990 年为模型检验期。海河流域 1995 ~ 2000 年为模型率定期，2001 ~ 2004 年为模型检验期。

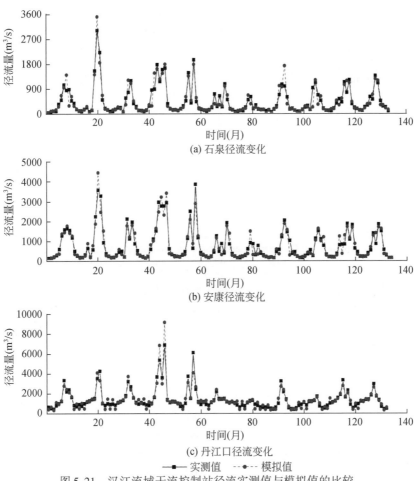

(a) 石泉径流变化

(b) 安康径流变化

(c) 丹江口径流变化

—■— 实测值　--●-- 模拟值

图 5-21　汉江流域干流控制站径流实测值与模拟值的比较

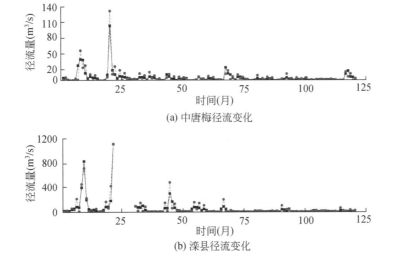

(a) 中唐梅径流变化

(b) 滦县径流变化

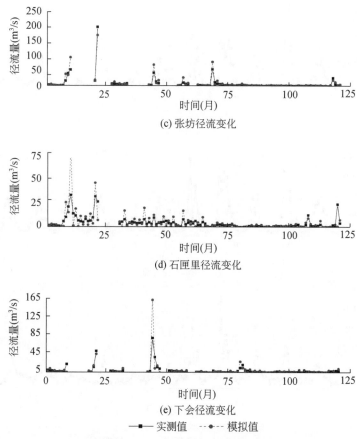

(c) 张坊径流变化

(d) 石匣里径流变化

(e) 下会径流变化

—■— 实测值　······● 模拟值

图 5-22　海河流域主要控制站径流实测值与模拟值的比较

综上，对于汉江流域干流控制站，率定期和检验期模型模拟的平均相关系数分别为 0.88 和 0.85；平均 Nash 效率系数分别为 0.88 和 0.86，所构建的 VIC 分布式模型有比较好的应用。对于海河流域主要控制站，率定期和检验期模型模拟的平均相关系数分别为 0.77 和 0.76；平均 Nash 效率系数分别为 0.77 和 0.75，考虑到灌溉取水等对海河流域径流系列的破坏，所构建的 VIC 分布式模型的精度基本能满足要求。在流域的灌溉区，模型的精度有待进一步提高。

（3）未来径流预估

为了预估气候变化对汉江流域水文水资源的影响，本章通过降尺度方法处理全球气候模式的输出（降水、气温）作为流域水文模型的输入，模拟预测未来气候情景下汉江流域的水文水资源状况。选用 SDSM 统计降尺度方法预估的降水和气温作为汉江流域和海河流域 VIC 模型的输入；全球气候模式选用 HadCM3（met office hadley centre）；未来排放情景选择 3 种情况：AR5 的高（RCP8.5）、中（RCP4.5）和低（RCP2.6）。

统计降尺度模型——SDSM（statistical downscaling model）是英国 Wilby 等（1999，2002，2003）建立的一种基于 Windows 界面、研究区域和当地气候变化影响的决策支持工具。该模型融合了天气发生器和多元线性回归技术，是一种混合统计降尺度方法。经过近10 年的发展，SDSM 已经发展到第 4 代，并在气候变化中得到广泛的应用。本书应用其最新版本（SDSM Version 4.2.2），对汉江流域降水和气温进行降尺度研究。

图 5-23、图 5-24 和表 5-9 显示的是观测的（1956~2010 年）和 VIC 模型输出的丹江口入库深径流深变化和海河流域径流深变化情况。对于低排放情景，2011~2040 年丹江口水库入库径流深平均值为 331.8mm，相比 1981~2010 年的观测值约减小 50mm，2041~2070 年，丹江口水库入库径流深有所恢复，平均值为 359.1mm，但是 2071~2100 年平均值又减小为329.1mm。对于中排放情景，2011~2040 年，丹江口水库入库径流为 366.4mm，相比 1981~2010 年约减小 15mm，随后径流深持续下降，2041~2070 年为 307.7mm，2071~2100 年为339.7mm。对于高排放情景，丹江口水库入库径流深将持续下降，从 1891~2010 年观测的381.5mm 减小到 2011~2040 年的 318.0mm、2041~2070 年的 282.9mm、2071~2100 年的281.5mm。总体上，在 HadCM3 模式输出的气候情景下，丹江口水库的入库径流深在 21 世纪将低于 1956~2010 年的平均值。

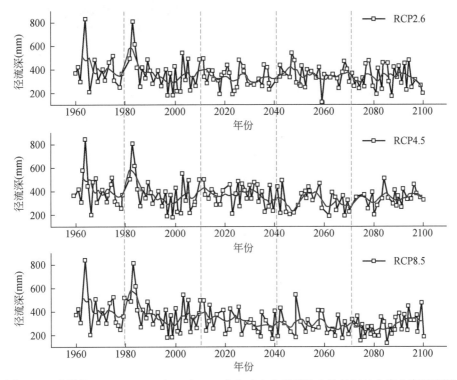

图 5-23　观测的（1956~2010 年）和 VIC 分布式水文模型输出的丹江口水库入库径流深
不同排放情景下的变化情况

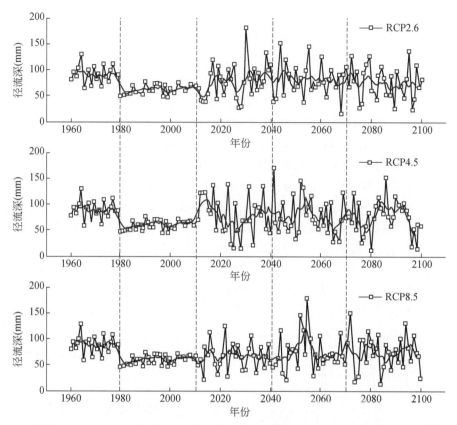

图 5-24 观测的（1956～2010 年）和 VIC 分布式水文模型输出的海河流域径流深在不同排放情景下的变化情况

表 5-9 观测的（1956～2010 年）和在不同排放情景下 VIC 分布式水文模型输出的丹江口入库径流深变化和海河流域径流深变化情况

丹江口								
时间	降水			气温			径流深		
	低	中	高	低	中	高	低	中	高
1956～1980 年	826.3	826.3	826.3	14.7	14.7	14.7	408.4	408.4	408.4
1981～2010 年	820.3	820.3	820.3	15.1	15.1	15.1	381.5	381.5	381.5
2011～2040 年	787.8	835.6	781.3	16.7	16.7	17.2	331.8	366.4	318.0
2041～2070 年	849.2	806.9	815.6	17.3	18.1	19.4	359.1	307.7	282.9
2071～2100 年	810.2	861.6	881.2	17.3	18.5	21.6	329.1	339.7	281.5
海河流域								
时间	降水			气温			径流深		
	低	中	高	低	中	高	低	中	高
1956～1980 年	569.1	569.1	569.1	9.7	9.7	9.7	90.0	90.0	90.0

时间	海河流域								
	降水			气温			径流深		
	低	中	高	低	中	高	低	中	高
1981~2010 年	517.9	517.9	517.9	10.6	10.6	10.6	62.5	62.5	62.5
2011~2040 年	580.7	592.4	562.0	12.3	12.5	12.8	78.1	81.2	68.7
2041~2070 年	595.7	606.3	616.2	12.8	13.6	15.2	80.8	81.0	76.3
2071~2100 年	581.2	601.4	649.6	12.9	14.0	17.4	75.4	77.0	77.0

注：高中低排放情景是指 AR5 的高（RCP8.5）、中（RCP4.5）和低（RCP2.6），降水和径流深的单位是 mm/a，气温的单位是℃/a。1956~2010 年为观测值，2010 年之后的时段为预估值。

对于海河流域，在低排放情景下，2011~2040 年海河流域平均径流深为 78.1mm，相比 1981~2010 年的观测值 62.5mm 约增加 15.6mm，2041~2070 年，海河流域平均径流深继续增加，平均值为 80.8mm，2071~2100 年平均值又减小为 75.4mm。在中排放情景下，2011~2040 年，海河流域平均径流深为 81.2mm，相比 1981~2010 年的观测值 62.5mm 增加 18.7mm，2041~2070 年为 81.0mm，2071~2100 年为 77.0mm。对于高排放情景，海河流域平均径流深从 1891~2010 年观测的 62.5mm 增加到 2011~2040 年的 68.7mm、2041~2070 年的 76.3mm、2071~2100 年的 77.0mm。总体上，在 HadCM3 模式输出的气候情景下，海河流域平均径流深在 21 世纪将高于 1981~2010 年的平均值（表5-9）。

5.3.2 径流丰枯遭遇概率分析

气候变化直接引起水源区和受水区径流量变化，而水源区的丰枯状况影响可调水量，受水区的丰枯状况影响需水量，因此水源区与受水区丰枯的不同组合将直接影响南水北调工程调水的作用与效益，尤其是同枯概率是对调水最不利的组合。

丰枯遭遇是指区域之间在同一时期内可能发生的丰、枯水变化的组合事件，是水资源量时间变化和空间分布不均的结果。目前，区域降水丰枯遭遇研究中 Copula 函数应用十分广泛。Copula 的研究起源于 Sklar，Copula 函数可以解释为"相依函数"或"连接函数"，是把多维随机变量的联合分布用其一维边际分布连接起来的函数。

Sklar 定理：设 X，Y 为连续的随机变量，边缘分布函数分别为 F_x 和 F_y，$F(x, y)$ 为变量 X 和 Y 的联合分布函数，如果 Fx 和 Fy 连续，则存在唯一的函数 $C_\theta(u, v)$ 使得

$$F(x,y) = C_\theta[F_x(x), F_y(y)], \forall x, y \tag{5-16}$$

式中，$C_\theta(u, v)$ 为 Copula 函数；θ 为待定参数。

从 Sklar 定理可以看出，Copula 函数能独立于随机变量的边缘分布，反映随机变量的相关性结构，从而可将联合分布分为两个独立的部分来处理变量间的相关性结构和变量的边缘分布，其中相关性结构用 Copula 函数来描述。Copula 函数的优点在于不必要求具有相同的边缘分布，并且任意边缘分布经过 Copula 函数连接都可构造成联合分布。由于变量的所有信息都包含在边缘分布里，所以在转换过程中不会产生信息失真。

根据水利部颁布的《地表水资源调查和统计分析细则》中的规定，各分区年降水分为丰水年、偏丰水年、平水年、偏枯水年、枯水年5个等级，划分频率见表5-10。本次研究主要考虑径流丰枯遭遇分析，丰、枯频率按37.5%和62.5%定义。

表5-10　丰、平、枯等级划分　　　　　　　　　　　　　　（单位:%）

丰枯程度	丰水年	平水年	枯水年
频率	<37.5	37.5～62.5	>62.5

为了分析丹江口入库径流和海河流域径流深丰枯遭遇频率，对于两个流域，统计其1956～2100年逐年年度径流情况，用 Pearson Ⅲ 分布拟合，进行 Copula 分析，采用 Clayton 联结函数。

图5-25 显示了1956～2010年丹江口入库径流和海河流域的密云水库入库径流 Pearson Ⅲ 分布拟合结果。图5-25 中红色点是1990年之后的径流，黑色是1990年之前的径流。可以看出，20世纪90年代之后，两个水库的枯水年频率明显增大。

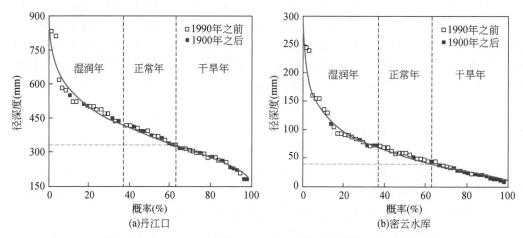

图5-25　1956～2010年丹江口入库径流和海河流域的密云水库
入库径流 Pearson Ⅲ 分布拟合结果

图5-26 显示的是1956～1980年和1981～2010年丹江口入库径流和海河流域径流深同枯遭遇 Copula 分析结果。图5-26 中两条红线的连接点为同枯的概率。可以看出，同时为枯水年的概率由1956～1980年的7%增加到1980～2010年的30%。

图5-27 显示的是1956～2010年、1956～1980年和1981～2010年丹江口入库径流和密云水库入库径流同枯遭遇 Copula 分析结果。可以看出，1956～2010年两个水库入库径流同枯的概率为19%；1956～1980年同枯的概率为7%，1981～2010年两个水库入库径流同枯的概率增加到为44%。

表5-11 和表5-12 显示的分别是1956～2100年，不同排放情景下海河径流深和汉江丹江口水库入库流量同枯和同丰遭遇的概率，可以看出，在低排放情景下，2011～2040年、2041～2070年和2071～2100年海河径流深和汉江丹江口水库入库流量同枯遭遇的概率分

别为21%、17%和28%，相比1981～2010年的30%有所下降，但是比1856～1980年的9%还是有大幅度增加。在中排放情景下，2011～2040年、2041～2070年和2071～2100年海河径流深和汉江丹江口水库入库流量同枯遭遇的概率分别为24%、26%和33%，2071～2100年的同枯概率大于1981～2010年。在高排放情景下，2011～2040年、2041～2070年和2071～2100年海河径流深和汉江丹江口水库入库流量同枯遭遇的概率分别为33%、32%和37%，同枯概率均大于1981～2010年的概率。

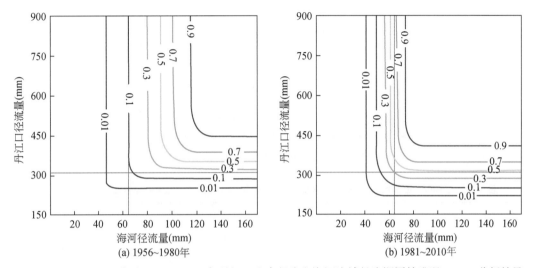

图5-26　1956～1980年和1981～2010年丹江口入库径流和海河流域径流深同枯遭遇Copula分析结果

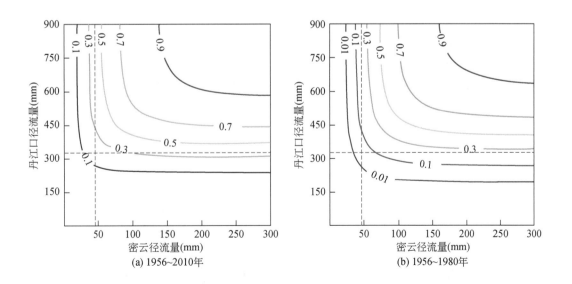

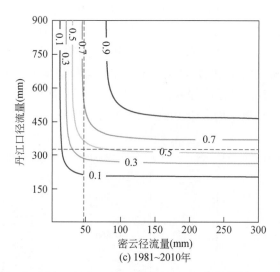

(c) 1981~2010年

图 5-27   1956~2010 年、1956~1980 年和 1981~2010 年丹江口入库径流和密云
水库入库径流同枯遭遇 Copula 分析结果

表 5-11   **海河径流深和汉江丹江口水库入库流量同枯（37.5%）遭遇的概率**   （单位：%）

时间	实测	低	中	高
1956~1980 年	9	—	—	—
1981~2010 年	30	—	—	—
2011~2040 年	—	21	24	33
2041~2070 年	—	17	26	32
2071~2100 年	—	28	33	37

注：高中低排放情景是指 AR5 的高（RCP8.5）、中（RCP4.5）和低（RCP2.6）。

表 5-12   **海河径流深和汉江丹江口水库入库流量同丰（62.5%）遭遇的概率**   （单位：%）

时间	实测	低	中	高
1956~1980 年	21	—	—	—
1981~2010 年	12	—	—	—
2011~2040 年	—	15	19	13
2041~2070 年	—	18	14	15
2071~2100 年	—	13	18	16

从未来不同情景下南水北调工程中线调水区和受水区未来降水径流预估结果看，丹江口水库在未来低、中、高 3 种排放情景下，2011~2100 年，年平均入库径流都低于 1965~2010 年的实际观测值，这对保障一期调水和提高二期调水量存在不利的评估结果。海河流域在低、中、高 3 种排放情景下，2011~2100 年的径流深均高于 1965~2010 年实际平均

值，即未来海河流域将迎来一个相对丰水期，进而在一定程度能减缓南水北调工程调水压力。

为进一步分析未来气候变化对南水北调中线调水的影响和风险，计算了未来不同情景下丹江口水库入库径流与海河流域径流丰枯遭遇的可能概率。从计算结果看，低排放情景下，海河流域和丹江口水库同枯概率均小于 1981～2010 年发生的概率，高排放情景下，此同枯概率均高于 1981～2010 年的同枯概率，中排放情景下 1981～2010 年发生的同枯概率接近，在 2070～2100 年此概率超出 1981～2010 年发生概率 3 个百分点。由此可见，随着排放变化情景的加大，未来南水北调中线工程调水区与受水区发生的同枯遭遇的概率将增加，从而加大了工程调水的风险。为应对未来气候变化对调水工程的影响，需对此可能存在的风险进行规避。

5.3.3　汉江流域水资源脆弱性分析

将 1980～2000 年作为现状年，基于第 3 章脆弱性的计算方法，分别计算 AR5 高（RCP8.5）、中（RCP4.5）和低（RCP2.6）排放情景下，21 世纪 30 年代南水北调中线水源地汉江流域在不调水、年调水 90 亿 m³ 和年调水 130 亿 m³ 情形下的水资源脆弱性（图 5-28～图 5-31）。

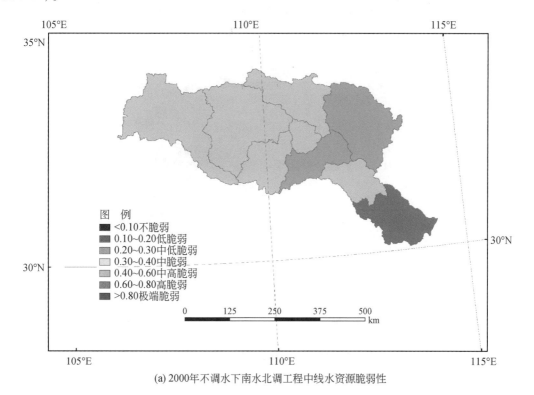

(a) 2000年不调水下南水北调工程中线水资源脆弱性

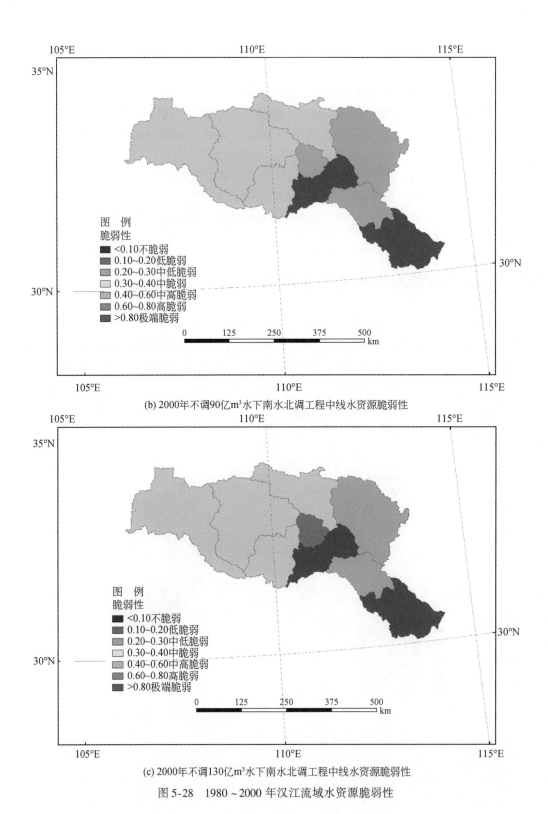

(b) 2000年不调90亿m³水下南水北调工程中线水资源脆弱性

(c) 2000年不调130亿m³水下南水北调工程中线水资源脆弱性

图 5-28　1980 ~ 2000 年汉江流域水资源脆弱性

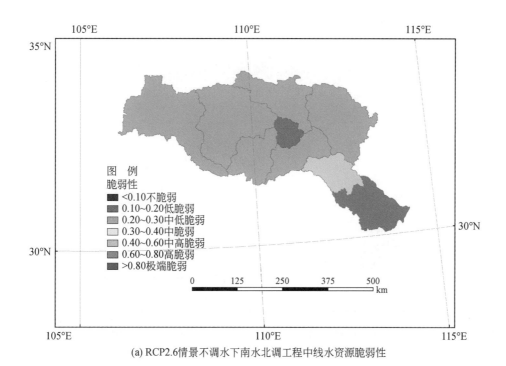

图 例
脆弱性
■ <0.10不脆弱
■ 0.10~0.20低脆弱
■ 0.20~0.30中低脆弱
□ 0.30~0.40中脆弱
■ 0.40~0.60中高脆弱
■ 0.60~0.80高脆弱
■ >0.80极端脆弱

0   125   250   375   500
km

(a) RCP2.6情景不调水下南水北调工程中线水资源脆弱性

图 例
脆弱性
■ <0.10不脆弱
■ 0.10~0.20低脆弱
■ 0.20~0.30中低脆弱
□ 0.30~0.40中脆弱
■ 0.40~0.60中高脆弱
■ 0.60~0.80高脆弱
■ >0.80极端脆弱

0   125   250   375   500
km

(b) RCP2.6情景调90亿m³水下南水北调工程中线水资源脆弱性

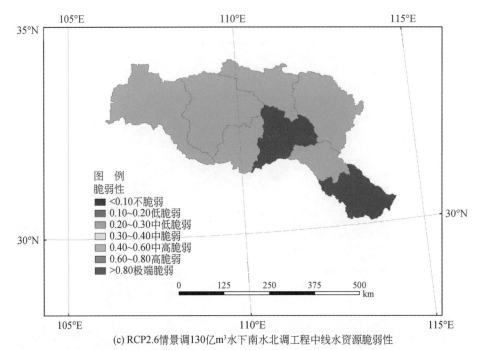

(c) RCP2.6情景调130亿m³水下南水北调工程中线水资源脆弱性

图 5-29　低排放情景下 21 世纪 30 年代汉江流域水资源脆弱性

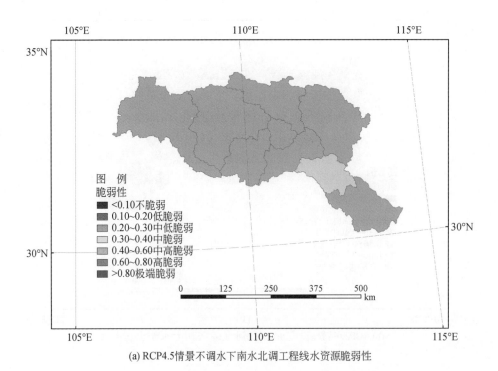

(a) RCP4.5情景不调水下南水北调工程线水资源脆弱性

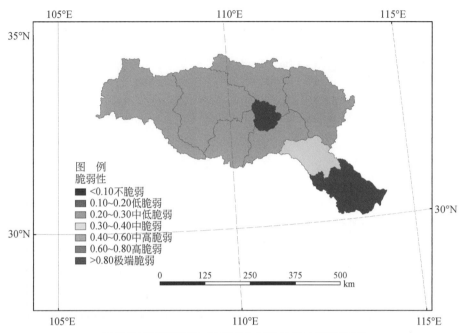

(b) RCP4.5情景调90亿m³水下南水北调工程线水资源脆弱性

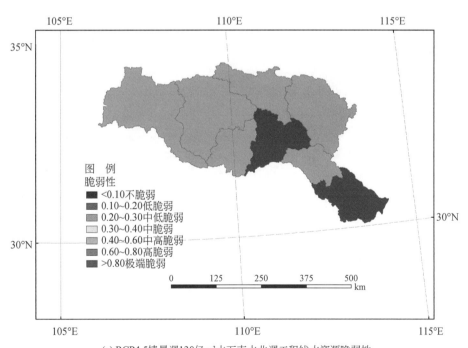

(c) RCP4.5情景调130亿m³水下南水北调工程线水资源脆弱性

图 5-30　中排放情景下 21 世纪 30 年代汉江流域水资源脆弱性

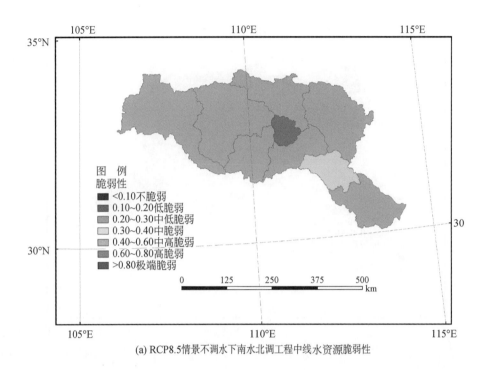

(a) RCP8.5情景不调水下南水北调工程中线水资源脆弱性

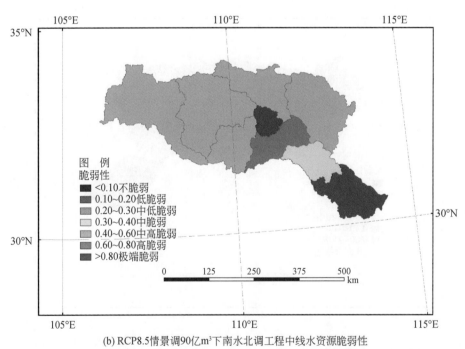

(b) RCP8.5情景调90亿m³下南水北调工程中线水资源脆弱性

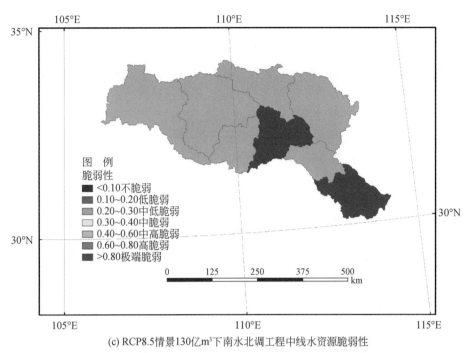

(c) RCP8.5情景130亿m³下南水北调工程中线水资源脆弱性

图 5-31　高排放情景下 21 世纪 30 年代汉江流域水资源脆弱性

5.4　南水北调中线工程应对全球变化的对策建议

南水北调工程是缓解北方水危机、实施中国水资源配置的重大举措，从长江流域汉江支流的丹江口水库调水的中线工程已于 2014 年 12 月正式通水。前面章节关于气候变化对南水北调中线工程三个关键性问题的影响分析业已表明，由于全球环境变化的影响，即调水工程的来水量和用水量变化、调水区和受水区丰枯遭遇变化以及汉江中下游水资源脆弱性都发生了新的变化，因此需要针对新的问题提出应采取的适应性管理对策与建议。

（1）　总的对策与建议

1）工程规划需进行调整和修编。针对中国现行流域水资源规划、重大工程社会和管理未考虑气候变化影响的缺陷和不足，建议尽快启动南水北调中线重大工程规划、设计的修编工作，重新评估全球气候变化对南水北调工程的调水区和受水区径流的变化，实时调正调水规模短、中、长期计划。

2）实行适应性调水动态管理。建议加强南水北调中线工程径流变化和调水的实时监控系统建设，尤其丰枯遭遇最不利情景下的监控、预警预报与调度，保障调水工程社会经济效益的最大发挥。

3）要充分发挥好引江剂汉工程的作用、受水区各行业合理和高效利用南水北调的水资源，强调全社会节水战略，提高水资源生产率和利用效率。

相关的具体建议在后面各小节分述。

（2）引江济汉工程

由于陕西水资源总量不足，"引汉济渭"工程规划从汉江向渭河关中地区调水。该工程已于2011年11月正式开工建设，计划在2020年、2025年调水量分别达到5亿 m^3、10亿 m^3，2030年调水量达到最终调水规模15亿 m^3，未来汉江流域的水资源形势不容乐观。为了缓解汉江水资源的矛盾，引江济汉工程已经提上日程。

引江济汉工程是从长江荆江河段引水至汉江高石碑镇兴隆河段的大型输水工程，属汉江中下游治理工程之一。渠道全长约为67.23km，年平均输水37亿 m^3，其中补汉江水量为31亿 m^3，补东荆河水量为6亿 m^3。工程的主要任务是向汉江兴隆以下河段补充因南水北调中线一期工程调水而减少的水量，改善该河段生态、灌溉、供水、航运的用水条件。

通过前面章节的分析可以看出该工程对于缓解汉江供水矛盾的重要性。通过Copula计算，长江荆江河段沙市站与汉江丹江口水库同枯的概率：1956～1979年为8%；1980～2007年为11%，远低于丹江口入库径流和海河径流深的同枯概率，因此鉴于汉江流域用水需求的增加、人们对生态环境要求的提高，以及提高连续枯水年向北方供水的保证率，有必要着手开展引江济汉工程。从调水风险上来看，引江济汉工程对于缓解汉江水资源供需紧张的局面具有缓解作用。

（3）调水动态管理

未来气候变化背景下，汉江流域来水量将减少，这将增加南水北调工程调水的压力。从工程规划阶段转移到实时调度管理阶段，基于对水源区和受水区空间分异规律的研究成果，应对南水北调工程进行实时调度管理。通过气象水文预报等措施，对南水北调水源地和受水区进行水资源风险评估与预警管理，充分利用南水北调工程发挥工程效用，探索工程管理体制中，水资源需求的市场机制和政策调控相结合的创新管理制度。

实行调水动态管理。对南水北调中线径流丰枯遭遇的研究表明，在2040年前气候变化可能增加受水区和水源区径流同枯频率，有导致无水可调的风险。根据来水区和受水区水资源的丰枯遭遇程度，采取不同的水资源调度方案。充分发挥丹江口水库的调节能力，减小海河和汉江流域同频遭遇的概率。在长期预报的前提下，在年际间合理调度丹江口水库的出库流量，减小海河流域和汉江流域"同丰同枯"带来的负面影响，降低气候变化影响造成的风险。应加强引江济汉工程，补充水源区水资源量，保障调水工程的可供水量。结合受水区海河流域的水资源情况，在不同来水情景下，展开中线调水季节尺度和月尺度的分配方案研究，包括丰水年（37.5%）、平水年（50%）、枯水年（62.5%）来水情景下的调水方案。

建议借鉴加州"北水南调"工程运行和管理的经验。加州"北水南调"工程年均调水54亿 m^3，1972年左右开始实际调水。2000年以来，由于美国西南部持续干旱，大约30%的调水水量受到影响，因此其也在做适应性对策。通过对加州调水经验的参考和对比分析，可以为南水北调路线工程调水管理提供参考。

（4）受水区的节水优先与水库、地下水调蓄

应通过提高水资源利用效率、采取节水措施缓解因气候变化影响而造成的水资源减少的压力。需要充分发挥南水北调的作用，在汉江丰水的年份，可以考虑多调水以回灌海河流域的地下水，将地下水作为水库，储存水资源。同时，在流域水资源规划中提出针对气候变化影响的应对措施。

对受水区而言，应实施当地水与北调水的联合调度，提高受水区的供水保证程度。中线工程受水区及其周边地区已建有众多蓄水工程。此外，华北平原广泛分布有良好的地下含水层，是容积很大的地下水库。中线工程通水后，一般年份可以控制开采地下水，使目前超采的地下水得以休养生息，遇枯水年时可暂时增加地下水开采量，以渡过难关。

（5）延长南水北调中线

现行南水北调中线是专门为解决海河流域用水规划设计的，现行中线工程设计用水量未顾及农业、生态用水指标。由于农业和生态用水有很强的时间性、地域性、标准性，因此无论是从应对气候变化角度，还是从长远分析，中线调水可以进一步完善，通过延长到三峡进行调水，从而减少丹江口水库未来径流可能造成的风险。

目前，从三峡补水有 3 个方案：①从三峡补水的香溪河低扬程输水方案年输水量为 200 亿 m^3，耗电量占三峡发电量的 5%；②从三峡补水的大宁河中线低扬程输水方案年输水量为 200 亿 m^3，耗电量占三峡发电量的 11.3%；③从三峡补水的大宁河新西线输水方案年输水量为 200 亿 m^3，耗电量占三峡发电量的 36%。上述 3 条调水方案特点非常突出，如果国家从能源角度考虑，要尽量减少电力消耗，保障国民经济用电，最好选用第 1 个方案；如果国家从一次投资出发，考虑少占地，便于分期分批建设，便于集中人力、物力、赢得时间，建议选用第 3 个方案；如果上述矛盾都不太突出，从省电和节约开支的角度出发，可考虑采用第 2 个方案。

从三峡水库向丹江口水库调水，虽然尚未纳入国家科研计划，但不少单位的科技工作者做了大量工作，有了很好的基础，而且是中国未来供水供电难得的一条新的研究思路。其研究工作又不影响现行南水北调工程的开展：中线按计划照常不误；东线更好集中精力防污、治污；西线重点放在线路比选上，扩大调水水源、多考虑内陆地区用水。此方案一旦研究可行，不仅既好又快地解决了中国当前北方用水的问题，而且也为我们子孙后代改善水环境提供了有利的条件。

第6章　应对气候变化影响的水资源适应性管理与对策

6.1　变化环境下东部季风区水资源适应性对策与效果分析

依据中国东部季风区八大流域水资源脆弱性及适应性调控分析结果，气候变化影响下水资源脆弱性特别高的流域分别为海河流域、淮河流域和黄河流域；气候变化影响下水资源脆弱性较高的流域分别为辽河流域、松花江流域；气候变化影响下水资源脆弱性较低的流域分别为长江流域、东南诸河和珠江流域。重点针对气候变化影响下水资源脆弱性较高、可持续发展程度也很差的海河流域、淮河流域、黄河流域和辽河流域、松花江流域，采取相应的适应性对策，以缓解其水资源的脆弱程度。

基于中国东部季风区八大流域 2000 年水资源脆弱性现状和 2030 年未来气候变化影响开展综合分析，通过适应性水资源管理的理论与方法，计算了对应不同情景的流域水资源脆弱性、可持续发展指数等效益评价的效果，提出了应对气候变化影响的适应性水资源管理的对策与建议。

6.1.1　适应性水资源管理与对策的情景选择与调控变量

现状条件下的中国东部季风区水资源状况是最真实和现实的情况。面向未来，中国人口将在 2033 年左右达到高峰，2020～2040 年中国将面临严峻的水资源供需矛盾与挑战，需要采取应对气候变化和人类活动影响挑战的适应性水资源管理。根据 IPCC 最新的第五次评估报告（IPCC-AR5）和多模式预估结果，未来气候变化设置了 RCP2.6、RCP4.5 和 RCP8.5 三个浓度的排放情景。由于未来气候变化对水资源的影响具有不确定性，因此，基于适应性水资源管理的"最小遗憾"原则，针对未来气候变化影响采取最不利的情景分析是适当的，也是应对气候变化不确定性风险分析的一种有效的方式。依据未来气候变化情景预估的分析和评价成果，本书选取了最接近中国 2030 年未来减排情况的 RCP4.5 情景，对水资源可能产生的各种影响展开分析，选取其中最不利的组合情景，分析采取不同适应性对策和措施的效果。

结合气候变化背景下的水资源脆弱性分析与适应性调控的系统关系和指标体系，依据国家可持续发展、"三条红线"的严格水资源管理和生态文明建设战略，采用可持续水资源管理和减少脆弱性的适应性管理准则，对未来最不利情景下水资源设计不同的适应性决策措施集，其中包括：

1）用水总量调控：2030 年全国用水总量≤7000 亿 m³，东部季风区各流域用水总量按照各流域规划修编分解的总量控制。

2）用水效率调控（农业、工业、生活）：2030 年用水效率达到或接近世界先进水平，万元工业增加值用水量降低到 40m³ 以下，农田灌溉水有效利用系数提高到 0.6 以上。

3）水质管理调控：确立水功能区限制纳污红线。到 2030 年主要污染物入河湖总量控制在水功能区纳污能力范围之内，水功能区水质达标率提高到 95% 以上。

4）生态用水调控：河湖生态用水≥水资源规划的最小生态需水，2030 年前逐步提高河湖生态用水的保证率。

对其实施调控的管理目标与效果分别进行评估分析，以选取最优决策集。

6.1.2 气候变化影响下水资源适应性管理与决策的图集与分析

为了寻求东部季风区水资源适应性管理的途径，需要分析不同管理对策的效果，以及最优对策的建议。调控决策集设计组合见表 6-1。

根据严格水资源管理的"三条红线"调控和生态用水调控（满足最小生态需水）等要求，表 6-1 中列出了 15 个适应性水资源管理的方案，其中 1、5、11 和 15 决策集是分析重点。

表 6-1　现状和未来气候变化情景下水资源适应性管理设计方案组合

方案	调控变量（决策变量）			
	用水总量	用水效率	水功能区达标率	最小生态需水
1	●			
2		●		
3			●	
4				●
5	●	●		
6	●		●	
7	●			●
8		●	●	
9		●		●
10			●	●
11	●	●	●	
12	●	●		●
13		●	●	●
14	●		●	●
15	●	●	●	●

注：圆点表示控制哪一个量，即为一个方案。

（1）变化环境下东部季风区的水资源脆弱性与可持续发展态势

首先，按照全国水资源评价 2000 年基准年的基础信息，评估现状条件下中国东部季风区的社会经济状况（人均 GDP）、水环境状况（以超 V 类河长比代表）、社会经济可持续发展状态（DD 指数），进一步计算综合考虑了水灾害风险、暴露度及敏感性和抗压性特点的水资源脆弱性（V），以及对应八大流域的水资源脆弱性，如图 6-1 和图 6-2 所示。

同时，计算评估了未来气候变化影响下中国东部季风区 2030 年最不利情景下对应的水资源脆弱性 V 与可持续发展指数 DD，如图 6-3 所示。

分析与评估表明：现状条件下（2000 年）中国社会经济发展较快的是沿海经济带和以北京为中心的北方京津冀地区以及东北，而水环境污染比较重的也在华北地区的海河等流域，它是水资源脆弱性比较集中的地区。整个东部季风区中等脆弱性区域占全区的 80%，重度脆弱性地区接近 25%。说明中国水资源供需状况和环境状况的严峻性。从东部季风区八大流域的水资源脆弱性 V 的发布与流域之间的比较看，中国海河、黄河、淮河和辽河的水资源脆弱性最高，是变化环境下流域水资源管理和适应性管理实践的重点流域。

未来气候变化影响的最不利情景下，仅从脆弱性分布看，整个东部季风区中等程度以上的脆弱性区域较 2000 年实际情况有较明显的扩散，重度脆弱性地区接近 35%。水旱灾害、社会经济财产分布表达的暴露度与风险及其联系的水资源供需矛盾不仅集中在中国北方的黄、淮、海和东北，而且中国南方、珠江等水资源相对丰沛的地区也可能面临着水危机。

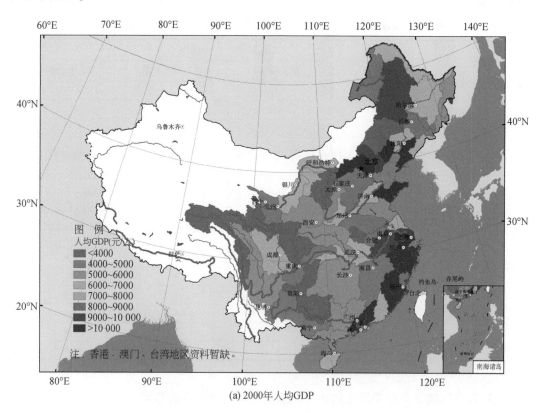

(a) 2000年人均GDP

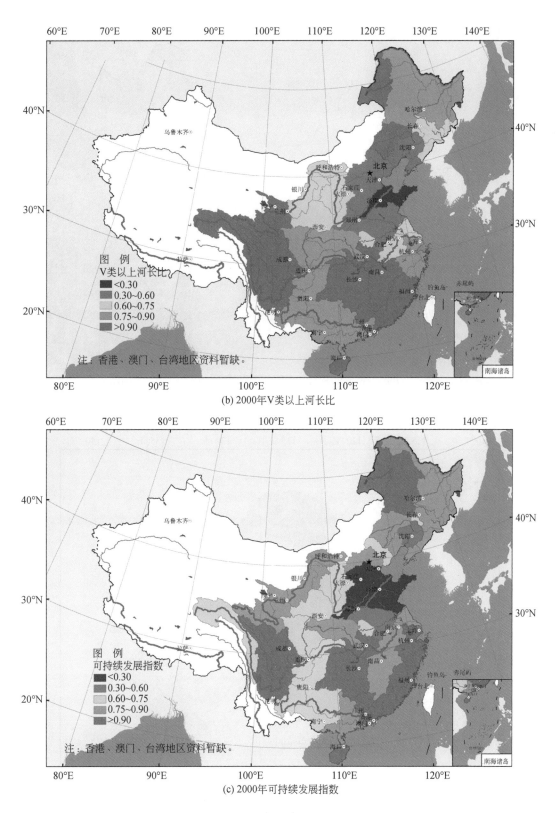

(b) 2000年V类以上河长比

(c) 2000年可持续发展指数

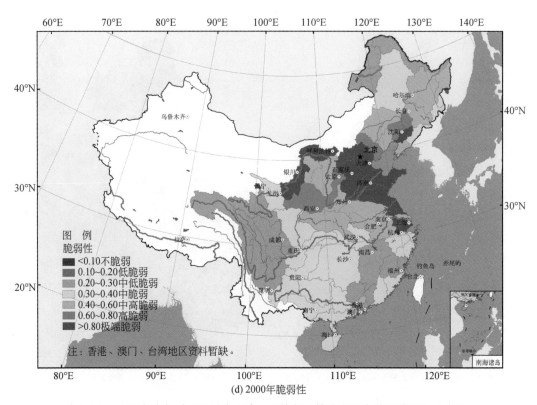

(d) 2000年脆弱性

图 6-1 2000 年东部季风区社会经济、环境与可持续发展态势及脆弱性示意图

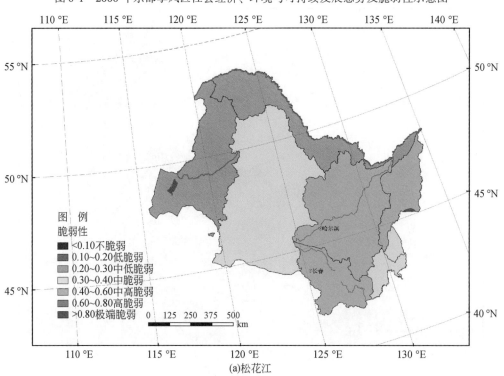

(a)松花江

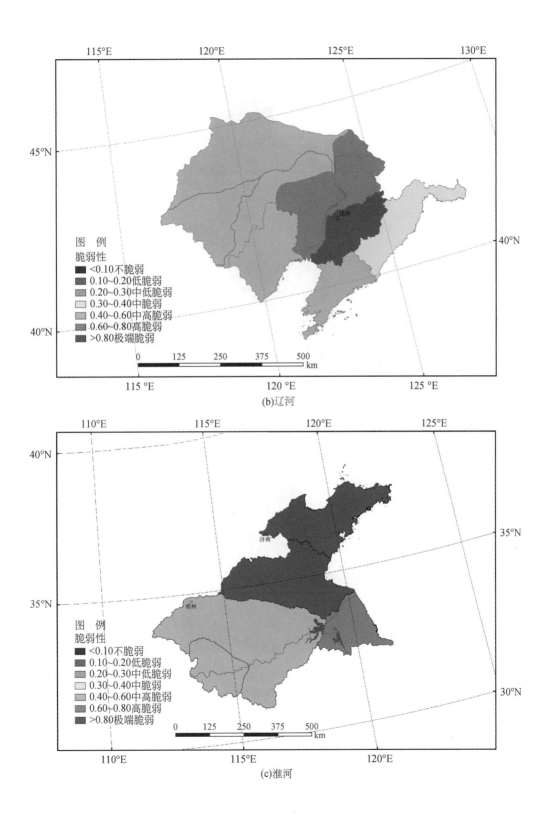

(b)辽河

(c)淮河

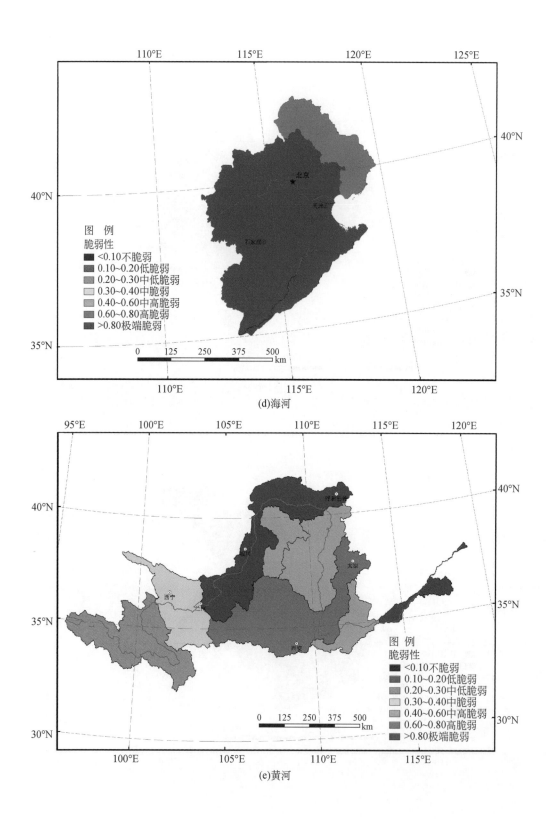

(d)海河

(e)黄河

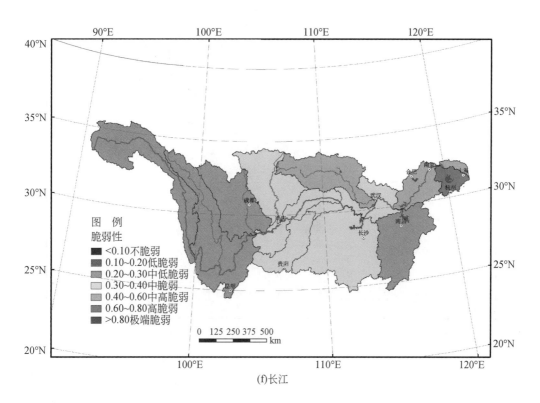

(f)长江

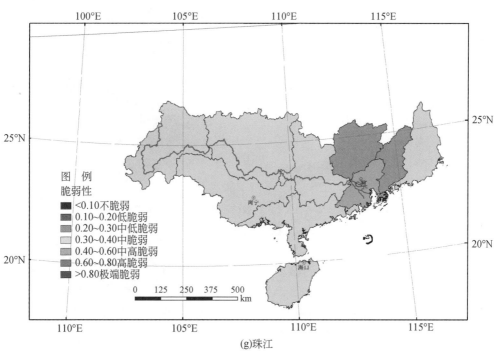

(g)珠江

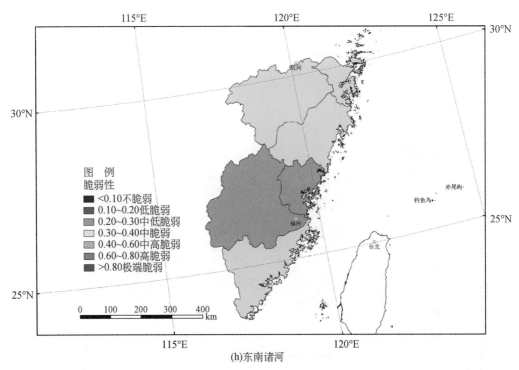

(h)东南诸河

图 6-2 东部季风区八大流域二级分区水资源脆弱性 V 现状（2000 年）

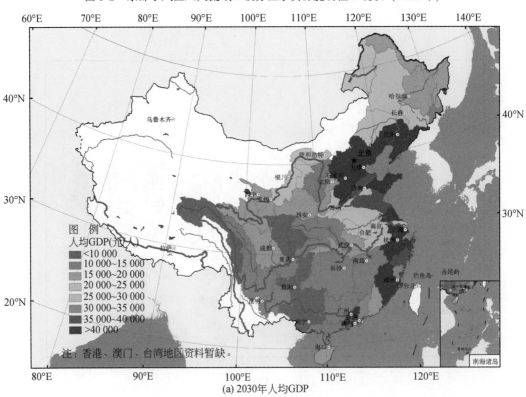

(a)2030年人均GDP

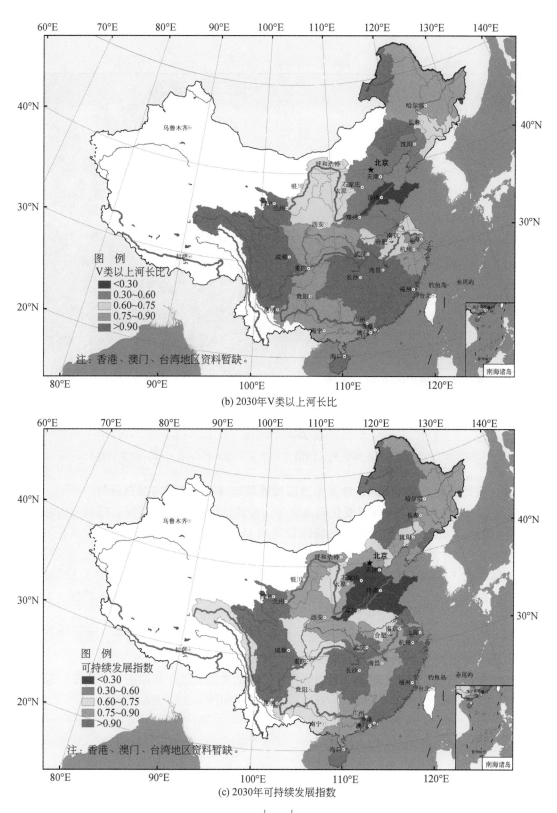

(b) 2030年V类以上河长比

(c) 2030年可持续发展指数

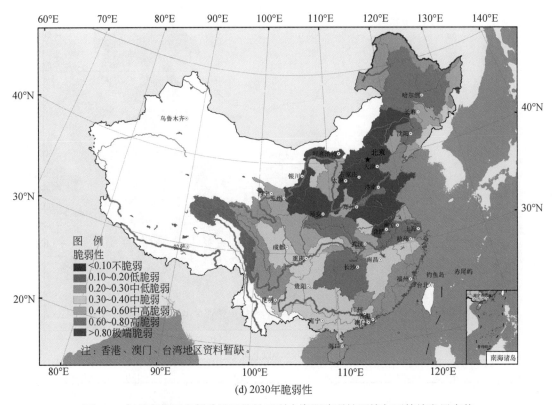

(d) 2030年脆弱性

图 6-3　气候变化下东部季风区的最不利水资源脆弱性环境与可持续发展态势

（2）变化环境下东部季风区水资源适应性管理与对策的情景与效益分析

依据研究和提出的应对气候变化的水资源适应性管理的准则、目标、理论与方法，完成了针对现状水资源脆弱性所做的适应性管理的 15 个不同情景分析，其中重点是下列方案集：方案 1：总量调控（其他不变）；方案 2：用水效率调控（其他不变）；方案 3：功能区达标调控（其他不变）；方案 4：生态需水调控（其他不变）；方案 5：总量调控+用水效率调控（其他不变）；方案 11：总量调控+用水效率调控+水功能区达标调控（其他不变）；方案 15：总量调控+用水效率调控+水功能区调控+生态需水调控。

针对 2000 年水资源现状条件和未来气候变化的最不利水资源脆弱性，采取适应性管理的不同决策情景，分析评估其效果和效益（V 和 DD）。

现状条件下东部季风区流域水资源适应性管理的决策效果分析如图 6-4 和表 6-2 所示。未来气候变化影响条件下最不利的情景决策分析效果如图 6-5 和表 6-3 所示。

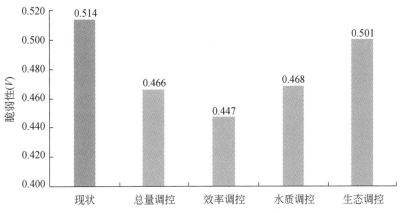

图 6-4 东部季风区 2000 年现状条件下单个调控对策的脆弱性（V）变化

表 6-2 2000 年一级区方案调控后脆弱性（V）分析

一级区	现状 V	总量调控 V1	效率调控 V2	水质调控 V3	生态调控生态调控 V4	综合调控 V15
海河	0.897	0.718	0.718	0.759	0.881	0.589
黄河	0.579	0.521	0.494	0.519	0.565	0.453
淮河	0.726	0.624	0.611	0.623	0.712	0.518
辽河	0.595	0.566	0.486	0.541	0.580	0.448
松花江	0.359	0.359	0.348	0.355	0.347	0.342
长江	0.345	0.331	0.330	0.342	0.333	0.316
东南诸河	0.285	0.285	0.285	0.285	0.275	0.274
珠江	0.324	0.324	0.316	0.323	0.312	0.312
平均	0.514	0.466	0.449	0.468	0.501	0.407

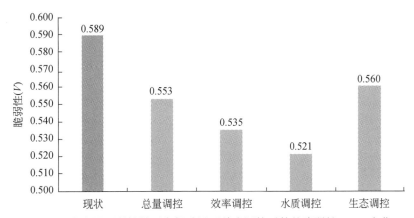

图 6-5 未来最不利情景下东部季风区单个调控对策的脆弱性（V）变化

表 6-3　最不利情景一级区方案调控后脆弱性（V）分析

一级区	现状 V	总量调控 V1	效率调控 V2	水质调控 V3	生态调控 V4	综合调控 V15
海河	0.940	0.897	0.877	0.763	0.907	0.653
黄河	0.578	0.551	0.530	0.505	0.552	0.439
淮河	0.732	0.649	0.618	0.599	0.691	0.456
辽河	0.566	0.519	0.489	0.502	0.535	0.399
松花江	0.468	0.454	0.447	0.449	0.444	0.407
长江	0.435	0.398	0.384	0.420	0.405	0.345
东南诸河	0.270	0.264	0.263	0.263	0.258	0.244
珠江	0.310	0.300	0.294	0.302	0.295	0.272
东部季风区	0.589	0.553	0.535	0.521	0.560	0.441

　　研究表明，无论是 2000 年中国水资源脆弱性比较严峻的现状条件下，还是面向未来气候变化影响的最不利水资源脆弱性条件下，如果采取三条红线调控的严格水资源管理以及生态需水保障的适应性对策，无论从减少水资源脆弱性（V）还是从可持续发展指数（DD）的目标准则看，适应性管理的效果是十分明显的。

　　1）从东部季风区八大流域整体水资源系统减少脆弱性的目标看，单项调控最为敏感的是用水效率调控和功能区达标调控，其次是用水总量调控和生态用水调控。这说明以可持续发展为目标、以水资源的供需管理为应用目的的适应性管理是有效果和有效益的，其中如何提高水的利用效率及其生产率、如何管理和调配好水资源，以及如何治理好水污染问题维系河湖生态健康至关重要。以国家实施的"三条红线"为特色的严格水资源管理和生态文明的每一项措施都很重要，缺一不可。

　　从东部季风区八大流域整体水资源系统可持续发展指数的目标看，无论现状还是未来，单项调控最为敏感的是水功能区达标调控，其次是水资源利用效率、生态用水与用水总量控制（图 6-6、图 6-7 和表 6-4）。事实上，目前中国河湖水功能区水质达标率仅为

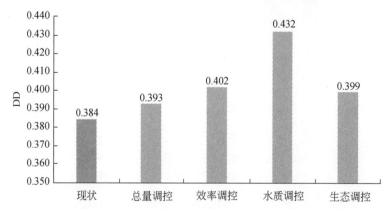

图 6-6　东部季风区 2000 年现状条件下单个调控对策的可持续发展指数（DD）变化

46%。2010 年 38.6% 的河长劣于 Ⅲ 类水，2/3 的湖泊富营养化。"三条红线"的严格水资源管理对策难度最大的就是如何实现水功能区达标的目标。以可持续发展为目标的水资源适应性管理，如何治理好环境、修复破坏的生态系统，维系河湖生态健康成为适应性水资源管理的一个关键性任务。

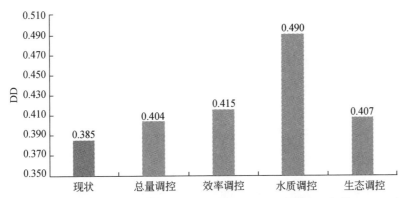

图 6-7　未来最不利情景下东部季风区单个调控对策的可持续发展指数（DD）变化

表 6-4　2000 年一级区调控后可持续发展指数（DD）分析

一级区	现状 DD	总量调控 DD1	效率调控 DD2	水质调控 DD3	生态调控 DD4	综合调控 DD15
海河	0.098	0.124	0.124	0.216	0.101	0.285
黄河	0.295	0.305	0.315	0.365	0.306	0.399
淮河	0.154	0.172	0.178	0.262	0.159	0.310
辽河	0.256	0.260	0.299	0.324	0.264	0.347
松花江	0.509	0.509	0.519	0.517	0.529	0.538
长江	0.532	0.540	0.541	0.536	0.554	0.567
东南诸河	0.685	0.685	0.685	0.686	0.713	0.715
珠江	0.547	0.547	0.556	0.549	0.569	0.571
平均	0.385	0.393	0.402	0.432	0.399	0.467

2）在所有 V 和 DD 目标非劣解集方案中，"总量调控+用水效率调控+水功能区调控+生态需水调控"方案 15 最优。

适应性水资源管理与最优对策的分析表明，应对环境变化的中国水资源规划与管理，当采取有针对性的适应性的水资源综合对策与措施时，其效果（V）和效益（DD）是相当显著的。其中，现状条件下采取综合最优调控对策，脆弱性（V）的减少幅度为 13.54%，可持续发展指数（DD）增加幅度达 8.2%，在许多流域综合发展效益（VDD）也发生显著变化（图 6-8～图 6-11）。

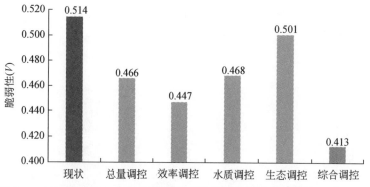

图 6-8　东部季风区 2000 年现状条件下综合调控对策的脆弱性（V）变化

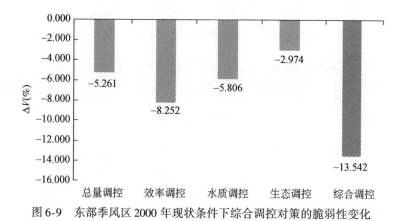

图 6-9　东部季风区 2000 年现状条件下综合调控对策的脆弱性变化

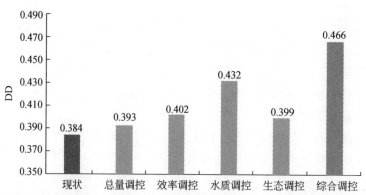

图 6-10　东部季风区 2000 年现状条件下综合调控对策的可持续发展指数（DD）效益

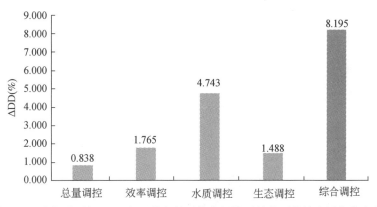

图 6-11　东部季风区 2000 年现状条件下综合调控对策的可持续发展指数变化

　　未来气候变化影响的最不利条件下，采取综合最优调控对策，东部季风区流域的水资源脆弱性 V 的变化和减少的幅度达 21.3%，可持续发展指数 DD 增加幅度达 18.4%，在一些流域综合发展效益（VDD）也发生显著变化（图 6-12～图 6-17）。

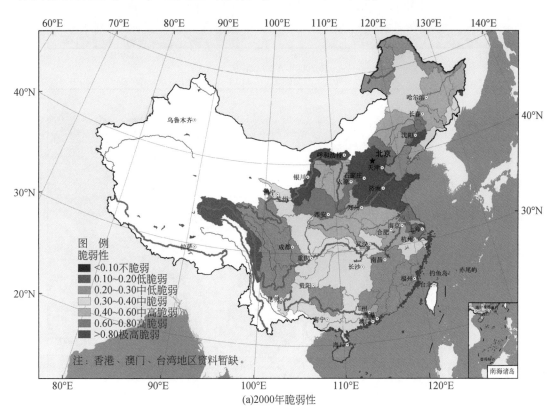

(a)2000年脆弱性

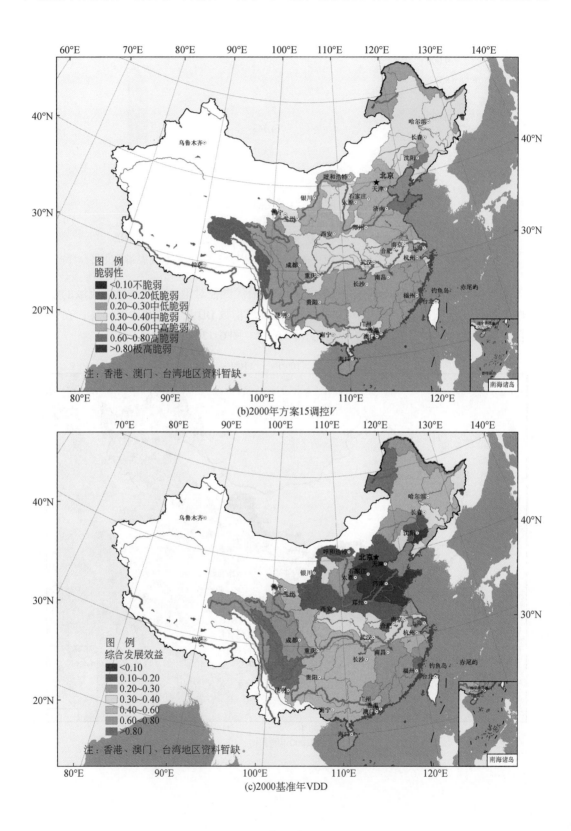

图例
脆弱性
■ <0.10不脆弱
■ 0.10~0.20低脆弱
■ 0.20~0.30中低脆弱
□ 0.30~0.40中脆弱
■ 0.40~0.60中高脆弱
■ 0.60~0.80高脆弱
■ >0.80极高脆弱

注：香港、澳门、台湾地区资料暂缺。

(b)2000年方案15调控V

图例
综合发展效益
■ <0.10
■ 0.10~0.20
■ 0.20~0.30
□ 0.30~0.40
■ 0.40~0.60
■ 0.60~0.80
■ >0.80

注：香港、澳门、台湾地区资料暂缺。

(c)2000基准年VDD

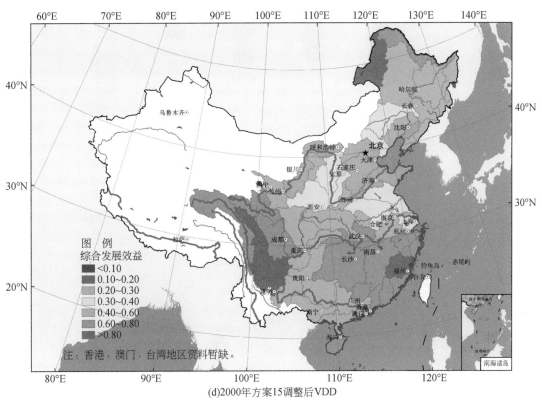

(d)2000年方案15调整后VDD

图 6-12 东部季风区 2000 年现状条件下，采用最优适应性调控对策（方案 15）的水资源脆弱性
与综合发展效益 VDD 的比较

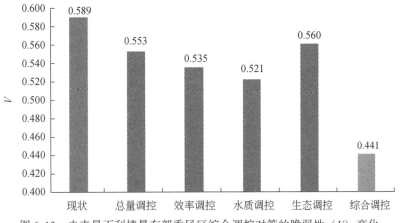

图 6-13 未来最不利情景东部季风区综合调控对策的脆弱性（V）变化

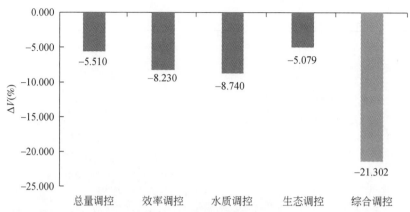

图 6-14 未来气候变化影响最不利情景东部季风区综合调控对策的脆弱性变化

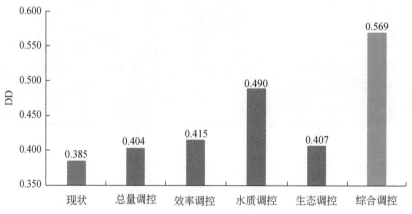

图 6-15 未来最不利情景综合调控对策的可持续发展指数 (DD) 效益

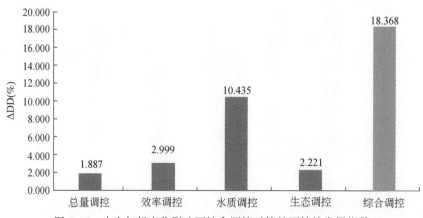

图 6-16 未来气候变化影响下综合调控对策的可持续发展指数

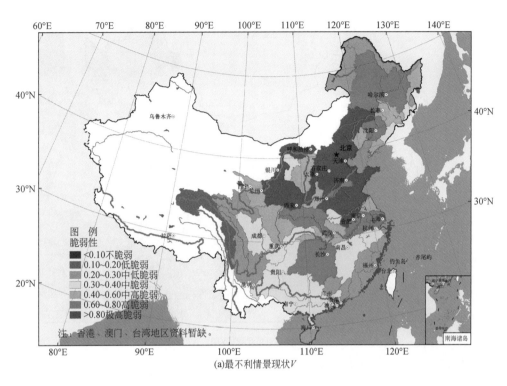

(a)最不利情景现状V

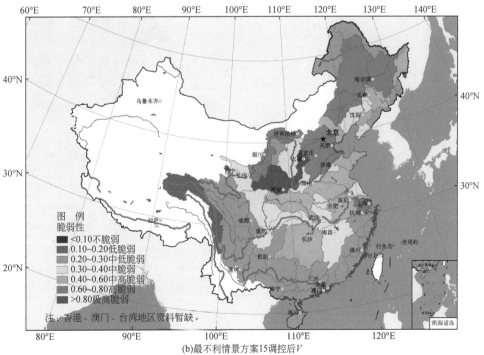

(b)最不利情景方案15调控后V

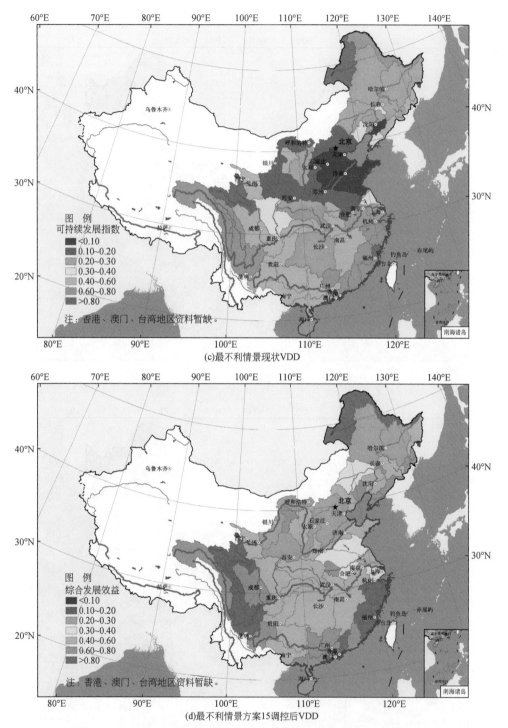

图 6-17　气候变化影响下未来最不利情景东部季风区采用最优适应性调控对策（方案 15）的水资源脆弱性 V 与综合发展效益 VDD 的比较

3）中国东部季风区八大流域的各自适应性管理与对策效应分析。适应性管理的情景优化分析表明，由于流域所处的自然水土条件、社会经济发展水平及生态环境问题的不同，它们之间的适应性水资源管理的对策效果也是有明显差别的（图6-18，表6-5）。

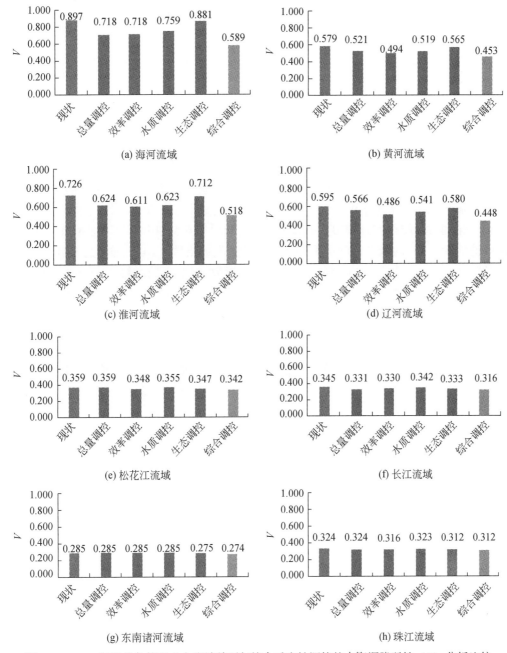

图 6-18　2000 年现状条件下八大流域单项与综合适应性调控的水资源脆弱性（V）分析比较

表6-5 现状条件下东部季风区单项与综合适应性调控的脆弱性差异分析

一级区	总量调控 ΔV1（%）	效率调控 ΔV2（%）	水质调控 ΔV3（%）	生态调控 ΔV4（%）	综合调控 ΔV15（%）
海河	−19.00	−19.00	−14.76	−1.86	−33.10
黄河	−6.14	−10.01	−8.22	−2.79	−16.58
淮河	−11.61	−13.96	−12.76	−2.07	−25.39
辽河	−3.28	−10.95	−8.55	−2.61	−14.49
松花江	−0.01	−2.26	−1.12	−3.50	−4.68
长江	−2.06	−2.25	−0.65	−3.61	−6.32
东南诸河	0.00	0.00	−0.16	−3.73	−3.90
珠江	0.00	−1.67	−0.23	−3.63	−3.87

北方地区的黄、淮、海河流域，由于社会经济发展快、缺水严重，水环境问题也比较突出，实施严格水资源管理和保障生态需水调控后的效果最为明显。针对水资源现状脆弱性（V）和可持续发展指数（DD）效益的调控效果见表6-5和图6-18～图6-21。其中，海河流域脆弱性（V）的减少幅度达33.1%、可持续发展指数（DD）增幅达18.69%；淮河流域脆弱性（V）的减幅达25.4%、可持续发展指数（DD）的增幅达15.6%；黄河流域脆弱性（V）的减幅达16.6%、可持续发展指数（DD）的增幅达10.4%。未来气候变化影响下最不利情景的水资源脆弱性（V）和可持续发展指数（DD）效益的调控效果如图6-22～图6-25所示。

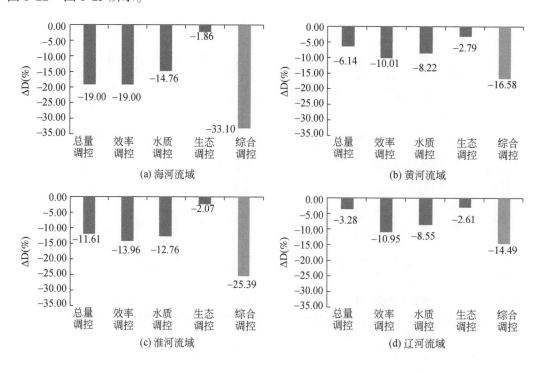

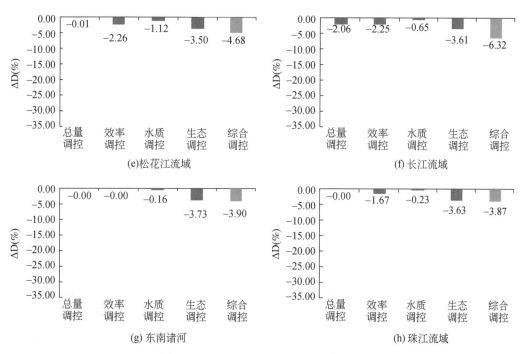

图 6-19　2000 年现状条件下八大流域单项与综合适应性调控的水资源脆弱性差异分析

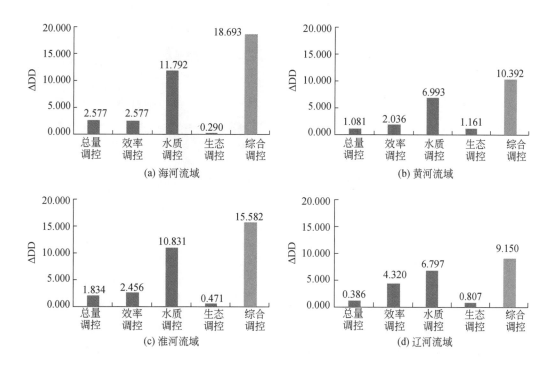

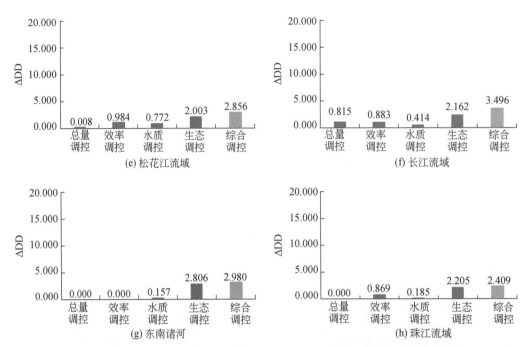

图 6-20　2000 年现状条件下八大流域单项与综合适应性对策的可持续发展指数差异分析

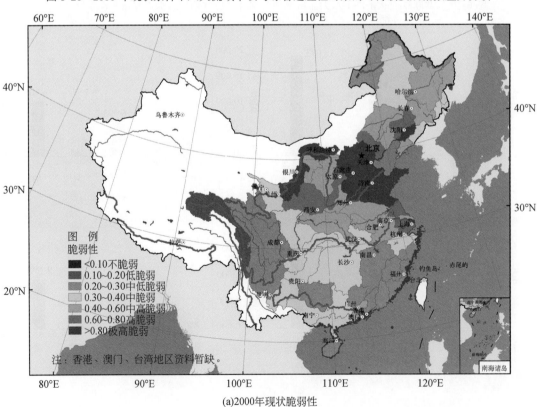

(a)2000年现状脆弱性

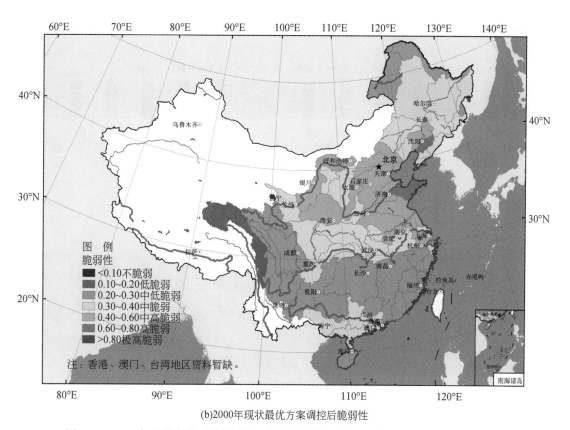

(b)2000年现状最优方案调控后脆弱性

图 6-21　2000 年现状条件下东部季风区各流域最优调控的水资源脆弱性的变化与比较

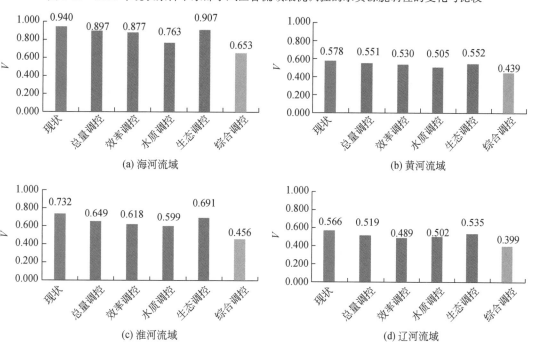

(a) 海河流域　　　　　　　　　　　　(b) 黄河流域

(c) 淮河流域　　　　　　　　　　　　(d) 辽河流域

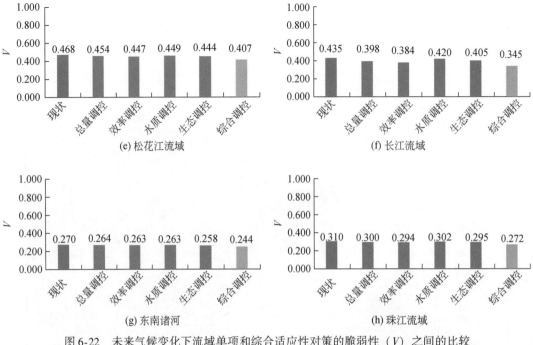

图 6-22　未来气候变化下流域单项和综合适应性对策的脆弱性（V）之间的比较

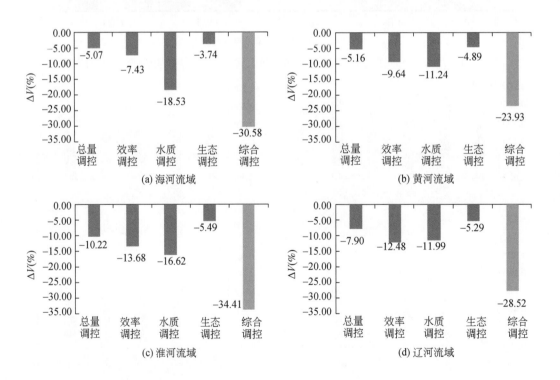

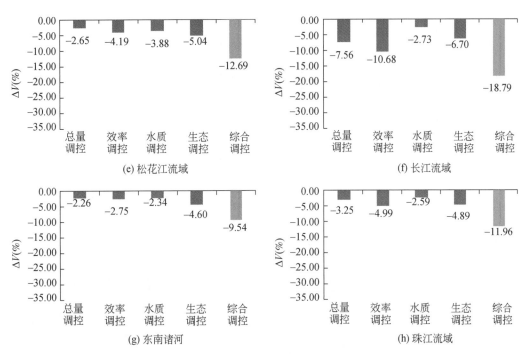

图 6-23 最不利情景下流域单项和综合适应性对策产生的脆弱性差异

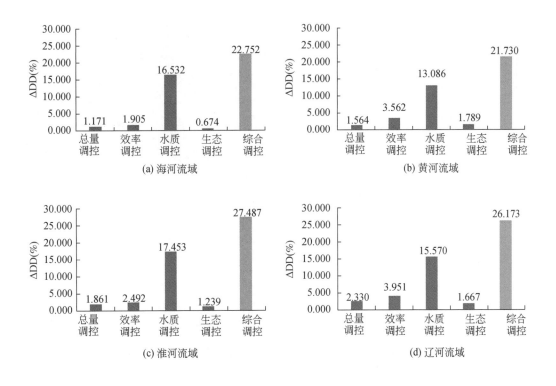

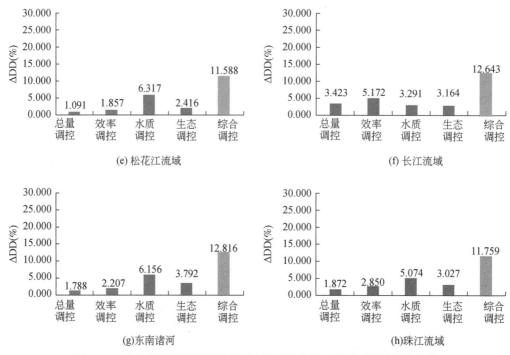

图6-24 未来气候变化下流域单项和综合适应性对策的可持续指数变化

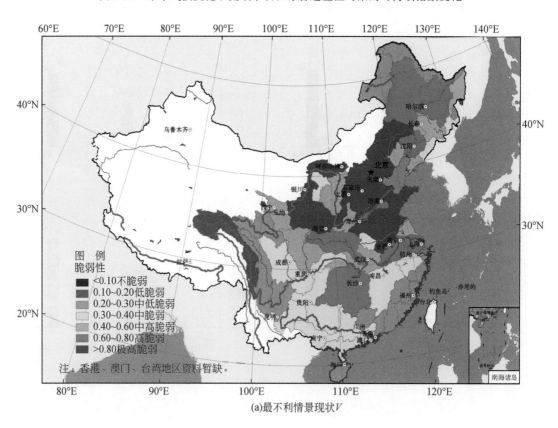

(a)最不利情景现状 V

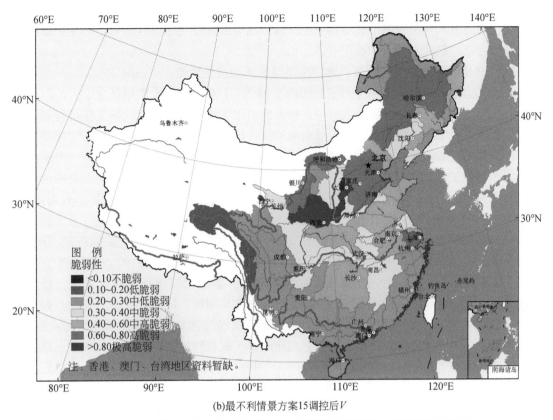

(b)最不利情景方案15调控后V

图 6-25 未来最不利情景东部季风区典型流域最优调控后水资源脆弱性结果

东部季风区的松花江流域，由于水土资源配置比较好，总量调控效果次于效率调控和水质管理的调控及生态调控；南方长江水质状况相对比较好，调控的效果主要反映在生态水调控、水资源利用效率的提高和总量控制等方面。应对气候变化的水资源适应性管理调控的情景分析表明，长江流域脆弱性（V）的减少幅度达 6.3%、可持续发展指数（DD）的增幅达 3.5%；松花江流域脆弱性（V）的减幅达 4.7%、可持续发展指数（DD）的增幅达 2.9%；珠江流域脆弱性（V）的减幅达 3.9%、可持续发展指数（DD）的增幅达 2.4%。

6.2　重点流域适应性对策与建议

6.2.1　黄、淮、海流域水资源应对气候变化的适应性对策与建议

海河和黄河流域的人口众多，社会经济发达，但干旱缺水问题十分严峻，气候变化极有可能导致水文极端事件发生，从而将对该区域社会经济发展构成重大影响；淮河流域是中国洪涝灾害频发、水旱灾害损失最为严重的区域，其对气候变化影响极为敏感。过去几

十年中，气候变化已经引起黄、淮、海流域水文循环不利的变化，加上人类活动的影响，黄、淮、海流域水资源问题可能将越来越严峻。面对气候变化的潜在影响，必须采取适应性对策和措施，趋利避害，积极应对。

(1) 气候变化背景下未来黄、淮、海流域缺水适应性对策

由于气候模式的不确定性（特别对降雨水预估），未来降水的预测存在很大的不确定性，更重要的是经济社会发展及人口增长带来的需水量增长将大于因气候变化可能带来的可再生水资源的增加，黄、淮、海流域未来很长一段时间仍将面临水资源短缺的问题。考虑黄、淮、海流域未来发展规划和经济布局时，必须彻底改变观念，从黄、淮、海流域将长期缺水这一基本情势出发。一切发展计划、产业布局、重大项目必须考虑水资源短缺的基本事实，以供定需，适水发展。要坚持科学发展观，以流域的水资源承载能力为依据，调整经济结构和产业结构，合理布局。

1）水资源利用的有效管理。加强黄、淮、海流域水资源管理，应采取行政、经济、工程、科技、法律、宣传等多种手段，全面构建水资源统一管理、保护与调度的综合保障体系。其主要途径，一是加强计划用水和定额管理，制定水资源合理配置方案，建立引水、耗水、省际断面三套配水指标。二是完善取水许可制度，实施国家统一分配水量，流量、水量断面控制，省（区）负责用水配水，对干支流重要水利枢纽工程实行统一调度。三是逐步建立合理的水价形成机制，充分利用水价、水权转换等经济手段，调节水资源的供求关系。

2）建设节水型社会，保障中国的粮食安全。水资源是基础性的自然和战略性的经济资源，与人民生活、经济发展和生态建设紧密相连，关系到经济社会可持续发展的全局，在国民经济和国家安全中具有重要的战略地位。建设节水型社会是解决中国水资源短缺问题最根本、最有效的战略举措。建设节水型社会，有利于加强水资源统一管理，提高水资源利用效率和效益，进一步增强可持续发展能力；有利于保护水生态与水环境，保障供水安全，提高人民生活的质量；有利于从制度上为解决水资源短缺问题建立公平有效的分配协调机制，促进水资源管理利用中的依法有序，为构建社会主义和谐社会做出积极贡献。开展节水型社会建设必须树立科学发展观，以水权、水市场理论为指导，以提高水资源利用率和效益为核心，以体制、机制和制度建设等为主要内容，以科学技术为支撑，在重视工程节水的同时，突出经济手段的运用，切实转变用水方式和观念。

黄、淮、海流域一方面水资源十分紧张，另一方面又存在大量浪费水的现象，用水效率不高。积极开展节水型社会建设，提高水资源的利用效率和效益，是缓解黄、淮、海流域水资源供需矛盾，实现经济社会可持续发展的有效途径。为此，流域沿省区国民经济和社会发展要充分考虑流域水资源承载能力，进行科学的水资源论证，合理确定本地区经济布局和发展模式；在缺水地区，限制高耗水、重污染产业，大力发展循环经济。根据黄河用水量大且浪费严重的实际，要以节水型灌区建设为重点。在进行灌区节水改造的同时，加强工业和城市生活节水工作。要求新建工业项目采用适用先进的节水治污技术，力争实现零排放，逐步淘汰耗水大、技术落后的工艺、设备。加快城市管网建设，积极推广节水器具。提高大中城市工业用水的重复利用率。

（2）气候变化背景下未来黄、淮、海流域水环境适应性对策

黄、淮、海流域气候变暖将加速大气环流和水文循环工程，将引起水资源量和空间上的分布变化，导致黄河流域天然来水减少，从而使河道稀释自净能力下降，水环境承载力进一步降低，水环境问题可能会进一步恶化。

流域水环境管理适应性对策的总体思路是加强水资源保护，关键是根据水功能区划目标，实施入河污染物总量限排；完善突发性水污染事件快速反应机制。不同功能区水质要求不尽相同，按功能区的水质要求分别进行管理；实施入河污染物总量限排采取的措施主要有根据重点河段和相关省区的入河污染物限排总量，督促地方政府加大水污染防治力度；根据重点排污口的入河污染物限排总量，对污染物排放量大的企业实行限产限排；加强水资源保护监督管理力度，对重要支流及重点入河排污口实施情况进行督查；督促各级地方人民政府加强重点排污企业的监督检查，强化本辖区流域主要入河支流各断面和城市饮用水水源地的水质监测工作。为及时应对流域重大水污染事故，建立新的管理体系。

加强水功能区限制纳污红线管理，严格水功能区监督管理和饮用水水源保护，推进水生态系统保护和修复，改善水环境质量；到 2030 年全国主要污染物入河湖总量控制在水功能区纳污能力范围之内，水功能区水质达标率提高到 95% 以上。

（3）气候变化背景下未来黄、淮、海流域水生态适应性对策

气候变化条件下流域水循环过程的改变给流域水生态带来较大的影响，主要体现为水土流失严重、湖泊等湿地数量减少，面积萎缩、水生生物的数量减少，生物多样性下降。水土流失带走了流域上、中游大量肥沃的土壤，由于大量泥沙下泄，淤积江、河、源库，降低了水利设施调蓄功能和天然河道泄洪能力，加剧了下游的洪涝灾害。

河流生态系统健康是维持流域健康生命的重要标志之一。一方面，河流生态系统作为一个完整的河流生态走廊，是流域物质循环和水文循环的重要通道；另一方面，河流生态系统具有调蓄洪水、净化水质、提供用水、保护生物多样性等多种生态功能。只有河流生态系统正常运行，才有河流内及其周边地区生态系统的维持和繁衍，因此，维持流域健康生命就必须维持河流生态系统的良性循环。针对河流生态系统存在的问题和演化趋势，紧紧围绕河流生态系统维持良性发展的关键敏感因子，提出流域水生态系统的适应性对策。

1）确保重点生态单元用水。通过人类用水的严格管理和河川径流的科学调度，为沿河重点淡水湿地提供适宜的水量和水质，以保护湿地的面积或规模，即通过保护湿地面积，为湿地生态系统健康恢复创造条件，最终使湿地生态功能逐步恢复，维持河川适宜的径流过程。

2）实施河流湿地生态保护和生态修复过程。湿地是河流生态系统保护的关键。但在流域社会经济发展、人类活动干扰及气候变化等因子的驱动下，流域湿地景观破碎化程度加深，湿地功能丧失，多样性水平下降。在这样的情形下，必须采取适当措施，对流域湿地进行生态修复与保护，重点对与黄、淮、海流域有密切相关关系、具有极其重要生态价值的河流源区湿地和河口湿地进行生态保护和生态修复。

3）加强水生态监测、水生态保护与修复基础研究。水生态监测、水生态保护与修复基础研究工作主要针对流域水生态的现状进行相应的生态监测，提供水生态保护与修复基础研究所必需的数据，为流域水生态保护提供理论与技术支持。

（4）气候变化背景下未来黄、淮、海流域防洪适应性对策

海河流域的特大洪水、持续干旱等极端气候及水文条件的发生具有一定的阶段性和重复性，气候变化有可能加剧水文极端事件的强度和发生频次；黄河大洪水多为暴雨洪水，相对于其他大江大河，其洪水的特点是峰高、量小、历时短、含沙量高，一旦发生，往往造成河床严重淤积，水位抬升快，使得防洪压力大；淮河流域极端洪涝灾害增多，20 世纪 90 年代以来，尤其是进入 21 世纪后，淮河流域洪水灾害呈现不断加剧的趋势。上述问题严重制约了经济社会的可持续发展。

因此，面对气候变化的背景，必须加快水利建设，务实水利基础，增强应对极端天气事件的能力，提高复杂气象条件下防洪减灾的水平。针对气候变化下黄淮海防洪面临的形势，应该采取以下主要措施：①加快下游河道整治；②加大多沙粗沙区治理力度，进一步完善水沙调控体系；③加强暴雨洪水测报信息化建设。

6.2.2 松花江、辽河流域水资源应对气候变化的适应性对策与建议

气候变化对中国水资源的影响日益彰显，并有不断加重的趋势，对水利支撑中国经济社会可持续发展的能力提出了挑战，水利发展与改革的任务十分艰巨（陈雷，2008）。松辽流域是气候变化较敏感的流域，20 世纪 90 年代中后期出现暖干化趋势（王石立等，2003）。气候变化使得松辽流域降水变率普遍增大。就近几十年而言，较严重的干旱概率要明显高于严重雨涝。受全球气候变暖的影响，夏季低温冷害的发生频率明显减少；松辽流域粮食生产以玉米、大豆、水稻和春小麦为主，气候变暖使得农作物生长条件得到改善，另外，气候变暖使得某些病虫越冬、流行和发生危害；受气候变化影响，土地沙漠化主要表现为土地变异的两个方面，沙漠化和盐渍化，松辽流域牧草地面积持续减少。

（1）气候变化背景下粮食生产的适应性对策

输水系统、田间灌溉、田间农艺、化学、管理、生物改良等节水技术优化组合，形成农业节水技术集成模式，在东北地区的农业节水中产生了显著效果（孟维忠等，2007）。2000 年以后，以"秸秆还田+少免耕"为特征的保护性耕作技术在东北地区进行逐步试验和推广，初步显示了减轻土壤侵蚀、提高土壤有机含量、作物抗旱节水和节本增效的效果。

对主要的粮食作物种类、品种和布局等进行适应性调整。作为玉米高产中心的松嫩平原南部，由于生长季提前，盛夏热量资源充足，一些中晚熟的品种被选用，并且耐旱、耐涝及耐盐碱的品种也得到了推广和应用。在以往注重高产和耐低温冷害品种的基础上，增加了适应较高温度或生育较长的新品种（矫江和李禹尧，2008）。这些措施不仅减少了气候变化带来的不利影响，而且提高了粮食生产的效益。

（2）气候变化背景下生态环境保护和建设的适应性对策

20 世纪 50 年代以来开展了以改变坡面微地形、增加地面覆盖、增加土壤入渗为主的 3 类主要水土保持耕作措施的研究工作，并在各地进行推广应用，对防治坡耕地水土流

失、促使作物增产起到了良好的作用（王宝桐和张锋，2008）。松辽流域盐碱化草原，在盐碱化程度分类的基础上，采用以振动深松为主，以施生化土壤改良剂和农艺措施为辅的集成技术对土壤进行改良，可调节土壤水肥、气、热条件，增大土壤蓄水容量，改善土壤理化指标，使草原生态环境得到大的改善。

（3）气候变化背景下干旱和洪水的适应性对策

针对松辽流域出现的干旱问题，需要加快现有灌区续建配套和节水改造，扩大泵站改造实施范围和规模。在有条件的地方适当扩大灌溉面积，加快中低产田改造步伐，建设旱涝保收的高产稳产粮田，形成一批区域化、规模化、集中连片的商品粮生产基地。大力发展节水型农业，合理调整农业种植结构，扩大地表水灌溉面积。加强旱情监测网络、干旱预警和抗旱水源调度系统建设，发展和壮大各类抗旱服务组织，增强抗旱应急服务能力。此外，统筹兼顾防洪安全和洪水资源利用，既要加快完善流域防洪工程体系，科学调度洪水，确保防洪安全，又要积极探索洪水资源化实现途径，促进农业灌溉和湿地保护。在不损害生态系统可持续利用的前提下，通过修建一些蓄水工程对同时解决防洪和供水问题是十分必要的。根据流域水土资源特点，结合流域水资源配置体系建设，适度兴建控制性水源工程及引、调水工程和灌区配套工程。

6.2.3 长江、东南诸河和珠江流域水资源应对气候变化的适应性对策与建议

气候变化下长江流域、东南诸河和珠江流域年降水量变化趋势不明显，但降水量的空间分布变化明显。气候变化使得长江流域、东南诸河和珠江流域洪涝灾害加剧，湿地面积减小。随着流域经济社会的发展，废污水排放量逐年增加，未经处理或处理未达标的废污水直接排入水体，加之面源污染仍未得到有效控制，导致干流局部水域、部分支流河段和湖泊污染严重，特别是城市江段存在明显的岸边污染带，部分支流出现水华，部分湖泊富营养化严重。

（1）气候变化背景下防洪的适应性对策

整合、统筹长江流域、东南诸河和珠江流域范围内气象、农业、林业、水利、电力、环保、地震、国土资源、民航等部门观测站网资源，逐步形成气象灾害综合观测体系。建立健全预警机制、处置机制、信息机制、领导机制、评估机制、保障机制、善后机制、社会参与机制等应急机制系统，形成政府主导、部门联动、社会参与的气象灾害综合风险防范模式，增强极端气象灾害防御能力。牢固坚持"给洪水以出路，与洪水和谐相处"的防洪理念，加强分蓄洪区的运用和管理，对于依山而建的城市，在周围山体上修建湿地，以增强水资源，减少雨水冲刷造成的面源污染。

（2）气候变化背景下生态环境保护和建设的适应性对策

开展湿地资源清查，加强湿地生物物种、野生动物栖息地，以及湿地生态、水文监测，积极开展湿地生态系统对极端天气气候事件的响应研究，为湿地生态保护提供决策依据。

6.3　社区及农户适应性水资源管理

农户是面对干旱风险中最为脆弱的群体，提高他们的适应能力对于实现国家和区域的适应目标具有至关重要的政策含义。本书基于全国 7 省市（北京、河北、吉林、安徽、四川、云南和浙江）20 个县 40 乡镇 123 个村和 1230 个农户的大规模实地调研，定量分析了近几年极端干旱事件的发生状况、农户应对极端干旱事件采取的主要措施及影响其的主要因素、水利设施在应对极端干旱事件中的成效，并在此基础上提出了提高农户应对干旱风险适应能力的政策措施与建议。

6.3.1　极端干旱事件的发生状况及区域特点

首先，过去 5 年内，大约有一半的农户因干旱导致减产。总体来看，在各地区发生最严重干旱的情况下，有 53% 的农户发生了不同程度的减产；减产比例为 1%~25% 的轻度减产农户占到总体的 19%，减产比例为 25%~50% 的中度减产农户占到总体的 20%，减产比例为 50%~100% 占到了总体的 14%。

其次，不同地区的受旱减产程度差异较大。河北和云南受干旱影响区域较广，受灾的农户比例达到 90% 以上；吉林大约有一半的农户受旱减产，四川和安徽有 30%~40% 的农户受旱减产，受干旱影响最小的是浙江（受灾农户比例仅为 10%）。

最后，三大主要粮食作物因旱减产程度明显大于其他粮食作物；经济作物的减产情况也较为严重。50% 的小麦受灾农户的减产比例达到重度（50% 以上），45% 的玉米和 47% 的水稻受灾农户的减产程度都为中度（25%~50%），55% 农户的其他粮食作物的减产程度均为轻度（25% 以下）。另外，58% 经济作物农户的减产都达到重度。

6.3.2　应对极端干旱事件适应性政策的实施状况

应对日益严重的极端干旱风险、积极采取适应性政策已得到了中国政府的高度重视。为此，国民经济与社会发展十二五规划中明确指出要增强应对极端气候事件的适应能力，提高农业、林业和水资源等重点领域的适应水平。另外，中国为了提高抵御极端干旱风险的能力，国务院于 2009 年颁布了《中华人民共和国抗旱条例》，并于 2011 年又出台了《全国抗旱规划》。这些条例和规划不仅强调要建立应对极端气候事件的预警信息提供系统，而且强调要提高资金、物资及技术等方面的政策支持力度。基于 7 个省（市）的实地调研，目前应对极端干旱事件适应性政策的实施主要有如下几方面特点。

有接近一半的村可以获得抗旱预警信息的服务。调查发现，57% 的村获得了抗旱预警和防治信息。其中，只有灾前获得信息的村的占分析样本的 15%，高于只有灾后获得信息的村比例（9%），而大多数村能够同时获得灾前和灾后信息（33%）。这说明抗旱预警和防治信息以灾前提供为主。抗旱预警信息的主要内容是发布可能要发生的干旱持续期及严重程度，并提醒农户如何采取一些相关的适应性措施（如蓄水准备或调整种植方式等）来减缓造成的损失。

社区和农户获得抗旱预警信息提供的渠道主要是通过政府部门。目前，社区（或村）主要通过政府部门获得抗旱预警息；新闻媒体和农技员在信息提供方面也发挥了一定作用。在所有信息来源中，通过乡镇及以上政府获取信息的村的比例达到 63%，高于另外两种渠道的比例；另外两种渠道的比例分别为 37%（电视台、广播等新闻媒体）和 23%（农技员）。灾后的信息来源渠道多样性明显高于灾前的信息来源渠道。

调研结果表明，目前仅仅有 5% 的村在抗旱方面提供了政策支持。具体而言，有农技员、农学专家等下到田间地头给农户现场提供指导的村只有 4%；获得种子、化肥、水管等抗旱物资的村只有 3%；另外，还有 2% 的村获得了抗旱资金补贴。值得引起注意的是，绝大多数的受灾户所在的村没有被政策覆盖（95%），他们主要是依靠自有的人力、物力和财力来采取适应性措施。

6.3.3 农户应对干旱主要采取的适应性措施

为了减缓干旱对农业生产的负面影响，大部分受灾农户都采取了适应措施。在受到干旱影响的农户中，86% 的农户都采取了积极的适应性措施，只有 14% 的农户未采取任何措施应对干旱。

农户采取的适应性措施以非工程类措施为主。采用非工程类措施的农户占到 80% 以上，其中大部分农户采用了调整生产要素投入的方式，如 39% 的农户增加农药投入量；32% 的农户增加灌溉强度和灌溉频率，另外还有 1/10 的农户调整种子投入量、更换抗旱或增加化肥投入量等。另外，还有农户选择改变生产日期及加强田间管理来降低损失。在一些提供农业灾害保险的地方，农户会购买作物保险来减少灾害发生时造成的经济损失，目前已有 18% 的农户购买了作物保险。

采取工程类措施的农户仅占一小部分。在采取适应性措施的农户中，只有 12% 的农户采取了工程类措施。农户采用的工程类措施主要以开源节流为目的，如 33% 和 16% 的农户通过打井和水泵调水来增加供水量，还有 20% 左右的农户投资节水技术来实现节流的目的。尽管工程类措施对减缓干旱的风险十分重要，但由于资金和技术等方面的原因，农户采用工程类措施的比例较低。

6.3.4 影响农户采取适应性措施的主要因素

首先，抗旱预警信息的提供可显著促进农户采取相关的适应性措施。在其他条件保持不变的情况下，得到抗旱预警信息的农户比没有得到的农户采取适应性措施的概率高 13%。目前，有 57% 的村获得了抗旱预警和防治信息。其中，只有灾前获得信息的村占分析样本的 15%，高于只有灾后获得信息的村的比例（9%），而大多数村能够同时获得灾前和灾后信息（33%）。目前，社区（或村）主要通过政府部门获得抗旱预警信息，新闻媒体和农技员在信息提供方面也发挥了一定作用。

上级提供的技术、物质或资金等方面的抗旱政策支持也能显著地促进农户采取适应性措施。在其他条件保持一致的情况下，如果政府在干旱发生时能够对农户给予技术指导、物质补贴或资金扶助，那么农户采取适应性措施的概率就会显著增加17%左右。

农户的社会资本确实是影响其采取适应性措施的显著因素之一。这说明在其他条件保持一致的情况下，农户亲戚中的干部数量越多，农户的社会关系网可能越广，与外界的交流也越频繁，从非官方渠道得到的抗旱帮助也可能越多，因此农户采取适应性措施的可能性也就越大。在现有水平上，亲戚中干部数量多增加一人，那么可以采取提高农户适应性措施的概率为12.3%。

农户面临的自然和社会经济条件也会影响其采用适应性措施的可能性。耕地越不平整，山地、坡地和梯田的比例越大，农户农业生产就越容易受到干旱的影响或者应对干旱风险的脆弱性就越强，因此农户就越有可能采取适应性措施。壤土比例越高，作物生长条件越好，农户采取抗旱适应性措施的必要性则越低。地下水可靠性越高的地方，农户采取适应性措施的概率就越大。当地的自营工商业数量越多，则市场发育程度越高，农户购买抗旱物资就会越方便，越及时，因此采取适应性措施的能力就越强。

6.3.5 水利设施在抵御极端干旱事件中的成效评估

农田水利设施在保障中国粮食安全、减缓极端气候事件的负面影响方面发挥着十分重要的作用。那么，现有的农田水利设施在减缓干旱风险方面究竟发挥了多大作用？不同水利设施在发挥作用方面是否有差异？为此，开展了定量评估，评估主要得出了如下几方面的结论。

相对于灌区而言，大部分水利设施在农业抗旱中发挥了显著的作用。在所有其他条件保持不变的情况下，相对于无水库、机井和水池但有灌区的农户，如果依靠大型水库来灌溉，农户不减产的概率会增加19.2%，农户受到轻度减产的概率会减少9.3%，中度减产的概率会减少7.4%，重度减产的概率会减少2.5%。中型水库比灌区在抗旱方面起的作用更大，可使农户不减产的概率增加22.1%，高于大型水库的19.2%。

尽管水池的抗旱效果弱于大型和中型水库，但水池在抗旱过程中也发挥了不可忽视的显著作用。在保持其他条件不变的情况下，相对于依靠灌区灌溉的农户，如果农户能够从水池获得灌溉水源，那么农户的抗旱能力就会显著提高，干旱导致的减产程度也会降低。基于估计的边际效益，水池的抗旱效果比大型和小型水库低些。相对于无水库、机井和水池但有灌区的农户而言，有条件使用水池的农户不减产的概率会增加26.6%，同时不同减产程度的发生概率减少2%~9%。

如果农户可以利用水泵等设备从附近河流、湖泊等水系获得水源，那么水泵也会对减缓旱灾对粮食单产的负面影响起到更加显著的作用。一般而言，如果能利用水泵从附近的河、湖等水系直接取水，那么这些区域都是水资源较为不短缺的区域，因而在干旱程度相同的情况下，旱灾导致的作物减产程度也较低。

6.3.6　提高农户应对极端干旱风险适应能力的政策措施与建议

基于以上分析，在面对极端干旱事件中，尽管政府和农户采取了一些适应政策与措施，而且现有的水利设施在减缓气候风险的负面影响中也发挥了一定的作用，但还是没有办法全部抵消极端干旱事件对农业生产的负面影响。在调查期间，这些区域的极端干旱事件并没有达到历史上的最高纪录，属于一般性干旱水平。在未来气候变化的背景下，如果极端干旱事件如一些研究所表明的那样，干旱的发生频率和发生强度都将进一步提高，在现有适应能力不能得到有效提高的情况下，则意味着中国的农业生产将面临更大的负面影响和损失。为此，应从以下几个方面来进一步提高农户的适应能力。只有农户的适应能力提高了，整个农业部门抵御极端干旱事件的适应能力才能达到有效提高。

1）明确财政支持政策，建立健全抗旱预警信息系统，加强抗旱预警信息的有效发布。国家应尽快明确抗旱预警信息系统建设的财政支持力度和建设规划，并划分中央和地方的事权；鼓励有条件的地方尽快建立健全预警信息系统并投入运行；对于贫苦且容易受到极端干旱事件影响的地区，中央财政要给予足够的财政补贴。为了提高预警信息，中央财政必须给予必要的补贴，抗旱预警和防治信息不能只在灾害发生后才开始提供，灾前提供的抗旱预警信息效果比灾后更好些，而最佳的策略是灾前和灾后都提供抗旱预警信息，灾前提供预防信息，灾后提供救灾指导信息，这样才能有效促进农户采取适应性措施，提高抗旱能力。

2）扩大技术、物资或资金等方面抗旱支持政策的普及面，提高支持力度，整合不同部门的政策支持措施，实现效益最大化。调研发现，抗旱支持是促进农户采取适应性措施的有效政策之一，可是目前提供这种抗旱支持的村的比例还相当低，只有5%的村能得到这样的政策支持。因此，如果为了提高农户应对极端干旱事件的适应能力，国家急需切实落实在技术、物资和资金等方面的政策支持，尽可能提高此支持政策的受惠普及面，使更多的农户得到这一政策的支持，从而提高他们的适应能力。另外，在调研中发现，抗旱支持政策的实施涉及多个部门，由于缺乏整体协调，从而影响了政策的实施效果。因而，国家需要整合不同部门的政策支持措施，实现效益最大化。

3）政府要进一步加大对水利设施的投资，充分发挥其在抵御极端干旱风险中的积极作用。继续重视对大型、中型水库的更新改造及运行维护方面的投资；同时，要进一步加大对抗旱成本较低但抗旱效果比较好的小型水利设施（如水池和水泵等）的投入，提高水利投入的总体抗旱能力。从目前的研究结果来看，灌区在抵御极端干旱事件负面影响方面的作用较低，这说明目前的灌区在水利设施建设、运行维护及管理等方面存在较多问题，从而限制了它在抵御极端干旱事件中应有的作用。因而，今后如何进一步更新改造灌区的水利基础设施、提高其运行维护及管理效益是水利建设方面值得关注的一个重要议题。

4) 利用多种方式促进农户间的沟通与交流，提高其组织及抵御极端干旱事件的适应能力。研究结果表明，农户适应能力的高低与所处的自然和社会经济等方面的特点也有密切关系。尤其值得关注的是，拥有较强社会资本或较广社会网络关系的农户的适应能力也较强。因为地方政府部门和社区应该通过鼓励成立农民合作组织、定期举办农村活动等，将农户潜在的社会资本转化为实际的社会资本收益，从而提高农户采取适应性措施的可能性，加强农业的抗旱能力。

第7章 结论与建议

通过国家 973 计划项目的合作研究与实践，在针对气候变化影响和社会经济发展联系的中国东部季风区水资源脆弱性和适应性管理研究方面，取得了一些新的成果与进展。以此为基础，通过总结，凝练出以下几点认识与对策建议，供国家涉水部门决策和应用参考。

7.1 认识总结

1) 中国水资源脆弱性及其发展态势紧迫性。气候变化对水资源影响和中国社会经济的发展需求导致国家水安全问题和水危机十分紧迫。占中国人口 95% 和占国土面积 1/2 的东部季风区，其中接近 90% 的区域的水资源处在较脆弱和脆弱的状态，中国北方海河、黄河、淮河流域的脆弱性最高；中国频发的水旱灾害加剧了水资源的脆弱性与风险，从近 50 年中国干旱发生的趋势看，华北和东北水资源脆弱性风险进一步加剧，危及中国粮食主产区华北和东北水资源的可持续利用；近 50 年中国洪涝灾害发生频率与强度有进一步增加的态势，危及了中国流域防洪、城市防洪、防洪工程的水安全。

2) 气候变化影响加剧水资源脆弱性的风险。未来气候变化对中国东部季风区水资源影响的风险有加大的趋势。通过多模式和多情景的组合分析表明，全球变化未来高、中、低的典型浓度路径排放情景（RCP2.6、RCP4.5、RCP8.5）下，中国东部季风区水资源较脆弱和严重脆弱的区域面积有明显的扩大。中国未来 20 年用水需求初步估算表明，未来需水总体增加，尤其是长江区和松花江区，需水增加将对水资源系统产生更大的压力。预计 2030 年中国人口将接近 16 亿人，用水总量将从 2000 年的 5632 亿 m^3 增加到 7101 亿 m^3。北方的人均可利用水资源量将从 2000 年的 $359m^3$ 减少到 $292m^3$，全国人均可利用水资源量将从 2000 年的 $628m^3$ 减少到 $508m^3$。

3) 中国东部季风区水资源脆弱性的分布格局。由于中国气候和自然地理分布以及水资源自然禀赋的特点，尽管气候变化一些情景预估中国未来 2030～2050 年华北地区水资源量有所增加，但是由于经济社会的发展，中国北方水资源脆弱性的格局并未发生根本变化。以水资源供需矛盾和紧密联系的缺水、水污染、水灾害、水生态退化的水安全问题，将是长期困扰国家安全和社会经济可持续发展的关键性瓶颈。

4) 中国水资源规划和水工程设计与管理在应对气候变化的不足。气候变化和社会经济的发展。将加剧中国水资源供需矛盾的风险。变化环境下，中国的水危机风险直接威胁到国家水安全，影响到防洪安全、供水安全、粮食安全、生态安全、经济安全和国家的社会稳定。随着社会经济的进一步发展和全球气候变化的影响，中国水资源的供需矛盾面临的风险将越来越严峻。尽管政府间气候变化专门委员会（IPCC）第 4 次评估报告认为"气候变化是不争的事实"，IPCC 第 5 次评估报告用比较高的可信度证实"人类活动极可能导致了 20 世纪 50 年代以来的大部分（50% 以上）全球地表平均气温升高"。但是，迄今为止，由于气候变化影响的不确定性和传统的水资源行政管理与方式，从占水资源用水量 60% 的农业水资源用户、市县、省行政区到国家水管理部门（水利部、环境保护部），中国的流域水资源规划、防洪规划、南水北调重大调水工程、三峡工程的设计、管理和调度，都没有实际考虑来自气候变化的影响与适应性对策。

5）应对气候变化影响的水资源可持续利用国家战略举措。国家实施以"三条红线"控制为标志的严格水资源管理制度和生态文明建设的国家战略，它是应对气候变化影响、减少中国东部季风区水资源脆弱性和提高流域可持续发展的有效举措，能够产生重大的社会经济与环境效益。迫切需要尽快构建应对气候变化和人类活动影响的水资源规划与管理的科学体系与国家水管理制度。

6）应对气候变化影响的水资源适应性管理的核心与关键。如何落实和实现严格水资源管理制度和生态文明建设的国家战略，是现在和 2010～2040 年中国水资源可持续利用与管理面临的巨大挑战和非常现实的问题。水质管理、水灾害管理、以提高水资源生产率为特点的全社会节水、水管理体制与制度改革是应对气候变化、实施"国家—流域—地方—用水户"的适应性管理、破解中国水问题的核心与关键。

7.2 对策与建议

7.2.1 总的对策与建议

1）尽快开展和推动国家层面水资源适应性管理的规划建设。针对中国现行的水资源规划、重大工程社会和管理未考虑气候变化影响的缺陷和不足，建议国家尽快启动流域规划修编和重大工程规划、设计修编的导则工作，分别从水文来水系列和用水系列，以及社会经济发展对水资源需求方面，进一步考虑气候变化的风险，提高应对气候变化影响的基础设计的适应性。

2）积极开展和推动国家应对气候变化影响的能力建设。这包括应对气候变化尤其是应对极端水旱灾害影响的水利基础设施建设，加大水利投资与发展；加强应对气候变化影响的水资源适应性管理的实时监控能力建设，全方位监测中国江河湖库的来水、用水、耗水、水量、水质的变化；加强应对气候变化影响的适应性水资源管理决策系统建设，加强动态决策能力；加强适应性水资源综合管理的体制与制度建设。

3）积极推进国家应对气候变化影响的科技创新驱动基础建设。加强气候变化对流域水循环和水资源管理影响的科学基础研究与规划，包括水文非稳态序列和突变过程、非线性问题的研究，加强气候变化对区域极端水旱灾害事件的科学基础研究，加强自然科学、社会科学交叉的应对气候变化影响的适应性管理的理论与科学方法研究，提高中国应对气候变化影响的科技创新驱动的能力。

4）积极推进应对气候变化的国家水资源安全保障发展战略。实施国家"可持续发展"目标、"最严格水资源管理制度"目标和"生态文明建设"目标，全面贯彻国家"节水优先"方针，实施全社会节水国家战略，应对气候变化的影响，保障国家水资源安全；在全社会节水国家战略的实施中加强科学技术的投入和创新驱动。近 10 ~ 20 年特别需要重视海河、黄河、淮河等流域水资源高脆弱地区的适应性管理，同时需要特别警惕和重视未来 20 ~ 30 年长江、珠江等南方江河流域不断加剧的水资源脆弱性的适应性对策和管理问题。

5）尽快实施应对气候变化影响的南水北调中线工程适应性对策与管理。南水北调工程是为解决中国华北和西北地区水资源严重短缺，保障区域社会经济可持续发展而实施的一项远距离跨流域水资源调配工程。气候变化对南水北调工程的影响主要有工程可调水量的影响、调水区和受水区的丰枯遭遇问题、南水北调中线工程 2014 年 10 月通水后的适应性管理问题等。建议尽快实施重大调水工程的适应性管理对策工作，其中包括应对极端气候风险影响的南水北调工程需制定无水可调的不利方案；调水对汉江中下游影响的与适应性对策；南水北调受水区应以节水和治理环境污染为本，建立南水北调水资源保障体系工程，加强用水限制和供水配给；规划建设南水北调配套工程，采用现代化的管理模式和手段，加强调水区和受水区水资源管理，加强南水北调工程地下水管理。

7.2.2 关于改进流域水资源规划和重大工程规划管理应对气候变化影响的建议

气候变化对水资源的影响是国际上普遍关注的全球性热点问题，也是中国变化环境下可持续发展面临的重大战略问题。在全球变化背景下，中国现行的流域水资源规划和重大工程规划管理正面临着气候变化影响的重大挑战，亟待采取适应性的对策与措施，保障国家水资源安全及其联系的粮食安全、经济安全、生态安全及国家安全。

针对应对气候变化水资源管理问题，本书在国家基础研究发展计划（973 计划）项目"气候变化对中国东部季风区陆地水循环与水资源安全的影响及适应对策"科研成果的基础上，提出了"关于改进流域水资源规划和重大工程规划管理应对气候变化影响的建议"。咨询报告的主要内容与建议如下。

（1）中国水资源脆弱性及其发展态势的紧迫性

气候变化对水资源影响和中国社会经济的发展需求导致国家水安全问题和水危机十分紧迫。中国东部季风区覆盖了长江、黄河、淮河、海河、珠江、松花江、辽河及东南诸河八大流域，土地面积占全国的 46%，人口占全国的 95%，是中国最重要的经济发展区域。水资源的供需矛盾大，当前年缺水量达 536 亿 m^3，其中黄河、海河、松辽河开发利用率达到 70% 以上，远超过 40% 的国际警戒线，是气候变化和人类活动影响最为敏感和脆弱的地区。基于中国社会经济发展和环境保护对水资源的需求与可利用水资源的供需关系，同时考虑区域地理分异和水旱灾害风险影响的研究表明，占中国总人口 95%、占国土面积近1/2 的东部季风区约90％的区域的水资源处于较脆弱和严重脆弱的状态（图7-1 黄色以上深色区），中国面临水资源安全的压力巨大，尤其是北方海河、黄河、淮河流域的水资源脆弱性最高。

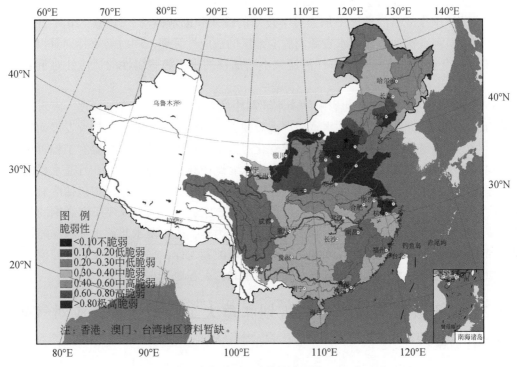

图 7-1　中国东部季风区水资源脆弱性 2000 年现状

中国频发的水旱灾害加剧了水资源的脆弱性与风险。由于东亚季风区的地理和气候特征，中国水旱灾害问题十分突出。自 1949 年以来，水旱灾害总体呈增加的态势，全国农作物年均因旱损失的粮食由 20 世纪 50 年代的 43.5 亿 kg 上升到 90 年代的 209.4 亿 kg，2000 年以来超过 300 亿 kg。近 3 年，全国有高达 62％的城市发生内涝，中小河流的洪水灾害损失已占全国水灾害总损失的 70％~80％。研究表明，中国频发的水旱灾害加剧了水资源的脆弱性与风险，危及了中国水资源的供需矛盾，以及流域防洪和城市防洪的水安全。

未来气候变化对中国东部季风区水资源影响的风险有加大的趋势。通过气候变化影响的多模式和多情景组合分析表明，在未来全球变化高、中、低的典型浓度路径排放情景（RCP2.6、RCP4.5、RCP8.5）下，中国东部季风区水资源较脆弱和严重脆弱的区域面积明显扩大；尽管未来气候变化在 2030~2050 年华北地区降水和水资源有所增加，但是由于东部季风区固有的气候、地理空间分异特性、社会经济的发展、极端水旱灾害呈增长态势（图7-2），导致水资源脆弱性暴露度在扩展和加剧，中国水资源脆弱性的格局并未发生根本变化。气候变化背景下中国用水需求预估表明，未来 20 年中国东部季风区需水量总体上仍然呈增加态势，由于长江区降水减少较多，预计需水量净增 313 亿 m³，水资源需求

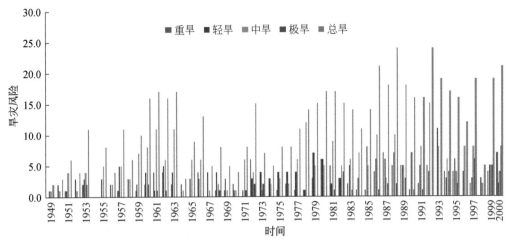

图 7-2　1949 年以来中国旱灾风险增加的发展态势

增加幅度达 13.3%。因此，未来长江流域、东南诸河的水资源供需矛盾和脆弱性将加剧，长江这条看似水资源丰沛的河流，在未来气候变化的影响下，如果不能很好地管理流域水资源，将很可能成为继华北水危机之后中国新的水资源矛盾冲突地区。

（2）中国水资源规划及重大工程设计应对气候变化影响的不足

流域水资源规划缺乏应对气候变化的适应性管理。应对气候变化，事关中国经济社会发展全局和人民群众的切身利益，也事关国家的根本利益。2007 年中国政府专门印发《中国应对气候变化国家方案》（国发〔2007〕17 号）的通知，其中强调了气候变化对中国水资源的影响和应对气候变化面临的挑战，水资源是适应气候变化的重点领域之一，并指出中国水资源开发和保护领域适应气候变化的目标：一是促进中国水资源持续开发与利用，二是增强适应能力以减少水资源系统对气候变化的脆弱性。但是迄今为止，水利部门几乎所有的流域水资源规划并没有真正考虑气候变化对水资源供给、水资源需求和水旱灾害加剧水资源供需矛盾的影响，缺少定量和半定量考虑气候变化影响水资源规划导则和指南，目前流域水资源规划修编和水资源调查评价依旧采取传统的水资源规划计算方法、模型和决策模式，尤其缺少应对气候变化的适应性水资源管理的理论方法、风险管理和决策手段。

跨流域水资源配置重大调水工程管理尚未考虑气候变化的影响。中国南水北调等跨流域调水工程是国家层面水资源配置的重要手段和工程措施。但是，南水北调工程无论是中、东线还是拟建的西线工程的规划设计、管理和调度，都是采用历史的水文观测资料和传统平稳性假定的水文水利计算方法，设计和规划调水区与受水区的水资源供需及其平衡关系，计算水利工程的规模及调水能力的大小，并没有考虑气候变化影响可能导致的工程调水区和受水区的来水量、水资源供需的变化，由此极有可能出现调水工程社会经济效益和环境效益的偏离和工程设计目标的失误。气候变化对重大调水工程的影响与适应性管理，是水利工程建设和水资源可持续利用与管理面临的重大挑战性问题，当前亟待加强其科学技术支撑和相关应用的规划导则和设计工作。

国家层面应对气候变化影响的水资源适应性管理仍面临重大挑战。国家实施的以用水总量、用水效率和水功能区限制纳污的"三条红线"调控为标志的严格水资源管理制度以及生态文明建设的国家战略，是应对气候变化影响、减少中国东部季风区水资源脆弱性和提高流域可持续发展的有效举措，将会产生重大的社会经济与环境效益。但是，如何实施水资源管理制度和生态文明建设，如何将其与应对气候变化影响的适应性对策紧密联系与应用，还比较薄弱。迫切需要构建应对气候变化和人类活动影响的水资源规划和管理的科学体系与国家水管理制度。

（3）对策与建议

1）尽快开展和推动国家层面水资源适应性管理的规划与建设。针对中国现行的水资源规划、重大工程社会和管理未考虑气候变化影响的缺陷和不足，建议国家尽快启动流域规划修编和重大工程规划、设计修编的导则工作，分别从水文来水系列和用水系列，以及社会经济发展对水资源需求方面，进一步考虑气候变化的风险，提高应对气候变化影响的基础设计的适应性，并将考虑气候变化提升为流域水资源规划和重大调水工程规划中不可缺少的环节。

2）积极开展和推动国家应对气候变化影响的能力建设。这包括应对气候变化尤其是应对极端水旱灾害影响的水利基础设施建设，加大水利投资与发展；加强应对气候变化影响的水资源适应性管理的实时监控能力建设，全方位监测中国江河湖库的来水、用水、耗水、水量、水质的变化；加强应对气候变化影响的适应性水资源管理决策系统建设，加强动态决策能力；加强适应性水资源综合管理的体制与制度建设。

3）积极推进国家应对气候变化影响的科技创新驱动的基础建设。加强气候变化对流域水循环和水资源管理影响的科学基础研究与规划，包括水文非稳态序列和突变过程、非线性问题的研究，加强气候变化对区域极端水旱灾害事件的科学基础研究，加强自然科学、社会科学交叉的应对气候变化影响的适应性管理的理论与科学方法研究，提高中国应对气候变化影响的科技创新驱动的能力。

4）积极推进应对气候变化的国家水资源安全保障发展战略。实施国家"可持续发展"目标、"最严格水资源管理制度"目标和"生态文明建设"目标，全面贯彻国家"节水优先"方针，实施全社会节水国家战略，应对气候变化的影响，保障国家水资源安全；在全社会节水国家战略的实施中加强科学技术的投入和创新驱动。近10～20年特别需要重视中国海河、黄河、淮河等流域水资源高脆弱地区的适应性管理，同时需要特别警惕和重视未来20～30年中国长江、珠江等南方江河流域不断加剧的水资源脆弱性的适应性对策和管理问题。

5）尽快实施应对气候变化影响的南水北调中线工程适应性对策与管理。南水北调工程是为解决中国华北和西北地区水资源严重短缺，保障区域社会经济可持续发展而实施的一项远距离跨流域水资源调配工程。气候变化对南水北调工程的影响主要有工程可调水量的影响、调水区和受水区的丰枯遭遇问题、南水北调中线工程2014年10月通水后的适应性管理问题等。建议尽快实施重大调水工程的适应性管理对策工作，其中包括应对极端气候风险影响的南水北调工程需制定无水可调的不利方案；调水对汉江中下游的影响与适应性对策；南水北调受水区应以节水和治理环境污染为本，建立南水北调水资源保障体系工程，加强用水限制和供水配给；规划建设南水北调配套工程，采用现代化的管理模式和手段，加强调水区和受水区水资源管理，加强南水北调工程地下水管理。

7.2.3 关于南水北调中线工程面临新问题的分析与对策建议

南水北调工程是缓解北方水危机、实施中国水资源配置的重大举措，中线工程已于2014 年 12 月正式通水，但是由于环境变化的影响，工程通水后将面临新的问题和挑战。中国科学院地理科学与资源研究所专家在承担完成的 973 计划项目"气候变化对中国东部季风区陆地水循环与水资源安全的影响及适应对策"科研成果的基础上，针对该工程来水量和用水量变化、调水区和受水区丰枯遭遇变化，以及汉江中下游水资源脆弱性新的变化，提出了"关于南水北调中线工程面临新问题的分析与对策建议"。咨询报告的主要内容与建议如下。

（1）南水北调工程通水运行与管理面临的新问题与挑战

1）原工程规划设计的来、用水及供需平衡关系发生显著变化。调水区丹江口水库来水量在减少。丹江口水库年入库径流量从 20 世纪 80 年代后期开始显著减小，进入枯水期，最枯年份发生在 1999 年，年入库径流量仅为 174.6 亿 m³。2000 年后，丹江口水库入库径流有所恢复。但总体上，1954 ~ 1989 年丹江口水库平均入库径流为 411.6 亿 m³；1990 ~ 2012 年平均入库径流为 327.4 亿 m³，可调水量减少了 84.2 亿 m³，达 21.5%。

2）受水区华北海河流域的来水量继续减少，需水量也在减少。自 20 世纪 80 年代，华北海河流域降水量和径流量持续减少，1980 ~ 2000 年海河流域地表水较 1956 ~ 1979 年减少了 41%，2000 年以后海河流域径流仍然继续减少，但速率在减缓，2000 ~ 2012 年海河流域平均径流较 1980 ~ 2000 年减少了 5.1%。另外，海河流域用水量也在减少，由1980 年的 400 亿 m³ 下降为 2010 年的 350 亿 m³。

3）海河流域未来需水量将进一步减小。随着社会经济的发展和节水型社会的建设，根据项目研究估算，未来 2030 年海河流域经济社会需水为 472 亿 m³/a，较《海河流域综合规划（2012~2030 年）》中预测 2030 年需水为 509 亿 m³/a 减少了 37 亿 m³/a。因南水北调中线工程调水区和受水区水资源供需矛盾发生了变化，需要重新审核供需关系和工程效益。

（2）中线调水规模对汉江下游（湖北）社会经济不利影响加剧

1）汉江中下游的水资源脆弱性将进一步加剧，对湖北的原有补偿难以为继。随着西部大开发等区域经济发展政策的实施，汉江上游经济迅速发展、人口急剧增长和城市化等增加了用水需求。由于陕西水资源总量不足，"引汉济渭"工程计划在 2020 年、2025 年从汉江调水到渭河流域，调水量分别达到 5 亿 m³、10 亿 m³，2030 年调水量达到最终调水规模 15 亿 m³，未来汉江下游流域的水资源脆弱性将进一步加剧，形势不容乐观。汉江下游社会经济发展的规划需要做新的调整。

2）汉江下游及库区生态消落带问题将进一步加剧。尽管近年来水源区在控源截污等方面取得了明显成效，但受入河污染的影响，部分支流如神定河、老灌河，仍存在氨氮、总磷、化学需氧量等超标问题，河流水环境没有得到根本性改善。随着水源地生态环境承载负荷的增加，与水土流失密切相关的面源污染进一步加剧。值得关注的是，丹江口水库消落带将由高程 149~157m 上升至 160~170m 的库周地段，导致适应消落带生境条件的植物种质资源将被淹没消亡，群落结构也可能被破坏与毁灭，调水区的经济发展与水源地保护将面临新的挑战。

3）调水区和受水区丰枯遭遇在发生变化。南水北调中线发挥工程效益的最不利情景遭遇为调水区和受水区同时面临持续干旱，调水区无水可调、受水区需求最大。研究表明，①中线调水工程同枯的概率是增加的。1956~1980 年和 1981~2010 年丹江口入库径流和海河流域，同为枯水年的概率由 1956~1980 年的 7% 增加到 1980~2010 年的 30%。②中线调水工程同枯的概率也有增加的态势。根据项目研究预估，2010~2070 年中线工程调水区与受水区发生同枯遭遇的概率呈增加的态势，其中最坏形势下调水区和受水区发生同枯的概率约为 33%，这将进一步加大南水北调重大工程调水的风险，需根据可能存在的风险采取必要的对策与措施。

（3）管理对策与建议

1）工程规划需进行调整和修编。针对中国现行的水资源规划、重大工程社会和管理未考虑气候变化影响的缺陷和不足，建议国家尽快启动流域规划修编和重大工程规划、设计修编的导则工作，分别从水文来水系列和用水系列，以及社会经济发展对水资源需求，进一步考虑环境变化的风险，重新评估和计算全球变暖对南水北调工程的调水规模、工程设计和适应能力的影响。

2）实行适应性调水动态管理。加强应对未来南水北调中线工程水资源适应性管理的实时监控能力建设，全方位监控来水、用水、耗水、水量与水质的变化；加强对丰枯遭遇最不利情景下的监控、预警预报与调度系统的建设，最大限度地减小海河流域和汉江流域"同丰同枯"带来的负面影响；加强中线调水工程调水的日、旬、月多时间尺度的调水方案预警预报研究，包括丰水年（37.5%）、平水年（50%）、枯水年（62.5%）来水情景下适应性的调水方案；加强中线调水工程的适应性水资源综合管理的体制与制度建设，保障调水工程社会经济效益的最大限度发挥。

3）受水区的节水优先与水库及地下水调蓄。解决北方水资源危机的根本出路仍然在于全社会节水。南水北调工程是缓解北方缺水的措施和手段，由于环境变化与丰枯遭遇的影响，为应对出现与规划设计相悖的状况，建议受水区和调水区全面贯彻国家"节水优先"方针，实施全社会节水战略，保障区域水资源安全。

在汉江丰水的调水年份，建议充分利用调水补充水库群的蓄水、回灌海河流域的地下水。储丰补枯，发挥调水工程的最佳效益。

建议以节水和治污为本，尽快实施重大调水工程的应急适应性管理对策工作，加强南水北调水资源保障体系工程建设与管理。

参 考 文 献

白庆芹，汪妮，解建仓，等．2011．基于模糊综合评价法的城市河流脆弱性研究．水土保持通报，32（1）：244-247，256．

曹永强，马静，李香云，等．2011．投影寻踪技术在大连市农业干旱脆弱性评价中的应用．资源科学，33（06）：1106-1110．

陈康宁，董增川，崔志清．2008．基于分形理论的区域水资源系统脆弱性评价．水资源保护，24（5）：32-38．

陈雷．2008．加快水利科技创新步伐为水利发展提供科技支撑和保障．中国水利，07：1-7．

陈雷．2009．实行最严格的水资源管理制度保障经济社会可持续发展．中国水利，05：9-17．

崔胜辉，李方一，黄静，等．2009．全球变化背景下的敏感性研究综述．地球科学进展，24（9）：1033-1041．

邓慧平，吴正方，唐来华．1996．气候变化对水文和水资源影响研究综述．地理学报，51（增刊）：161-170．

邓慧平，赵明华．2001．气候变化对莱州湾地区水资源脆弱性的影响．自然资源学报，16（1）：9-15．

丁一汇，任国玉，赵宗慈，等．2007．中国气候变化的检测及预估．沙漠与绿洲气象，1（1）：1-10．

丁一汇，任国玉．2008．中国气候变化科学概论．北京：气象出版社．

董四方，董增川，陈康宁．2010．基于DPSIR概念模型的水资源系统脆弱性分析．水资源保护，26（4）：1-25．

段顺琼，王静，冯少辉，等．2011．云南高原湖泊地区水资源脆弱性评价研究．中国农村水利水电，（9）：55-59．

方修琦，殷培红．2007．弹性、脆弱性和适应——IHDP三个核心概念综述．地理科学进展，26（5）：11-22．

冯少辉，李靖，朱振峰，等．2010．云南省滇中地区水资源脆弱性评价．水资源保护，26（1）：13-16．

傅国斌，刘昌明．1991．全球变暖对区域水资源影响的计算分析：以海南岛万泉河为例．地理学报，3：227-288．

郝璐，王静爱．2012．基于SWAT-WEAP联合模型的西辽河支流水资源脆弱性研究．自然资源学报，27（3）：468-479．

贾文雄，何元庆，王旭峰，等．2009．祁连山及河西走廊潜在蒸发量的时空变化．水科学进展，02：159-167．

姜文来．2010．应对我国水资源问题适应性战略研究．科学对社会的影响，2：24-29．

矫江，李禹尧．2008．新形势下我国粮食安全对策．北方水稻，04：1-5．

景秀俊，高建菊．2012．考虑气候变化影响的空间水资源脆弱性指标体系的建立．水利水电快报，33（6）：9-14．

李鹤，刘永功．2007．农村地下水资源管理中的水权冲突．社会科学战线，06：69-72．

梁丽乔，李丽娟，张丽，等．2008．松嫩平原西部生长季参考作物蒸散发的敏感性分析．农业工程学报，05：1-5．

廖文根，石秋池，彭静．2004．水生态与水环境学科的主要前沿研究及发展趋势．中国水利，22：34-36，6．

刘波，肖子牛，马柱国．2010．中国不同干湿区蒸发皿蒸发和实际蒸发之间关系的研究．高原气象，03：629-636．

刘波. 2005. 近四十年中国蒸发皿蒸发变化与气候变化的关系及潜在蒸散的估算. 南京：南京信息工程大学硕士学位论文.

刘昌明, 李道峰, 田英, 等. 2003. 基于 DEM 的分布式水文模型在大尺度流域应用研究. 地理科学进展, 22（5）：437-445.

刘昌明, 王中根, 郑红星, 等. 2008. HIMS 系统及其定制模型的开发与应用. 中国科学：E 辑, 51（3）：350-360.

刘昌明. 2003. 南水北调：在节水的基础上实施缓解北方水危机. 科学对社会的影响, 3：26-31.

刘春蓁. 2004. 气候变化对陆地水循环影响研究的问题. 地球科学进展, 19（1）：115-119.

刘春蓁. 2007. 气候变化对江河流量变化趋势影响研究进展. 地球科学进展, 22（8）：777-784.

刘海娇, 仕玉治, 范明元, 等. 2012. 基于 GIS 的黄河三角洲水资源脆弱性评价. 水资源保护, 28（1）：34-37.

刘绿柳. 2002. 水资源脆弱性及其定量评价. 水土保持通报, 22（2）：41-44.

刘硕, 冯美丽. 2012. 基于 GIS 技术分析水资源脆弱性. 太原理工大学学报, 43（1）：77-82.

刘小莽, 郑红星, 刘昌明, 等. 2009. 海河流域潜在蒸散发的气候敏感性分析. 资源科学, 09：1470-1476.

刘燕华. 1993. 脆弱生态环境研究初探. 生态环境综合整治和恢复技术研究（第一集）. 北京：北京科学技术出版社.

吕彩霞, 仇亚琴, 贾仰文, 等. 2012. 海河流域水资源脆弱性及其评价. 南水北调与水利科技, 10（1）：55-59.

孟维忠, 葛岩, 于国丰. 2007. 辽西半干旱地区高效节水技术集成模式. 灌溉排水学报, 05：71-74.

秦大河, 丁一汇, 苏纪兰, 等. 2005. 中国气候与环境演变（上卷）——气候与环境的演变及预测. 北京：科学出版社.

秦大河. 2005. 中国气候与环境演化（下卷）. 北京：科学出版社.

秦大庸, 吕金燕, 刘家宏, 等. 2008. 区域目标 ET 的理论与计算方法. 科学通报, 19：2384-2390.

任国玉, 郭军. 2006. 中国水面蒸发量的变化. 自然资源学报, 01：31-44.

任国玉, 姜彤, 李维京, 等. 2008. 气候变化对中国水资源情势影响综合分析. 水科学进展, 06：772-779.

邵薇薇, 黄昊, 王建华, 等. 2012. 黄淮海流域水资源现状分析与问题探讨. 中国水利水电科学研究院学报, 10（4）：301-309.

盛琼. 2006. 近 45a 来我国蒸发皿蒸发量的变化及原因分析. 南京：南京信息工程大学硕士学位论文.

施能, 陈家其, 屠其璞. 1995. 中国近 100 年来 4 个年代际的气候变化特征. 气象学报, 04：431-439.

水利部水利水电规划设计总院. 2004. 全国水资源综合规划水资源调查评价. 全国水资源综合规划系列成果之一. 北京.

宋晓猛, 张建云, 占车生, 等. 2013. 气候变化和人类活动对水文循环影响研究进展. 水利学报, 7（44）：779-790.

苏凤阁, 郝振纯. 2001. 陆面水文过程研究综述. 地球科学进展, 16（6）：795-800.

唐国平, 李秀彬, 刘燕华. 2000. 全球气候变化下水资源脆弱性及其评估方法. 地球科学进展, 15（3）：313-317.

佟金萍, 王慧敏. 2006. 流域水资源适应性管理研究. 软科学, 20（2）：59-61.

王宝桐, 张锋. 2008. 东北黑土区水土保持耕作措施防蚀机理及效果. 中国水土保持, 01：9-11.

王明泉, 张济世, 程中山. 2007. 黑河流域水资源脆弱性评价及可持续发展研究. 水利科技与经济, 13

（2）：114-116.

王绍武，罗勇，赵宗慈，等．2012．气候变暖的归因研究．气候变化研究进展，8（4）：308-312.

王石立，庄立伟，王馥棠．2003．近20年气候变暖对东北农业生产水热条件影响的研究．应用气象学报，02：152-164.

王小丹，钟祥浩．2003．生态环境脆弱性概念若干问题探讨．山地学报，21（6）：21-25.

王艳君，姜彤，许崇育．2006．长江流域20cm蒸发皿蒸发量的时空变化．水科学进展，06：830-833.

王中根，朱新军，夏军，等．2008．海河流域分布式SWAT模型的构建．地理科学进展，27（4）：1-6.

翁建武，夏军，陈俊旭．2013．黄河上游水资源脆弱性评价研究．人民黄河，35（09）：15-20.

夏军，邱冰，潘兴瑶，等．2012．气候变化影响下水资源脆弱性评估方法及其应用．地球科学进展，27（4）：443-451.

夏军，石卫，雒新萍，等．2015．气候变化下水资源脆弱性的适应性管理新认识．水科学进展，26（2）：279-286.

夏军，苏人琼，何惜吾，等．2008．中国水资源问题与对策建议．中国科学院院刊，23（2）：116-120.

夏军，王纲胜，吕爱锋，等．2004．分布式时变增益流域水循环模拟．地理学报，58（5）：789-796.

夏军，王纲胜，谈戈，等．2005．水文非线性系统与分布式时变增益模型．中国科学：D辑，34（11）：1062-1071.

肖华茂．2007．基于系统论的循环经济发展模式的研究．工业技术经济，26（7）：37-39.

杨荣金，傅伯杰，刘国华，等．2004．生态系统可持续管理的原理和方法．生态学杂志，03：103-108.

曾燕，邱新法，刘昌明，等．2007．1960-2000年中国蒸发皿蒸发量的气候变化特征．水科学进展，03：311-318.

曾燕，邱新法，潘敖大，等．2008．地形对黄河流域太阳辐射影响的分析研究．地球科学进展，11：1185-1193.

翟建青，曾小凡，姜彤．2011．中国旱涝格局演变（1961-2050年）及其对水资源的影响．热带地理，31（3）：237-242.

张利平，曾思栋，王任超，等．2011．对滦河流域水文循环的影响及模拟．资源科学，33（5）：966-974.

张明月，彭定志，钱鞠．2012．疏勒河流域昌马灌区水资源脆弱性分析．南水北调与水利科技，10（2）：104-106，128.

张笑天，陈崇德．2010．漳河水库灌区水资源脆弱性评价研究．华北水利水电学院学报，31（2）：12-15.

郑景明，罗菊春，曾德慧．2002．森林生态系统管理的研究进展．北京林业大学学报，03：103-109.

中华人民共和国水利部．2011．中国水资源公报．北京：中国水利水电出版社．

邹君，刘兰芳，田亚平，等．2007．地表水资源的脆弱性及其评价初探．资源科学，29（1）：92-97.

《气候变化国家评估报告》编写组．2007．气候变化国家评估报告．北京：科学出版社．

Akamani K，Wilson P I．2011．Toward the adaptive governance of transboundary water resources．Conserv Lett，4（6）：409-416.

Alcamo J，Döll F，Kaspar F，et al．1997．Global Change and Global Scenarios of Water Use and Availability：An Application of Water GAP 1.0．Center for Environmental Systems Research（CESR）．Germany：University of Kassel．

Alcamo J，Henrich T，Rosch T．2000．World Water in 2050-Global modeling and Scenario analysis for the World Commission on Water for the 21st Century．Kassel World Water，27（6）：922-939.

Allen R G，Pereira L S，Raes D，et al．1998．Crop evapotranspiration guidelines for computing crop water requirements-FAO．Irrigation and drainage paper 56.

Aller L，Jay H L，Petty R. 1987. Drastic：A Standardized System to Evaluate Groundwater Pollution Potential Using Hydrogeologic Setting（A）. U. S Environmental Protection Agency Report.

Aronson J，Kigel J，Shmida A，et al. 1992. Adaptive phenology of desert and mediterranean populations of annual plants grown with and without water stress. Oecologia，89（1）：17-26.

Bates B，Kundzewicz Z W，Wu S，et al. 2008. Climate Change and Water. Geneva：Intergovernmental Panel on Climate Change.

Benedikt N，Lindsay M，Daniel V，et al. 2007. Impacts of environmental change on water resources in the Mt. Kenya region. J. Hydrol. ，343：266-278.

Berks F，Folke C. 1998. Linking social and ecological systems for resilience and sustainability//Berkes F，Folke C. Linking Social and Ecological Systems. Cambriage，UK：Cambriage University Press：1-25.

Birkmannn J. 2006. Measuring vulnerability to hazards of national Origin. Tokyo：UNU Press.

Bisaro A，Hinkel J，Kranz N. 2010. Multilevel water biodiversity and climate adaptation governance：evaluating adaptive management in Lesotho. Environmental Science & Policy，13（7）：637-647.

Bormann B T，Martin J R，Wagner F H，et al. 1999. Adaptive management//Johnson N，Malk A，Szaro R C，et al. Ecological Stewardship：A Common Reference for Ecosystem Management. Oxford：Elsevier Science.

Brouwer F，Falkenmark M. 1989. Climate induced water availability changes in Europe. Environmental Monitoring and Assessment，13（1）：75-98.

Burn D H，Hesch N M. 2007. Trends in evaporation for the Canadian Prairies. Journal of Hydrology，336：61-73.

Charles J V，Pamela G，Joseph S，et al. 2000. Global water resources：Vulnerability from climate change and population growth. Science，289（5477）：284-288.

Chattopadhyay N，Hulme M. 1997. Evaporation and potential evapotranspiration in India under conditions of recent and future climate change. Agricultural and Forest Meteorology，1（87）：55-73.

Chen W，Wei K. 2009. Interannual variability of the winter stratospheric polar vortex in the Northern Hemisphere and their relations to QBO and ENSO. Advances In Atmospheric Science，5（26）：855-863.

Chiew F H S，Peel M C，Western A W. 2002. Application and testing of the simple rainfall- runoff model SIMHYD//Singh V P，Frevert D K. Mathematical Models of Small Watershed Hydrology and Application. Littleton：Water Resource Publications.

Cohen S J，Roger S P. 2008. Climate change and water：Adaption expo zara goza.

Cohen S，Stanhill G. 2002. Evaporative climate changes at Bet Dagan，Israel，1964-1998. Agricultural and Forest Meteorology，111（2）：83-91.

Cooley H，Smith J C，Gleick P H，et al. 2009. Understanding and reducing the risks of climate change for transboundary waters. Pacific Institute，Dec. 1- 38. http：//www. pacinst. org/wpcontent/uploads/sits/21/2013/02/transboundary- water- and- climate- report3. pdf.

Cooley H. 2007. Energy implications of alternative water futures，presented at First western Forum on Energy&Water Sustainability. Santa Barbara：Bren School of Environmental Science & Management，University of California.

Cosgrove W，Rijsberman F. 2002. World Water Vision：Making Water Everybody's Business. London：World Water Council，Earthscan.

Daniel P L，Gladwell J S. 2003. 水资源系统的可持续性标准. 王建龙译. 北京：清华大学出版社.

Dessai S，Hulme M. 2007. Assessing the robustness of adaptation decisions to climate change uncertainties：A case study on water resources management in the East of England. Global Environmental Change，17（1）：

59-72.

Dixon B. 2005. Ground water vulnerability mapping: A GIS and fuzzy rule based integrated tool. Applied Geography, 25 (4): 327-347.

Doerfliger N, Jeannin P Y, Zwahlen F. 1999. Water vulnerability assessment in karst environments: A new method of defining protection areas using a multi- attribute approach and GIS tools (EPIK method). Environmental Geology, 39 (2): 165-176.

Elbelkacemi M, Lachhab A, Limouri M, et al. 2001. Adaptive control of a water supply system. Control Engineering Practice, 9 (3): 343-349.

Ertekin C, Yaldiz O. 1999. Estimation of monthly average daily global radiation on horizontal surface for Antalya, Turkey. Renew Energ, 17: 95-102.

Falkenmark M, Lindh G. 1976. Water for a Starving World. Boulder: Westview Press.

Falkenmark M, Molden D. 2008. Wake up to realities of river basin closure. Water Resources Development, 24 (2): 201-216.

Feng Y. 2009. Transboundary water vulnerability and its drivers in China. Journal of Geographical Sciences, 19 (2): 189-199.

Frederick. 1997. Adapting to climate impacts on the supply and demand for water. climatic change, 37 (1): 141-156.

Gan T Y. 2000. Reducing vulnerability of water resources of canadian prairies to potential droughts and possible climatic warming. Water Resources Management, 2 (14): 111-135.

Gao G, Chen D L, Ren G Y, et al. 2006. Trend of potential evapotranspiration over China during 1956 to 2000. Geographical Research, 3 (25): 378-387.

Gassman P W, Reyes M R, Green C H, et al. 2007. The soil and water assessment tool: Historical development, application and future research directions. American Society of Agricultural and Biological Engineers, 50 (4): 1211-1250.

Geldof G. 1995. Adaptive water management: Integrated water management on the edge of chaos. Water Science and Technology, 32 (1): 7-13.

Gene L. 1998. An adaptive approach to planning and decision making. Landscape and Planning, (40): 7-13.

GEO. 2000. Global Environment Outlook 2000. United Nations Environment Programme. http://www.grida.no/publications/other/geo2000/? src=/geo2000/.

Gong L B, Xu C Y, Chen D L, et al. 2006. Sensitivity of the Penman- Monteith reference evapotranspiration to key climatic variables in the Changjiang (Yangtze River) basin. Journal of Hydrology, 329 (3-4): 620-629.

Graham S T, Famiglietti J S, Maidment D R. 1999. Five-minute, 1/2°, and 1° data sets of continental watersheds and river networks for use in regional and global hydrologic and climate system modeling studies. Water Resource Research, 35: 583-587.

Gregory R, Failing L, Higgins P. 2006. Adaptive management and environmental decision making: A case study application to water use planning. Ecological Economics, 58 (2): 434-447.

Harrison K W. 2007. Test application of Bayesian Programming: Adaptive water quality management under uncertainty. Advances In Water Resources, 30 (3): 606-622.

Hayashi A, Akimoto K, Tomoda T, et al. 2013. Global evaluation of the effects of agriculture and water management adaptations on the water-stressed population. Mitigation And Adaptation Strategies For Global Change, 5 (18): 591-618.

Hobbins M T, Ramirez J A. 2004. Trends in pan evaporation and actual evapotranspiration across the conterminous U. S. : Paradoxical or complementary? Geophys. Res. Lett., 31, L13503, doi: 10. 1029/2004GL019846.

Holling C S. 1978. Adaptive Environmental Assessment and Management. New York: John Wiley and Sons.

Huang B. 1996. On earth system science and sustainable development strategy. Acta Geographica Sinica., 51 (6): 553-557.

IPCC. 2001. Third Assessment Report: Climate Change 2001 (TAR). http://www. ipcc. ch/publications_ and _ data/publications_ and_ data_ reports. shtml.

IPCC. 2005. Managing the Risks of Extreme Events and Disasters to Advance Climate Change Adaptation. http:// ipcc-wgz. gov/AR5/.

IPCC. 2007. Climate Change 2007: Impacts, adaptation and vulnerability: Contribution of Working Group II to the fourth assessment report of the Intergovernmental Panel on Climate Change. Cambridge: Cambridge Univ Pr.

IPCC. 2012. Managing The Risks of Extreme Events and Disasters to Advance Climate Change Adaptation. http:// ipcc-wg2. gov/SREX/. 2014. 12.

IPCC. 2015. Managing the Risks of Extreme Events and Disasters to Aduance climate change Aclaptation. http:// ipcc-wgz. gov/AR5/.

IPCC. 2013. Climate Change 2013: The Physical Science Basis. http://www. buildingclimatesolutions. org/view/ article/524b2c2f0cf264abcd86106a. 2014. 12.

Kalwij I M, Peralta R C. 2008. Non-adaptive and adaptive hybrid approaches for enhancing water quality management. Journal of Hydrology, 358: 182-192.

Kane S M, Reilly J M, Tobey J. 1990. A Sensitivity Analysis of the Implications of Climate-Change for World Agriculture. Washington D C: Conferences on Economic Issues in Global Climate Change: Agriculture, Forestry, and Natural Resources.

Lee K N. 1993. Compass and gyroscope integrating science and polities for the environment. Washington D C: Island Press.

Lempert R J, Groves D G. 2010. Identifying and evaluating robust adaptive policy responses to climate change for water management agencies in the American west. Technological Forecasting and Social Change, 77: 960-974.

Liang X, Lettenmaier D P, Wood E F, et al. 1994. A simple hydrologically based model of land-surface water and energy fluxes for general- circulation models. Journal of Geophysical Research Atmospheres, 99 (D7): 14415-14428.

Liang X, Xie Z H. 2003. Important factors in land- atmosphere interactions: Surface runoff generations and interactions between surface and groundwater. Global and Planetary Change, 38 (1-2): 101-114.

Liu B, Xu M, Henderson M, et al. 2004. A spatial analysis of pan evaporation trends in China, 1955- 2000. Journal of Geophysical Research: Atmospheres (1984-2012), 109 (102): 1-9.

Liu C M, Wang G T. 1980. The estimation of small-watershed peak flows in China. Water Resources Research, 16 (5): 881-886.

Michael K, Gleick P H. 2003. Climate change and California water resources: A survey and summary of literature. Pacific institute: July.

Milly P C D, Betancourt J, Falkenmark M, et al. 2008. Stationarity is dead: Whither water management? Science, 319 (5863): 573-574.

Moglia M, Cook S, Sharma A K, et al. 2011. Assessing decentralised water solutions: Towards a framework for adaptive learning. Water Resources Management, 25 (1): 217-238.

Mohammed Dore, Jan Burton. 2001. The costs of adapation to climate change in Canada: A stratified estimate by sectors and regions. Brook University, May.

Molden D, Karen F, Randolph B, et al. 2007. Trends in water and agricultural development. Chapter 2 of the Comprehensive Assessment of Agricultural Water Management synthesis book. IWUJ, final. indd 57-89.

Molden D. 2008. Water Security for Food Security: Findings of the Comprehensive Assessment for Sub-Saharan Africa. Tunis: Paper presented at the First African Water Week Conference.

Moonen A C, Ercoli L, Mariotti M, et al. 2002. Climate change in Italy indicated by agrometeorological indices over 122 years. Agricultural and Forest Meteorology, 1 (111): 13-27.

Moss R H, Brenkert A L, Malone E L. 2011. Vulnerability to Climate Change: A Quantitative Approach. Advances in Science & Research. Washington D C.

Nash J E, Sutcliffe J V. 1970. River flow forecasting through conceptual models part I: A discussion of principles. Journal of Hydrology, 10 (3): 282-290.

Neitsch S L, Arnold J G, Kiniry J R, et al. 2000. Soil and Water Assessment Tool Theoretical Documentation Version 2000.

Nelson D R, Neil A W. 2007. Adaptation to environmental change: Contributions of a resilience framework. Environment & Resources, 32 (1): 395-419.

Nyberg J B. 1998. Statistics and the practice of adaptive management//Sie V, Taylar B. Statistical Methods for Adaptive Management studies. Victoric B C: B C Ministry of Forests.

Oki T, Kanae S. 2006. Global hydrological cycles and world water resources. Science, 313 (5790): 1068-1072.

Oleson K W, Dai Y, Bonan G, et al. 2005. Technical description of the community land model (CLM). Tech. Note NCAR/TN-461+ STR.

Oleson K W, Niu G Y, Yang Z L, et al. 2007. CLM3. 5 Documentation. Boulder: National Center for Atmospheric Research.

Pahl W C, Downing T, Kabat P, et al. 2005. Transition to adaptive water management: The Newater project. Newater Report series, No1, www. Newater. Info.

Pahl W C. 2008. Requirements for adaptive water management. Berlin: Springer Verlag Berlin.

Pereira A R, Pruitt W O. 2004. Adaptation of the Thorthwaite scheme for estimating daily reference evapotranspiration. Agricultural Water Management, (66): 251-257.

Perveen S, James L A. 2011. Scale invariance of water stress and scarcity indicators Facilitating cross-scale comparisons of water resources vulnerability. Applied Geography, 31 (1): 321-328.

Peterson T C, Golubev V S, Groisman P Y. 1995. Evaporation losing its strength. Nature, 377: 687-688.

Piao S, Ciais P, Huang Y, et al. 2010. The impacts of climate change on water resources and agriculture in China. Nature, 467 (9): 43-51.

Quintana-Gomez R A. 1999. Trends of maximum and minimum temperatures in northern South America. Journal of Climate, 7 (12): 2104-2112.

Rahman A. 2008. A GIS based DRASTIC model for assessing groundwater vulnerability in shallow aquifer in Aligarh, India. Applied Geography, 28 (1): 32-53.

Raskin P, Gleick P, Kirshen P. 1997. Water Futures: Assessment of Long-range Patterns and Prospects. Stockholm: SEI.

Rayner D P. 2007. Wind run changes: the dominant factor affecting pan evaporation trends in Australia. Journal of Climate, 20 (14): 3379-3394.

Roberto R, Renzo R. 1995. Distributed estimation of incoming direct solar radiation over a drainage basin. Journal of Hydrology, 166: 461-478.

Roderick M L, Farquhar G D. 2004. Changes in Australian pan evaporation from 1970 to 2002. International Journal of Climatology, 9 (24): 1077-1090.

Roderick M L, Farquhar G D. 2005. Changes in New Zealand pan evaporation since the 1970s. International Journal of Climatology, 15 (25): 2031-2039.

Ropelewski C, Wang J, Jenne R, et al. 1996. The NCEP/NCAR 40-year reanalysis project. Bull. Amer. Meteor. Soc, 77: 437-471.

Sankarasubramanian A, Richard M V. 2001. Climate elasticity of stream flow in the United States. Water Resources Research, 37 (6): 1771-1781.

Schaake J C. 1990. From climate to flow//Waggoner P E. Climate Change and U. S. Water Resource. New York: John Wiley and Sons: 177-206.

Scott C A, Meza F J, Varady R G, et al. 2013. Water security and adaptive management in the arid Americas. Annals of The Association of America Geography, 2 (103): 280-289.

Sheffield J, Goteti G, Wood E F. 2006. Development of a 50-year high-resolution global dataset of meteorological forcings for land surface modeling. Journal of Climate, 19 (13): 3088-3111.

Shen D J. 2010. Climate change and water resources: Evidence and estimate in China. Current Science, 8 (98): 1063-1068.

Shiklomanov I A. 1991. The world's water resources//Proceedings of the International Symposium to Commemorate 25 Years of the IHP, UNESCO/IHP. Paris, France: 93-126.

Shiklomanov I A. 1998. World Water Resources: An Appraisal for the 21st Century. IHP Report. UNESCO.

ShiklomanovI A, Rodda J C. 2003. World Water Resources at the Beginning of the Twenty- First Century. Cambridge: University of Cambridge, UK.

Smit B, Wandel J. 2006. Adaptation, adaptive capacity and vulnerability. Global Environment Change and Human Policy Dimension. Aug, 16 (3): 282-292.

Smith J B. 1997. Setting priorities for adapting to climate change. Global Environmental Change Human And Policy Dimension, 3 (7): 251-264.

Sophocleous M. 2000. From safe yield to sustainable development of water resources the Kansas experience. Journal of Hydrology, 235: 27-43.

Stakhiv E Z. 1996. Managing Water Resources for Climate Change Adaptation. Adapting to Climate Change: An International Perspective. New York: Springer.

Streets D G, Wu Y, Chin M. 2006. Two- decadal aerosol trends as a likely explanation of the global dimming/brightening transition. Geophysical Research Letters, 33, L15806.

Sullivan C A. 2010. Quantifying water vulnerability: A multi- dimensional approach. Stochastic Environmental Research and Risk Assessment, 25 (4): 627-640.

Tebakari T, Yoshitani J, Suvanpimol C. 2005. Time-space trend analysis in pan evaporation over Kingdom of Thailand. Journal of Hydrology Engineering, 3 (10): 205-215.

Thomas A. 2000. Spatial and temporal characteristics of potential evapotranspiration trends over China. International Journal of Climatology, 4 (20): 381-396.

Vine E. 2012. Adaptation of California's electricity sector to climate change. Climate Change, 1 (111): 75-99.

Vogt K A, Gordon J C, Waron J P. 1997. Ecosystems: Balancing Science with Management. New York: Springer.

Vorosmarty C J, Green P, Salisbury J, et al. 2000. Global water resources: Vulnerability from climate change and population growth. Science, 289 (5477): 284-288.

Walters C. 1986. Adaptive Management of Renewable Resources. Biological Resource Management in Agriculture Nj Walters C.

Wheeler S, Garrick D, Loch A, et al. 2013. Evaluating water market products to acquire water for the environment in Australia. Land Use Policy, 1 (30): 427-436.

Wilby R L, Dawson C W, Barrow E M. 2002. SDSM-A decision support tool for the assessment of regional climate change impacts. Environmental Modelling & Software, 17 (2): 147-159.

Wilby R L, Hay L E, Leavesley G H. 1999. A comparison of downscaled and raw GCM output: Implications for climate change scenarios in the San Juan River basin, Colorado. Journal of Hydrology, 225 (1-2): 67-91.

Wilby R L, Tomlinson O J, Dawson C W. 2003. Multi-site simulation of precipitation by conditional resampling. Climate Research, 23 (3): 183-194.

Wild M, Ohmura A, Makowski K. 2007. Impact of global dimming and brightening on global warming. Geophysical Research Letters, 4 (34), L04702.

WIR. 2000. People and ecosystems: The fraying web of life. FRESHWATER SYSTEMS. Septerber. http://www.wri.org/publication/world-resources-2000-2001.

Wood E F, Lettenmairer D P, Zatarian V G. 1992. A land-surface hydrology parameterization with subgrid veriability for general circulation models. Journal of Geophysical Research, 97: 2717-2728.

Xu C Y, Singh V R. 2005. Evaluation of three complementaiy relationship evapotranspiration models by water balance approach to estimate actual regional evapotranspiration in different climatic regions. Journal of Hydrology, 308: 105-121.

Yu J J, Fu G B, Cai W J, et al. 2010. Impacts of precipitation and temperature changes on annual stream flow in the Murray-Darling Basin. Water International, 35 (3): 313-323.

Yue S, Wang C Y. 2002. Applicability of prewhitening to eliminate the influence of serial correlation on the Mann-Kendall test. Water Resources Research, 6 (38): 1068.

Zhang X Q, Ren Y, Yin Z Y, et al. 2009. Spatial and temporal variation patterns of reference evapotranspiration across the Qinghai-Tibetan Plateau during 1971-2004. Journal of Geophysical Research Atmospheres, 114 (D15): 4427-4433.

Zhang Y Q, Liu C M, Tang Y H, et al. 2007. Trends in pan evaporation and reference and actual evapotranspiration across the Tibetan Plateau. Journalof Geophysical Research Atmospheres, 112: 1-12.

Zheng H X, Zhang L, Liu C M, et al. 2007. Changes in stream flow regime in headwater catchments of the Yellow River basin since the 1950s. Hydrological Processes, 7 (21): 886-893.